数控设备故障诊断与维修

主　编　梅文涛　谷　裕
主　审　郑勇峰

北京理工大学出版社
BEIJING INSTITUTE OF TECHNOLOGY PRESS

图书在版编目(CIP)数据

数控设备故障诊断与维修 / 梅文涛，谷裕主编. --北京：北京理工大学出版社，2023.9

ISBN 978-7-5763-2949-0

Ⅰ. ①数… Ⅱ. ①梅… ②谷… Ⅲ. ①数控机床-故障诊断-高等学校-教材②数控机床-维修-高等学校-教材 Ⅳ. ①TG659

中国国家版本馆 CIP 数据核字(2023)第 192387 号

责任编辑：王玲玲　　文案编辑：王玲玲
责任校对：刘亚男　　责任印制：李志强

出版发行 / 北京理工大学出版社有限责任公司
社　　址 / 北京市丰台区四合庄路 6 号
邮　　编 / 100070
电　　话 / (010) 68914026 (教材售后服务热线)
　　　　　(010) 68944437 (课件资源服务热线)
网　　址 / http：//www. bitpress. com. cn

版 印 次 / 2023 年 9 月第 1 版第 1 次印刷
印　　刷 / 涿州市新华印刷有限公司
开　　本 / 787 mm×1092 mm　1/16
印　　张 / 16. 5
字　　数 / 349 千字
定　　价 / 79. 00 元

前　言

本书作为国家级高水平专业群、国家级骨干专业机电一体化技术专业、天津市职业教育在线精品课程、鲁班工坊教学资源库项目的成果之一，依据国家制造大类相关专业教学标准，深入贯彻党的二十大精神，本着“实用、够用”的原则，以典型机电产品数控机床为例，以贴近学生、贴近专业为主要出发点，创新设计以点带面，寻找技术技能的契合点，面向不同类型的学习者，以职业能力要求为依据，以维修行业及地域需求为逻辑起点，以整合的工作过程为导向，以典型工作任务分析为依据，以真实工作任务为载体，以行动导向组织教学，培养学生能熟练地排除数控机床工作过程中出现的常见故障，维护维修当前常用的经济型数控机床。

本书共计 7 个项目 29 个任务，围绕着典型机电设备数控机床相关内容，从维修基础知识和技能开始，包括数控系统维护维修、数控机床伺服系统维护维修、数控机床主轴系统维护维修、数控床 PMC 的调试与维护、机床机械故障维修与调整、数控机床验收与精度检测相关内容。以任务引导学习者理解、消化知识，分析解决设备故障，训练故障检修与设备维护技能，激发学生的学习能动性，培养学习能力。

本书由天津市精品在线课程负责人、天津渤海职业技术学院梅文涛、谷裕任主编，高霞、吴冠雄任副主编，付强、庄伟也参与了本书内容的编写工作。本书由博士生导师、天津渤海职业技术学院郑勇峰教授担任主审。

由于编者水平有限，书中难免存在疏漏之处，敬请广大读者批评指正。

编　者

目 录

学习笔记

项目1　数控机床故障诊断与维修基础知识

项目描述

党的二十大报告提出要加快建设制造强国，数控机床就是制造业发展中不可或缺的重要设备。数控机床（Computer Numerical Control，CNC）综合应用了计算机技术、自动控制技术、精密测量技术和机床设计等先进技术，是典型的机电一体化产品。随着现代经济的快速发展，数控设备已成为我国制造工业的现代化技术装备，随着各行各业对数控设备大量使用，更促进了国内数控设备市场与国产数控机床的产品技术水平和产品质量的发展。但数控机床控制系统复杂，对不同的故障有不同的诊断与维修方法，对维修人员素质、维修资料的准备、维修仪器的使用等方面提出了比普通机床更高的要求。

任务1.1　认识数控机床

任务目标

1. 知识目标

（1）掌握数控机床的组成。

（2）熟悉数控机床的常见类型。

2. 技能目标

（1）能辨别数控机床的类型。

（2）能说明数控机床各部分的名称。

3. 素养目标

（1）贯彻二十大精神，鼓励学生立志做有理想、敢担当、能吃苦、肯奋斗的新时代好青年。

（2）能够独立学习新知识、新技术，具有终身学习的能力。

（3）遵守机床电气安全操作规范。

任务准备

1. 实验设备

各种类型的数控机床若干。

2. 实验项目

（1）熟悉数控机床故障维修所需的技术资料。

（2）学习与交流所掌握的数控机床维修技术资料。

学习笔记

知识链接

1.1.1 数控机床的组成

数控机床由数控装置、伺服驱动装置、检测反馈装置和机床本体四大部分组成，再加上程序的输入/输出设备、可编程控制器、电源等辅助部分。

（1）数控装置（数控系统的核心，有很多品牌）由硬件和软件部分组成，接收输入代码，经缓存、译码、运算插补等转变成控制指令，实现直接或通过 PLC 对伺服驱动装置的控制。

（2）伺服驱动装置是数控装置和机床主机之间的连接环节，接收数控装置生成的进给信号，经放大驱动主机的执行机构，实现机床运动。

（3）检测反馈装置是通过检测元件将执行元件（电动机、刀架）或工作台的速度和位移检测出来，反馈给数控装置构成闭环或半闭环系统。

（4）机床本体是数控机床的机械结构件（床身箱体、立柱、导轨、工作台、主轴和进给机构等）。

1.1.2 数控机床的类型

1. 按工艺用途分类

常用的数控机床有数控车床、数控铣床、数控镗床、数控磨床、数控钻床、数控齿轮加工机床和数控雕刻机等。

2. 按运动方式分类

1）点位控制

这类数控机床仅能控制在加工平面内的两个坐标轴带动刀具与工件相对运动，从一个坐标位置快速移动到下一个坐标位置，然后控制第三个坐标轴进行钻、镗等切削加工。特点是在整个移动过程中不进行切削加工，因此对运动轨迹没有任何要求，但要求坐标位置有较高的定位精度。点位控制的数控机床用于加工平面内的孔系，这类机床主要有数控钻床、印刷电路板钻孔机、数控镗床、数控冲床等。

数控机床的数控装置能精确地控制刀具相对于工件从一个坐标点到另一个坐标点的定位精度。数控机床的点位控制系统控制刀具相对于工件定位点的坐标位置，而对定位移动的轨迹并无要求，因为刀具在定位移动过程中不进行切削加工，如数控钻床和数控镗床等。

2）二维轮廓控制机床

轮廓控制的特点是能够对两个或两个以上的运动坐标的位移和速度同时进行连续相关的控制，它不仅要控制机床移动部件的起点与终点坐标，而且要控制整个加工过程的每一点的速度、方向和位移量，也称为连续控制数控机床。这类数控机床主要有数控车床、数控线切割机床等。

3）三维轮廓控制机床

三维轮廓控制（又称连续控制）机床的特点是机床的运动部件能够实现两个或两个以上的坐标轴同时进行联动控制。它不仅要求控制机床运动部件的起点与终点坐标位置，而且还要求控制整个加工过程每一点的速度和位移量，即要求控制运动轨迹，将能够加工在平面内的直线、曲线表面或在空间的曲面。三维轮廓控制要比二维轮廓控制更为复杂，需要在加工过程中不断进行多坐标轴之间的插补运算，实现相应的速度和位移控制。

三维轮廓控制包含了实现点位控制和二维轮廓控制功能。数控铣床和加工中心是典型的三维轮廓控制数控机床，它们取代了所有类型的仿形加工，提高了加工精度和生产率，并极大地缩短了生产准备时间。

近年来，随着计算机技术的发展，软件功能不断完善，可以通过计算机插补软件实现多坐标联动的三维轮廓控制。

3. 按控制方式分类

按伺服系统的控制类型分类，数控机床可分为开环控制系统、半闭环控制系统和闭环控制系统。

1）开环控制系统

开环控制系统的工作原理如图 1-1-1 所示。其没有测量反馈装置，数控装置发出的指令信号流是单向的，控制指令直接通过步进驱动装置控制步进电动机的运转，然后通过机械传动系统（滚珠丝杠螺母副）转化为刀架或工作台沿轨迹方向的位移，加工出形状、尺寸与精度符合要求的零件。

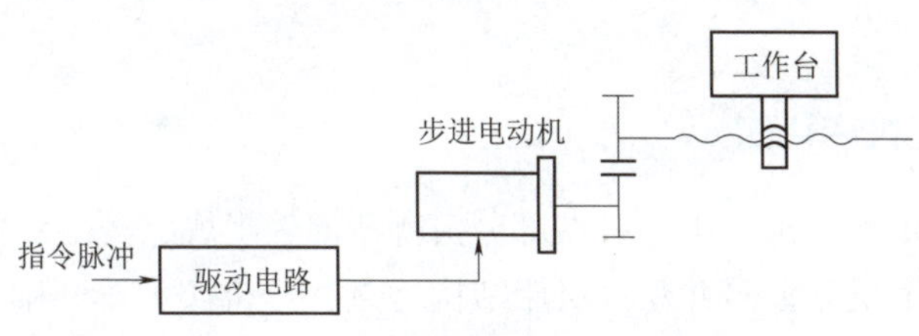

图 1-1-1　开环控制系统的工作原理

2）半闭环控制系统

半闭环控制系统的工作原理如图 1-1-2 所示。其位置测量装置（编码器）安装在伺服电动机转动轴或丝杠的端部。即反馈信号取自电动机轴或丝杠，而不是取自机床的最终运动部件。由于伺服电动机采样的是旋转角度而不是检测工作台的实际位置，故丝杠的螺距误差和齿轮或同步带轮等引起的误差都难以消除。半闭环控制系统环路内不包括或只包括少量机械传动环节，因此系统的控制性能较稳定。

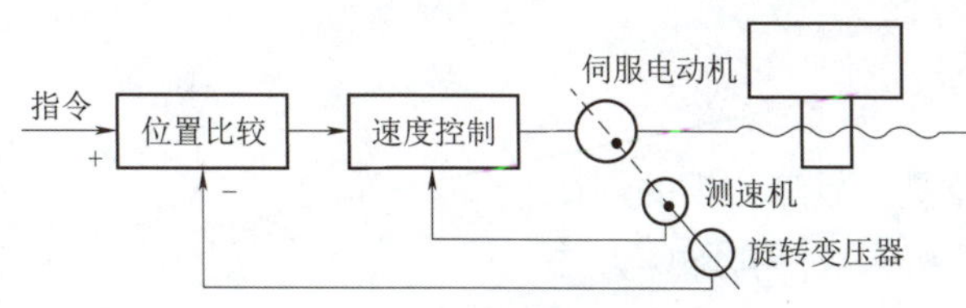

图 1-1-2　半闭环控制系统的工作原理

3）闭环控制系统

闭环控制系统的工作原理如图 1-1-3 所示。闭环控制系统数控机床装有位置测

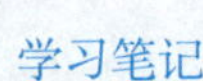
学习笔记

量反馈装置（光栅尺），将其直接安装在机床移动部件的位置测量装置上，随时测量机床移动部件的实际位移，并将测得的实际位移值反馈到 CNC 单元中，具有很高的位置控制精度。

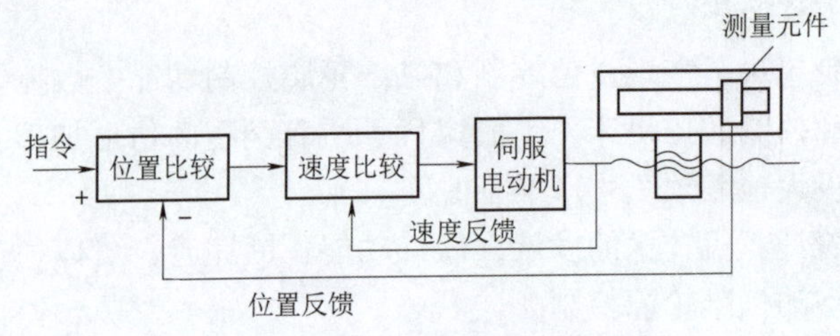

图 1-1-3　闭环控制系统的工作原理

小贴士

开环控制系统没有反馈环节，精度相对较低，应用的是步进电动机；半闭环控制系统具有反馈环节，反馈信号取自电动机轴或丝杠，而不是取自机床的最终运动部件，是速度反馈；全闭环控制系统具有位置测量反馈装置，并且直接安装在机床移动部件上，是位置反馈。

任务实施

1.1.3　数控机床认知

（1）观察 VMC850 加工中心机械部分由哪些部件组成，写出部件名称。

（2）通过查询机床型号并观察机床结构特点，分析实训车间中分别有哪些机床是开环控制系统、半闭环控制系统及闭环控制系统，写出机床名称及编号。

任务报告

撰写报告，完成机床组成报告书。

任务 1.2　数控机床故障诊断和维修管理

任务目标

1. 知识目标

（1）理解数控机床故障产生的规律。

（2）掌握数控机床故障排除的方法。

2. 技能目标

能够根据数控机床故障排除方法查找机床故障。

3. 素养目标

（1）具备收集和处理信息的能力。

（2）能够独立学习新知识、新技术，具有终身学习的能力。

任务准备

1. 实验设备

FANUC 0i Mate-D 系统数控铣床实训台。

2. 实验项目

（1）熟悉数控机床故障维修所需的技术资料。

（2）学习与交流所掌握的数控机床维修技术资料。

知识链接

1.2.1 数控机床故障产生的原因

1. 机床性能或状态

数控机床在使用过程中，其性能和状态随着使用时间的推移而逐步下降，呈现如图 1-2-1 所示的曲线。很多故障发生前会有一些预兆，即所谓潜在故障，其可识别的物理参数表明一种功能性故障即将发生。功能性故障表明机床丧失了规定的性能标准。

图 1-2-1 中，*P* 点表示性能已经恶化，并发展到可识别潜在故障的程度，这可能是金属疲劳的一个裂纹，将导致零件折断；可能是振动，表明即将发生轴承故障；可能是一个过热点，表明电动机将损坏；也可能是一个齿轮齿面过多的磨损等。*F* 点表示潜在故障已变成功能故障，即它已质变到损坏的程度。*P*–*F* 间隔就是从潜在故障的显露到转变为功能性故障的时间间隔，各种故障的 *P*–*F* 间隔差别很大，从几秒到几年。突发故障的 *P*–*F* 间隔就很短，而较长的间隔意味着有足够多的时间来预防功能性故障的发生，此时如果积极主动地寻找潜在故障的物理参数，采取新的预防技术，就能避免功能性故障，争得较长的使用时间。

2. 机械磨损故障

数控机床在使用过程中，由于运动部件相互摩擦，表面产生刮削、研磨，加上化学物质的侵蚀，就会造成磨损。磨损过程大致分为如下 3 个阶段，如图 1-2-2 所示。

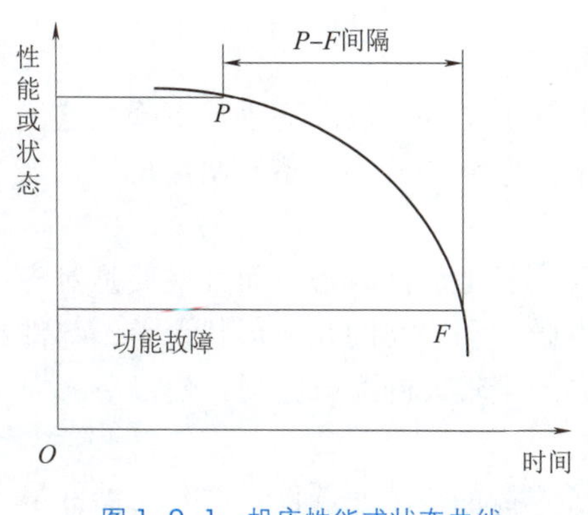

图 1-2-1　机床性能或状态曲线

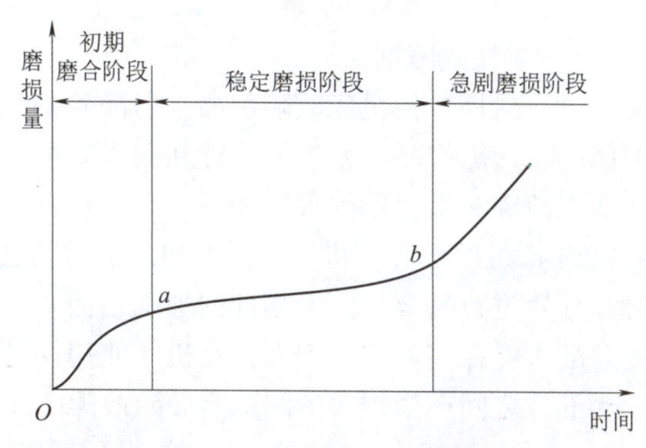

图 1-2-2　典型磨损过程

1）初期磨损阶段

多发生于新设备启用初期，主要特征是摩擦表面的凸峰、氧化皮、脱碳很快被磨去，使摩擦表面更加贴合。这一过程时间不长，而且对机床有益，通常称为跑合，如图 1-2 中的 *Oa* 段所示。

2）稳定磨损阶段

由于跑合的结果，使运动表面工作在耐磨层，而且相互贴合，接触面积增加，单位接触面上的应力减小，因而磨损增加缓慢，可以持续很长时间，如图 1-2 中的 *ab* 段所示。

3）急剧磨损阶段

随着磨损逐渐积累，零件表面抗磨层的磨耗超过极限程度，磨损速率急剧上升。理论上将正常磨损的终点作为合理磨损的极限。根据磨损规律，数控机床的修理应安排在稳定磨损终点 *b* 为宜。这时既能充分利用原零件性能，又能防止急剧磨损出现。修理也可稍微提前，以预防急剧磨损，但不可拖后。若使机床带病工作，则势必带来更大的损坏，造成不必要的经济损失。在正常情况下，到达 *b* 点的时间一般为 7~10 年。

3. 数控机床故障率曲线

与一般设备相同，数控机床的故障率随时间变化的规律可用图 1-2-3 所示的浴盆曲线（也称为失效率曲线）表示。整个使用寿命期，根据数控机床的故障频率大致分为 3 个阶段，即早期故障期、偶发故障期和耗损故障期。

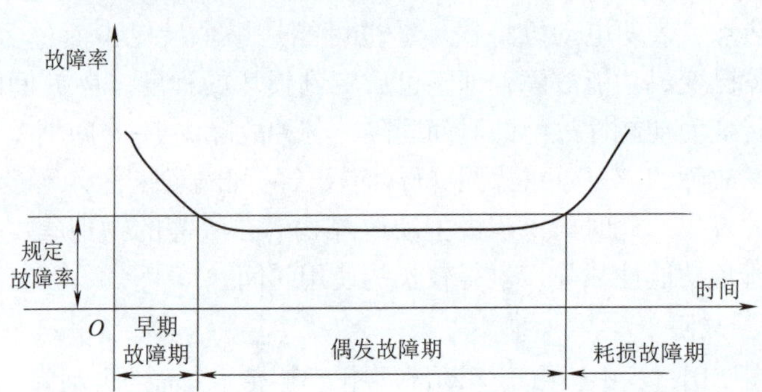

图 1-2-3　数控机床故障率随时间变化的规律（浴盆曲线）

1）早期故障期

这个时期数控机床故障率高，但随着使用时间的增加，故障率迅速下降。这段时间的长短随产品、系统的设计和制作质量而异，约为 10 个月。数控机床使用初期之所以故障频繁，原因大致如下：

（1）机械部分：机床虽然在出厂前进行过磨合，但时间较短，而且主要是对主轴和导轨进行磨合。由于零件的加工表面存在着微观和宏观的几何形状误差，部件的装配可能存在误差，因而，在机床使用初期会产生较大的磨合磨损，使设备相对运动部件之间产生较大的间隙，导致故障的发生。

（2）电气部分：数控机床的控制系统使用了大量的电子元器件，这些元器件虽然在制造厂家经过了严格的筛选和整机性能测试，但在实际运行时，由于电路的发热，交变负荷、浪涌电流及反电动势的冲击，性能较差的某些元器件经不住考验，因电流冲击或电压击穿而失效，或特性曲线发生变化，从而导致整个系统不能正常工作。

（3）液压部分：由于出厂后运输及安装阶段的时间较长，使得液压系统中某些部位长时间无油，气缸中润滑油干涸，而油雾润滑又不可能立即起作用，造成液压缸或气缸可能产生锈蚀。此外，新安装的空气管道若清洗不干净，一些杂物和水分也可能进入系统，造成液压、气动部分的初期故障。除此之外，还有元器件、材料等原因也会造成早期故障。这个时期一般在保修期以内，因此，购回数控机床后，应尽快使用，使早期故障尽量发生在保修期内。

2）偶发故障期

数控机床在经历了初期的各种老化、磨合和调整后，开始进入相对稳定的偶发故障期，即正常运行期。正常运行期约为 7~10 年。在这个阶段，数控机床故障率低而且相对稳定，近似常数。偶发故障是由偶然因素引起的。

3）耗损故障期

耗损故障期出现在数控机床使用的后期，其特点是故障率随着运行时间的增加而升高。出现这种现象的基本原因是数控机床的零部件及电子元器件经过长时间的运行，由于疲劳、磨损、老化等，使用寿命已接近完结，从而处于频发故障状态。

1.2.2 数控机床维修技术资料的要求

技术资料是数控机床故障诊断与维修的指南，在维修工作中起着至关重要的作用。借助技术资料可以大大提高维修工作的效率和维修的准确性。一般来说，对于重大的数控机床故障维修，在理想状态下，应具备以下技术资料。

1. 数控机床使用说明书

它是由机床生产厂家编制并随机床提供的随机资料。数控机床使用说明书通常包括以下与维修有关的内容。

（1）机床的操作过程和步骤。

（2）机床主要机械传动系统及主要部件的结构原理示意图。

（3）机床的液压、气动、润滑系统图。

（4）机床安装和调整的方法与步骤。

（5）机床电气控制原理图。

（6）机床使用的特殊功能及其说明等。

2. 数控系统的操作、编程说明书（或使用手册）

它是由数控系统生产厂家编制的数控系统使用手册，通常包括以下内容。

（1）数控系统的面板说明。

（2）数控系统的具体操作步骤，包括手动、自动、试运行等方式的操作步骤，以及程序、参数等的输入、编辑、设置和显示方法。

（3）加工程序以及输入格式、程序的编制方法、各指令的基本格式以及所代表的意义等。

3. PLC 程序

它是机床生产厂家根据机床的具体控制要求设计、编制的机床控制软件。PLC 程序中包含了机床动作的执行过程，以及执行动作所需的条件，它表明了指令信号、检测元件与执行元件之间的全部逻辑关系。借助 PLC 程序，维修人员可以迅速找到故障原因，它是数控机床维修过程中使用最多、最重要的资料。FANUC、SIEMENS 系统利用数控系统的显示器可以直接对 PLC 程序进行动态检测和观察，它为维修提供了极大的便利，因此，在维修中一定要熟练掌握这方面的操作和使用技能。

4. 机床参数清单

它是由机床生产厂家根据机床的实际情况，对数控系统进行的设置与调整。机床参数是系统与机床之间的“桥梁”，它不仅直接决定了系统的配置和功能，而且也关系到机床的动、静态性能和精度，因此也是维修机床的重要依据与参考。在维修时，应随时参考系统机床参数的设置情况来调整、维修机床。特别是在更换数控系统模块时，一定要记录机床的原始设置参数，以便机床功能的恢复。

5. 数控系统的连接说明书、功能说明书、维修说明书、参数说明书

这些资料由数控系统生产厂家编制，通常只提供给机床生产厂家作为设计资料。系统的连接说明书、功能说明书包含比电气原理图更为详细的系统各部分之间的连接要求与说明。参数说明书包含机床参数的说明。维修说明书包含机床报警的显示及处理方法，以及系统的连接图等，它是维修数控系统与操作机床中必须参考的技术资料之一。

6. 伺服驱动系统、主轴驱动系统的使用说明书

它是伺服系统及主轴驱动系统的原理与连接说明书，主要包括伺服、主轴的状态显示与报警显示，驱动器的调试、设定要点，信号、电压、电流的测试点，驱动器设置的参数及意义等方面的内容，可供伺服驱动系统、主轴动系统维修参考。

7. PLC 使用与编程说明书

它是机床中所使用的外置或内置式 PLC 的使用、编程说明书。通过 PLC 的说明书，维修人员可通过 PLC 的功能与指令说明，分析、理解 PLC 程序，并由此详细了解、分析机床的动作过程、动作条件、动作顺序以及各信号之间的逻辑关系，必要时还可以对 PLC 程序进行部分修改。

8. 机床主要配套功能部件的说明书与资料

在数控机床上往往会使用较多功能部件，如数控转台、自动换刀装置、润滑与冷却系统、排屑器等。这些功能部件的生产厂家一般都提供了较完整的使用说明书，机床生产厂家应将其提供给用户，以便功能部件发生故障时参考。

任务实施

1.2.3 数控机床故障排除的基本办法

1. 观察检测法

1）预检查法

根据自身经验，判别最有可能发生故障的部位，然后进行故障检查，进而排除

故障。

2）直接观察法

利用问、看、听、触、嗅等方法判断故障所在，通过对故障发生时的各种光、声、味等异常现象的观察，认真查看系统的各个部分，将故障范围缩小到一个模块或一个印制电路板。

3）机床数据检查

检查机床数据设置是否正确，可以尝试恢复原始数据来解决故障。

4）电源检查

电源电压不正常，电路板的工作必然异常。

5）接地与插头连接

对数控机床上电缆进行检查，看其屏蔽、隔离是否良好，是否存在破皮搭铁现象。要检查电路板之间连接和插头连接是否正确。所有集成电路芯片是否都稳装在插座上且无接触不良现象。接口电缆是否符合说明书要求，正确无误。

例 1：某 CAK6140 数控车床偶尔出现不能车削螺纹现象，刀具到达螺纹循环点后主轴空转，刀具不能进给切削螺纹且无任何报警。经查，故障原因出现在主轴编码器电缆破皮，数控系统控制箱拉至某位置时，破皮处搭铁使得每转信号不能反馈给数控系统，造成无法车削螺纹。

2. 功能检测法

功能检测法是指通过功能测试程序检查机床的实际动作来判别故障的一种方法。它可以将数控系统的功能（如直线定位、圆弧插补、螺纹切削、固定循环、用户宏程序等），用手工编程方法编制一个功能测试程序，并通过运行测试程序来检查机床执行这些功能的准确性和可靠性，进而判断出故障发生的原因。

例 2：某数控车床偶发换刀时不能找到正确刀位，刀架旋转超时报警故障。初步判断为霍尔元件或刀架到位信号控制电路断线故障。编制自动换刀并进行往复移动的功能测试程序，送入数控系统，发现刀架移动到 Z 轴某一位置时经常发生换刀故障，故判断为电缆断线，经替换信号电缆备用线芯后故障解决。

3. 参数检查法

参数通常存放在数控系统的存储器（RAM）中，一旦外界干扰或电池电压不足，会使系统参数丢失或发生变化而引起混乱现象。检查和恢复机床参数是维修中行之有效的方法之一。数控机床经过长期运行后，在排除某些故障时，对一些参数还需进行调整。

例 3：配置 VMC850 型数控加工中心，开机后不久出现 403 伺服未准备好，420、421、422 号（X、Y、Z 各轴超速）报警。经故障分析，这种现象常与参数有关，检查参数后，发现数据混乱，将原始备份参数重新恢复，上述报警消失。

4. 报警信息查询法

数控机床报警一般分 CNC 报警、PLC 报警、用户报警等。各种报警信息以特定的报警号或文字在 LCD 上显示出来，由于系统的厂家不同，其报警信息所代表的含义也不同。在 FANUC 系统中，P/S 报警为编程报警、APC 报警为绝对脉冲编码器报警、SV 报警为伺服报警等，按报警号查阅机床厂提供的排故手册，以找到相应的故障范围。报警信息查询法就是针对此类报警提示对故障进行分析处理的。

例 4：某广数 980 系统数控车床加工途中出现报警号“431 *X* 轴未准备就绪”，关机重启后故障消失，使用一段时间后故障发生频率增高。出现该故障时，打开控制电柜观察伺服驱动器，其上出现报警代码 Err9。查阅机床伺服放大器说明书，该故障代码为电动机编码器信号反馈异常。出现这种故障现象时，应重点检查编码器及其连接线缆情况，具体方法如下：①电动机编码器信号接线不良或接线错误；检查连接器和信号线焊接情况。②电动机编码器信号反馈电缆过长，造成信号电压偏低；缩短电缆长度（30 m 以内）。③电动机编码器损坏；更换电动机或其编码器。④伺服单元故障；更换伺服单元。根据上述情况排查后，发现故障原因为编码器反馈电缆“24 V 信号”断线，更换电缆后故障解决。

5. 部件替换法

部件替换法是在大致确认了故障范围，并确认外部条件完全相符的情况下，利用装置上同样的印制电路板、模块、集成电路芯片或元器件来替换怀疑目标，然后启动机床，观察故障现象是否消失或转移，以确定故障的具体位置。如果故障现象仍然存在，说明故障与所怀疑目标无关；若故障消失或转移，则说明怀疑目标正是故障板。

（1）仔细检查，线路中存在短路、过电压时，不可以轻易更换备件。

（2）断电后才能更换电路板或组件。

（3）电路板上有地址开关，交换时要相应改变设置值。

（4）电路板上有跳线及桥接调整电阻、电容，应调整到与原板相同。

（5）模块的输入、输出必须相同。

（6）备件（或交换板）应完好。

例 5：某数控车床，*X* 轴不动，其他功能正常。故障分析：*X* 轴不能动，故障可能发生在数控系统、驱动器或电动机上。故障判断可以采用部件替换法，先用万用表测量 *X* 轴伺服电动机相间及对地无短路后，将 *X*、*Z* 两轴伺服电动机的驱动电缆及反馈电缆交换，发现 *X* 轴电动机运行正常，而 *Z* 轴电动机不动，说明原 *X* 轴电动机正常，数控系统到驱动器之间信号也正常，从而判断驱动器损坏。更换相同型号的驱动器后，故障排除。

6. 隔离法

隔离法是指将控制回路断开，以缩小查找故障区域的一种方法。当某些故障（如轴抖动、爬行等），难以区分是数控部分、伺服系统还是机械部分造成的时，可采用隔离法来处理。这样，可将复杂的问题化为简单的问题，能较快找出故障原因。

例 6：某型号立式加工中心，*Y* 轴忽然出现异常振动声，马上停机，将 *Y* 轴电动机与丝杠分开，试车时仍然振动，可见振动不是由机械传动机构的原因所造成。为区分是伺服单元故障还是电动机故障，采用了 *X* 轴伺服单元控制 *Y* 轴电动机的方法，如果仍然振动，则可判断为 *Y* 轴电动机故障。更换后 *Y* 轴伺服电动机后，故障排除。

7. 温升法

当设备运行时间比较长或者环境温度比较高时，机床容易出现故障。这时可人为地（如可用电热器或红外灯直接照射）将可疑元器件温度升高（应注意元器件的温度参数）或降低，加速一些温度特性较差的元器件产生“病症”或使“病症”消除来寻找故障原因。

例7：配有某系统的一台卧式加工中心在工作数小时后，液晶显示屏（LCD）中部逐渐变白，直至全部变暗，无显示。关机一定时间，再开机可正常工作，工作数小时后，又“旧病复发”。故障发生时机床其他部分工作正常，估计故障在LCD部分，并且与温度有关。打开数控系统电气箱，用热风枪往内部吹送热风，使温度快速上升，发现开机后，很快就出现上述故障，可见该显示器内部出现“热击穿”故障。更换LCD后，故障消除。

8. 测量比较法（对比法）

维修人员利用印制电路板上的检测端子，可以测量、比较正常的印制电路板和有故障的印制电路板之间的电压或波形的差异，进而分析、判断故障原因及故障所在位置。有时还可以将正常部分实验性地造成“故障”或报警（如断开连线、拔去组件），以判断真正的故障原因。

任务报告

1. 举例说明故障排除的一般方法及维修步骤。
2. 能够认知说明书、参数清单、PLC 程序等数控维修的资料。

任务 1.3　数控机床常用的维修工具及备件

任务目标

1. 知识目标

(1) 了解数控机床常用维修工具的作用。

(2) 掌握数控机床常用维修工具的使用方法。

2. 技能目标

能够使用数控机床常用维修工具。

3. 素养目标

(1) 具备收集和处理信息的能力。

(2) 能够独立学习新知识、新技术，具有终身学习的能力。

(3) 遵守机床电气安全操作规范。

任务准备

1. 实验设备

(1) 亚龙 569A FANUC 数控系统实训台。

(2) 常用工具。

2. 实验项目

(1) 常用机械检修工具的测量与使用。

(2) 常用电气元器件的控制电路连接。

学习笔记

知识链接

1.3.1 常用的机械拆卸及装配工具

（1）内六角扳手（图 1-3-1）：呈 L 形的六角棒状扳手，专用于拧转内六角螺钉。注意，公、英制两种规格不能互换使用。

（2）两用扳手（图 1-3-2）：是扳手众多种类中的一种，它一端与单头呆扳手相同，另一端与梅花扳手相同，两端拧转相同规格的螺栓或螺母。

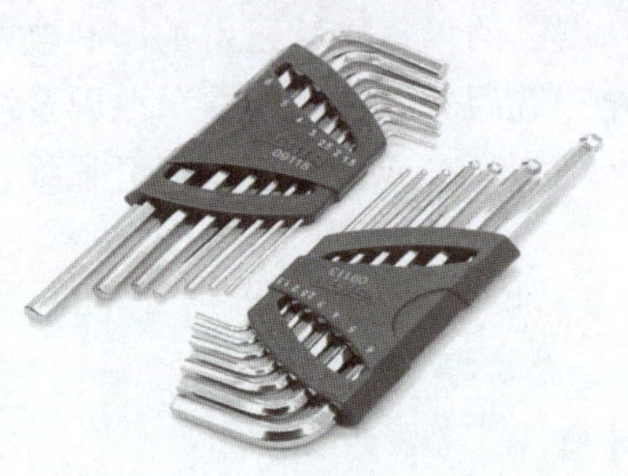

图 1-3-1 内六角扳手

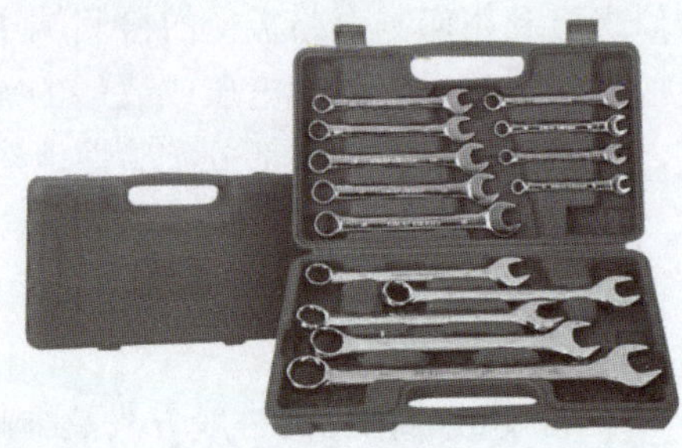

图 1-3-2 两用扳手

（3）套筒扳手（图 1-3-3）：上紧或卸松螺丝的一种专用工具。它由数个内六棱形的套筒和一个或几个安装套筒的手柄构成，套筒的内六棱根据螺栓的型号依次排列，可以根据需要选用。

（4）钩形扳手（图 1-3-4）：又称月牙形扳手，俗称钩板子，用于拧转厚度受限制的扁螺母，专用于机械上的圆螺母。头部可调，适合多重圆螺母同时使用，应用范围较广。

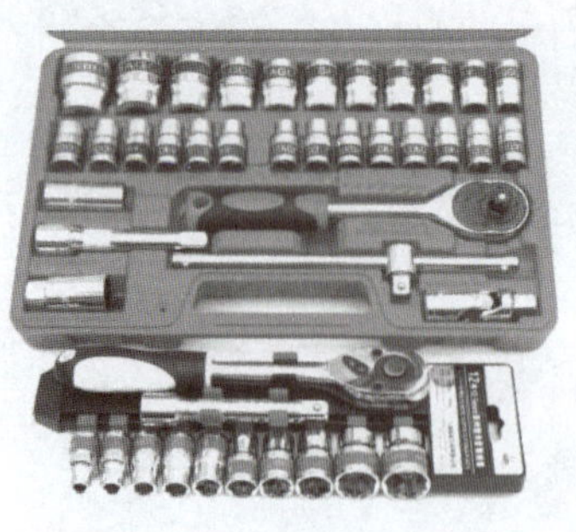

图 1-3-3 套筒扳手

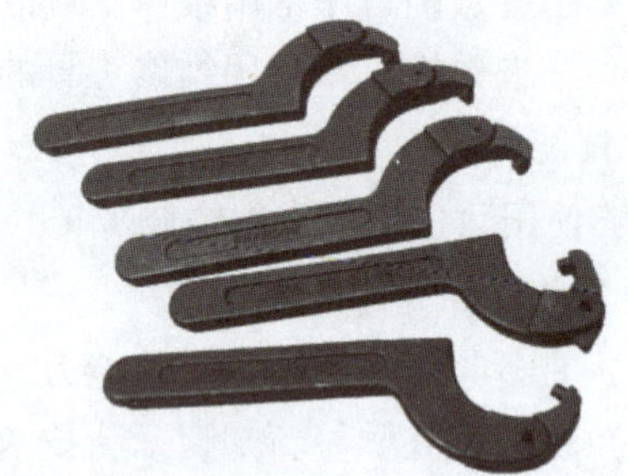

图 1-3-4 钩形扳手

（5）扭力扳手（图 1-3-5）：在紧固螺栓螺母时，可以自动调节施加的力矩大小，在扭矩达到设定值时，会发出声音提醒操作人已经紧固，无须再用力了，避免了因为操作力度过大而破坏螺纹。

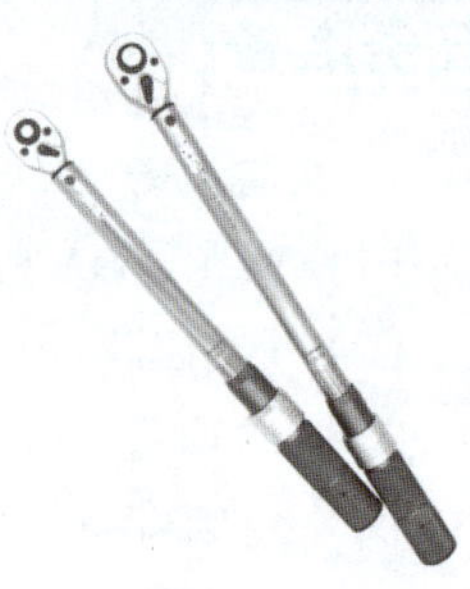

图 1-3-5 扭力扳手

（6）弹性挡圈拆装钳（图 1-3-6）：用于拆装弹性挡圈。由于挡圈形式分为孔用和轴用两种以及安装部位不同，挡圈钳可分为直嘴式和弯嘴式，又可分为孔用和轴用挡圈钳。

（7）弹性手锤：可分为木锤、铜锤、橡胶锤。

（8）拔销器（图 1-3-7）：用于拉卸带内螺纹的小轴、圆锥销的工具。

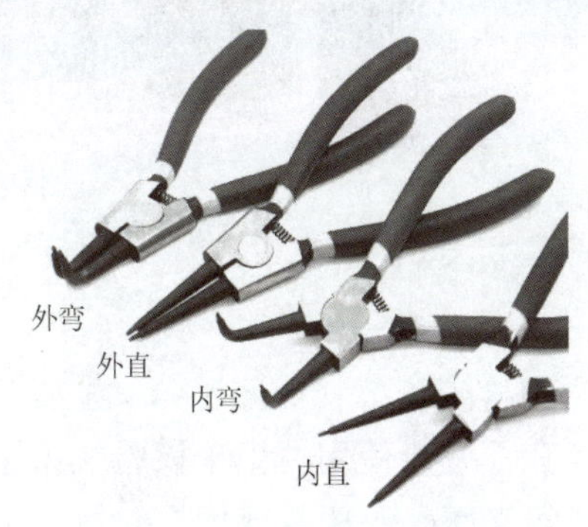

图 1-3-6 弹性挡圈拆装钳

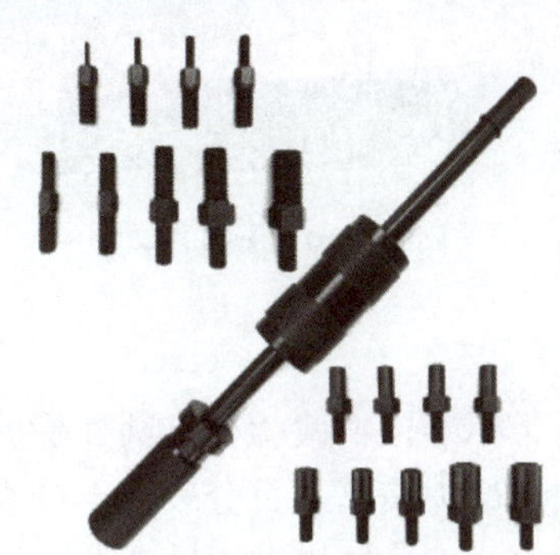

图 1-3-7 拔销器

（9）拉卸工具（图 1-3-8）：俗称拉马，拆装轴上的滚动轴承、带轮式联轴器等零件时，常用拉卸工具。拉卸工具常分为螺杆式及液压式两类，螺杆式拉卸工具分为内爪、三爪和铰链式。

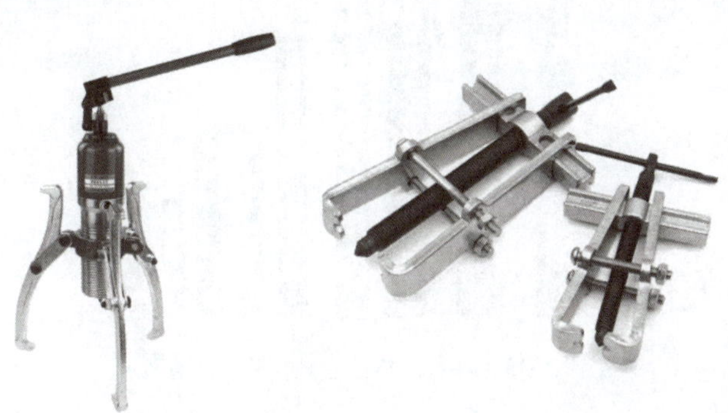

图 1-3-8 拉马

（10）拉开口销子冲头、拉带锥度平键工具及断丝取出器等。

1.3.2 机械检修工具

1. 通用检具

一般指由检修工具制造厂家按标准统一制造的通用性检具，在机床装配及维修过程中与相关量具配合使用时，能对有关几何精度、位置精度进行检测，保证机床的整机精度。如大理石平尺、理石方尺、多面棱体、平板、角度块等，如图 1-3-9 和图 1-3-10 所示。花岗石属硬性材料，应注意碰伤或断裂，须指出的是，花岗石的碰伤不影响精度。较小的量具使用前应恒温 6 h 以上，中等规格的平板应恒温 12 h 以上，大规格的平板需恒温 24 h。

图 1-3-9　大理石平尺

图 1-3-10　大理石角尺和方尺

2. 检验棒

分为带标准锥柄检验棒、圆柱检验棒和专用检验棒等，如图 1-3-11 所示。检验棒一般与磁力表座、百分表或千分表、变径套等一起使用，用于检验机床主轴精度、导轨直线度、纵横向驱动装置中滚珠丝杠各支座孔对床身或床鞍导轨的平行度和等距度精度等。

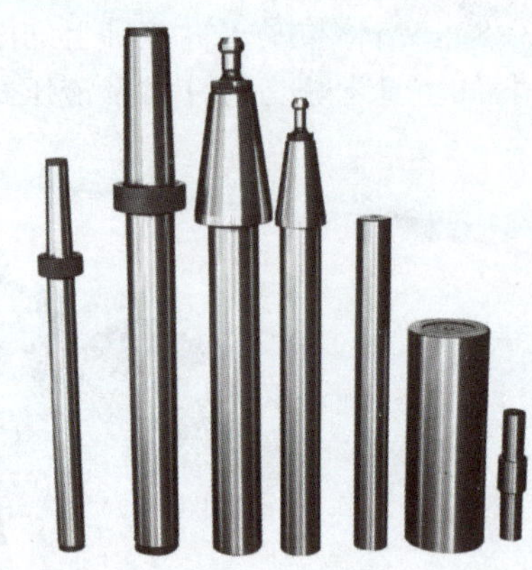

图 1-3-11　各种规格的主轴检验棒及直验棒

3. 水平仪

水平仪是测量角度变化的一种常用量具，主要用于测量机件和设备安装时的平面度、直线度和垂直度，也可测量零件的微小倾角。常用的水平仪有条式水平仪、框式水平仪，如图 1-3-12 和图 1-3-13 所示。水平仪的分度值规格有 0.02 mm/m、0.05 mm/m、0.1 mm/m 等，如分度值 0.02 mm/m，即表示气泡移动一格时，被测量长度为 1 m 的两端上，高低相差 0.02 mm。

图 1-3-12　框式水平仪

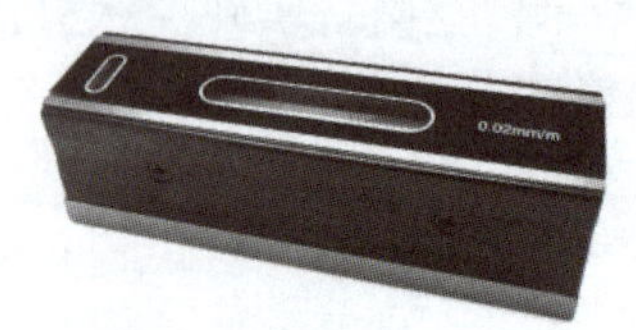

图 1-3-13　条式水平仪

4. 磁性表座及百分表（图 1-3-14）

百分表用于测量零件间的平行度、轴线与导轨的平行度、导轨的直线度、工作台台面面度以及主轴的轴向圆跳动、径向圆跳动和轴向窜动。

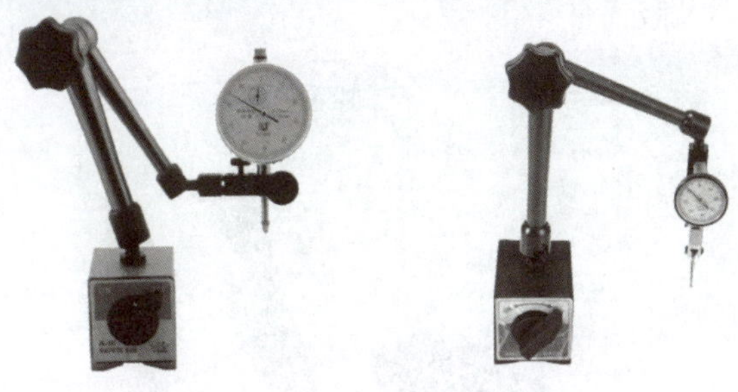

图 1-3-14　磁性表座及百分表

5. 步距规（图 1-3-15）

步距规，也叫节距规、阶梯规。步距规是长度标准器，由若干量块按一定间隔排列在基体中，可用于检测数控机床定位基准及校验激光干涉仪的精度，便于调整机床以补偿误差，提高设备定位精度。

图 1-3-15　步距规

任务实施

1.3.3　电气维修工具

1. 旋具类（图 1-3-16）

各种规格的一字螺丝刀、十字螺丝刀各一套，为拆卸一些特殊螺钉，还应配备多功能特殊旋具一套。

(a)

(b)

图 1-3-16　一字、十字螺丝刀（a）和多功能特殊旋具（b）

2. 钳类工具

各种规格的尖嘴钳、斜口钳、断线钳、剥线钳、镊子、压线钳等。

3. 电烙铁（图 1-3-17）

是最常用的焊接工具之一，在机床电路维修中，一般应采用 35 W 左右的尖头、带接地保护线的内铁式电烙铁。在电子器件拆卸操作时，常配用便携式手动吸锡器，也可采用电动吸锡器及吸锡带。

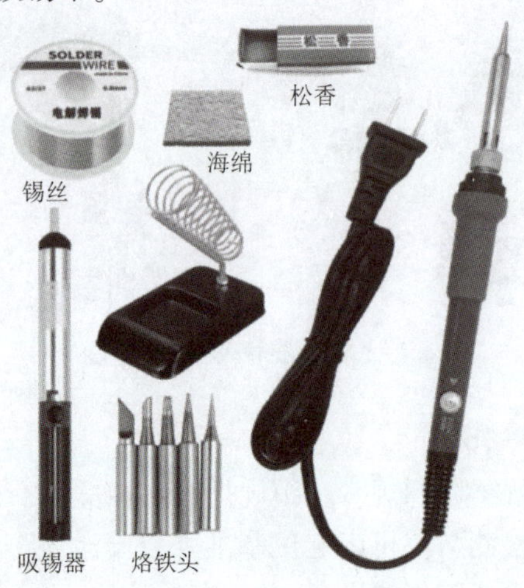

图 1-3-17　电烙铁

4. 常用测量仪表

包括万用表、钳形电流表、兆欧表等，如图 1-3-18 所示。

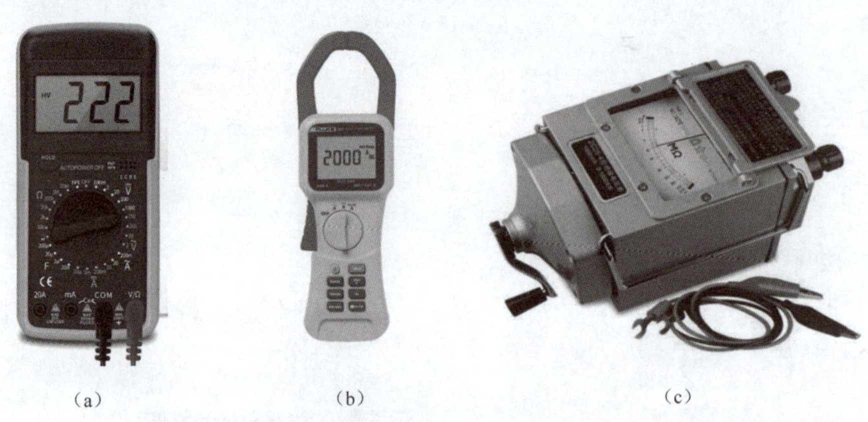

图 1-3-18　常用测量仪表

（a）万用表；（b）钳形电流表；（c）兆欧表

1）万用表

又称为多用表、三用表等，是维修机床电气部分不可缺少的测量仪表，一般以测量交直流电压、电流和线路电阻为主要目的。有的还可以测量交流电流、电容量、电感量及半导体的一些参数等。

2）钳形电流表

是电流表的一种，简称电流钳，其特点是无须断开设备导线来测量电流，通常用来测量电路中交流电（AC）的电流值。

3）兆欧表

也是设备故障维修中常用的一种测量仪表，主要用来检查电气设备、家用电器或电气线路对地及相间的绝缘电阻，以保证这些设备、电器和线路的绝缘在正常状态，避免发生触电伤亡及设备损坏等事故。

5. 其他常用电气维修工具

包括剪刀、热风枪、卷尺、焊锡丝、松香、酒精、刷子等。

1.3.4 数控机床维修其他常用仪器仪表

1. 转速表（图 1-3-19）

转速表常用于测量伺服电动机的转速，是检查伺服调速系统的重要依据之一。常用的转速表有接触式转速表和非接触式转速表等。

图 1-3-19 转速表

2. 双通道示波器（图 1-3-20）

利用示波器能观察各种不同信号幅度随时间变化的波形曲线，如脉冲编码器、测速机、光栅的输出波形，伺服驱动、主轴驱动单元的各级输入、输出波形等。还可以用它测试各种不同的电量，如电压、电流、频率、相位差、调幅度等。

3. 直流稳压电源（图 1-3-21）

直流稳压电源是能为负载提供稳定直流电源的电子装置。当负载电阻变化时，稳压电源的直流输出电压都会保持稳定，并且输出电压可以在一定范围内调节。可提供数控装置、I/O 模块及伺服放大器测试所需的标准直流电源电压。

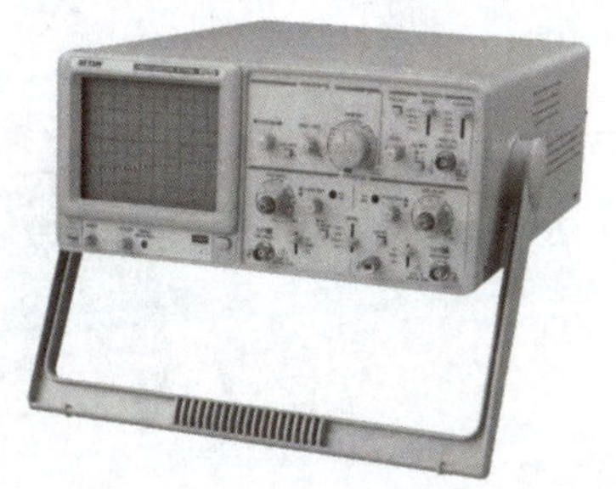

图 1-3-20 双通道示波器

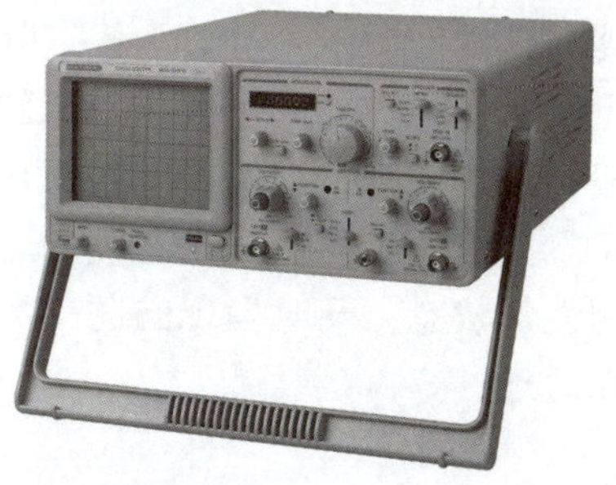

图 1-3-21 直流稳压电源

学习笔记

4. 相序表（图 1-3-22）

相序表可检测工业用电中出现的缺相、逆相、三相电压不平衡、过电压、欠电压五种故障现象，它是维修伺服驱动、主轴驱动的必要测量工具之一。

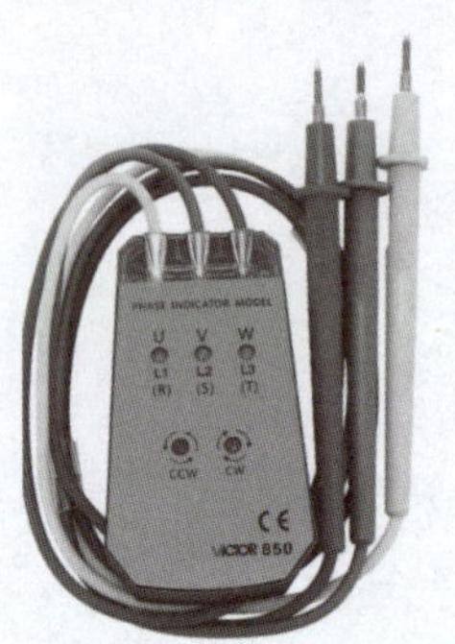

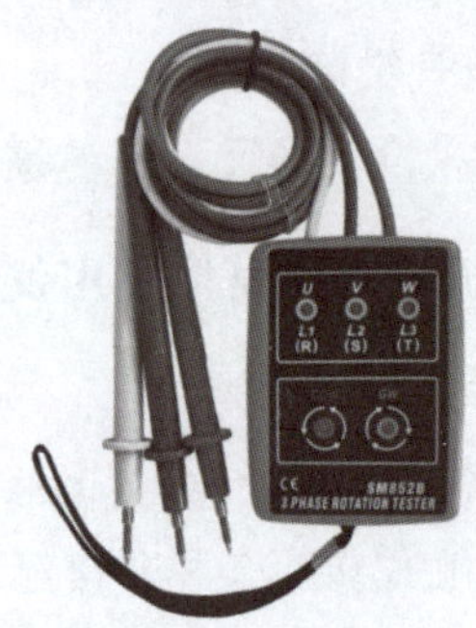

图 1-3-22　相序表

5. 比较仪（图 1-3-23）

一种用比较法测量长度的精密仪器，可分为扭簧比较仪与杠杆齿轮比较仪。主要用于检测轴类、盘类零件的径向圆跳动和端面圆跳动。

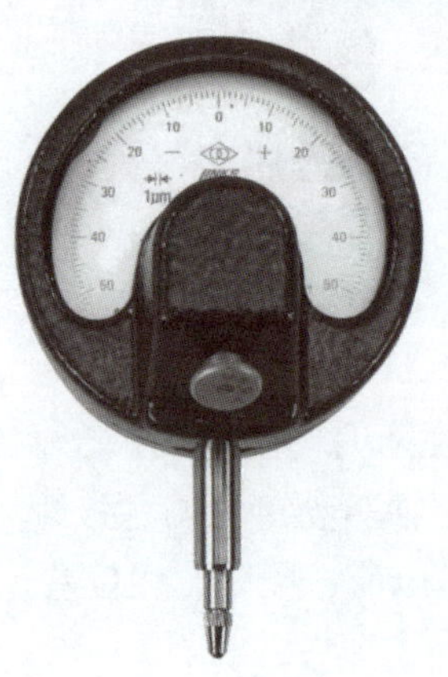

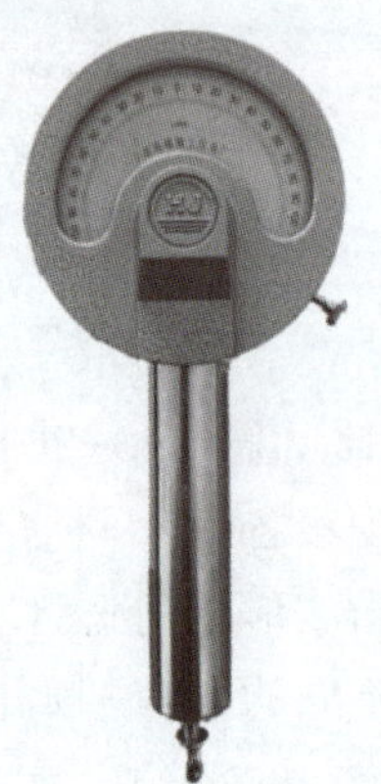

图 1-3-23　比较仪

6. 测振仪（图 1-3-24）

测振仪是基于微处理器最新设计的机器状态监测仪器，具备振动检测、轴承状态分析和红外线温度测量功能。为了适应现场测试的要求，测振仪一般都做成便携式与笔式。其操作简单，自动指示状态报警，非常适合现场设备运行和维护人员监测设备状态，及时发现问题，保证设备正常、可靠运行。

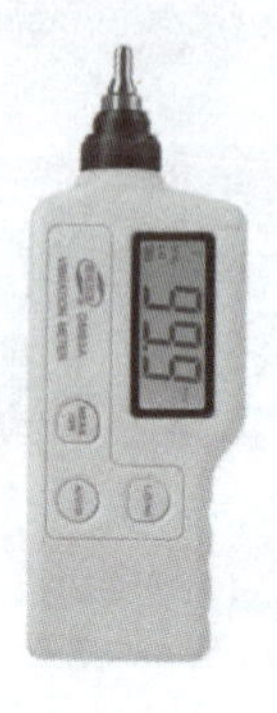

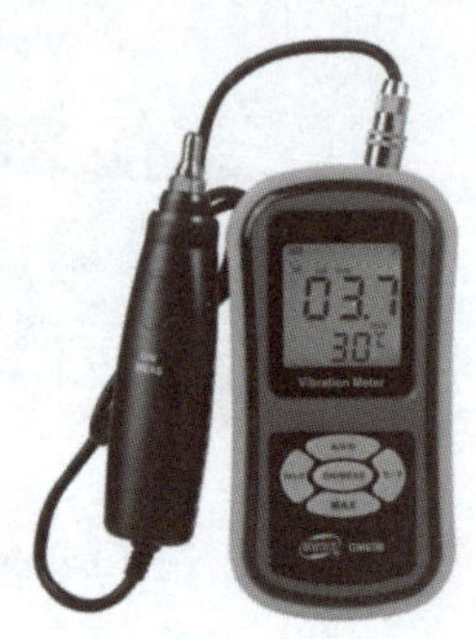

图 1-3-24　测振仪

7. 逻辑测试笔（图 1-3-25）

逻辑测试笔是一种新颖的测试工具，用于工作点逻辑状态的测试。它能代替示波器、万用表等测试工具，通过转换开关，对 TTL、CMOS、DTL 等数字集成电路构成的各种电子仪器设备进行检测、调试与维修使用。

图 1-3-25　逻辑测试笔

8. 红外测温仪（图 1-3-26）

在生产过程中，红外测温技术在产品质量控制和监测、设备在线故障诊断和安全保护以及节约能源等方面发挥着重要作用。近年来，其性能不断完善，功能不断增强，品种不断增多，适用范围也不断扩大。比起接触式测温方法，红外测温有响应时间快、非接触、使用安全及使用寿命长等优点。

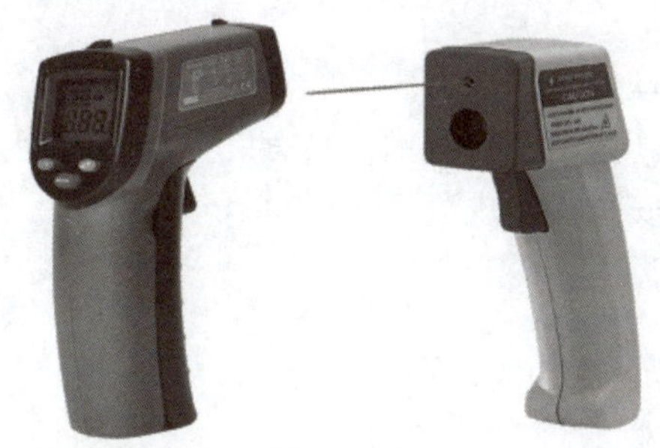

图 1-3-26　红外测温仪

9. 激光干涉仪（图 1-3-27）

激光干涉仪有单频的和双频的两种，其中，双频激光干涉仪抗干扰能力强，应用更广泛。激光干涉仪主要用于数控设备的精度检测，可测量定位精度、重复定位精度、反向间隙、导轨直线度误差等，还可以进行速度、加速度、振动、爬行等动态性能的测量与分析。利用相应附件，还可进行高精度直线度测量、平面度测量和小角度测量等。激光干涉仪测量精度高、使用方便，测量长度可达十几米甚至几十米，精度达微米级。

图 1-3-27　激光干涉仪

任务报告

1. 熟悉常用数控机床维修工具的使用方法。
2. 了解常用电气元器件的结构、工作原理及使用方法。
3. 水平仪、百分表的测量读表练习。

任务 1.4　数控电气原理图认知

任务目标

1. 知识目标

(1) 掌握数控机床常用的电气元件的结构原理。

(2) 掌握常用电器符号画法及机床电气图纸读识。

2. 技能目标

(1) 能够读识常用电器符号和机床电气图纸。

(2) 能够绘制典型机床控制电路。

3. 素养目标

(1) 具备收集和处理信息的能力。

(2) 能够独立学习新知识、新技术，具有终身学习的能力。

(3) 遵守机床电气安全操作规范。

任务准备

1. 实验设备

数控机床电气仿真实训台、常用低压电器若干。

2. 实验项目

(1) 根据控制对象，熟练选择常用低压电器。

(2) 熟练绘制常用低压电器图形及文字符号。

(3) 独立分析数控机床典型控制电路原理。

知识链接

1.4.1　数控机床常用的电气元件

数控机床维修所涉及的电气元件众多，备用的元器件不可能全部准备充分、齐全，但是，若维修人员能准备一些最为常见的易损元器件，则可以给维修带来很大的方便，有助于迅速处理问题。这些元器件主要包括如下几种。

1. 组合开关

组合开关又叫转换开关，也是一种刀开关。它是一种转动式的闸刀开关，主要用于接通或切断电路、换接电源、控制小型鼠笼式三相异步电动机的启动、停止、正反转或局部照明。组合开关级图形和文字符号如图 1-4-1 所示。其在数控机床中主要用于总电源控制，主要缺点是没有短路及过载保护，因此现今数控机床大多采用断路器作为总电源控制。

图 1-4-1　组合开关图形和文字符号

2. 断路器

断路器又叫自动空气开关或自动开关，它的主要特点是具有自动保护功能，当发生短路、过载、欠电压等故障时，能自动切断电路，起到保护作用。同时，断路器也可以在正常情况下不频繁通断电路，并能在电路过载、短路及失压时自动分断电路。断路器图形和文字符号如图 1-4-2 所示。其操作安全，分断能力较高，作为线路的不频繁转换之用，增加零序电流互感器后，还可以起到漏电保护的功能。

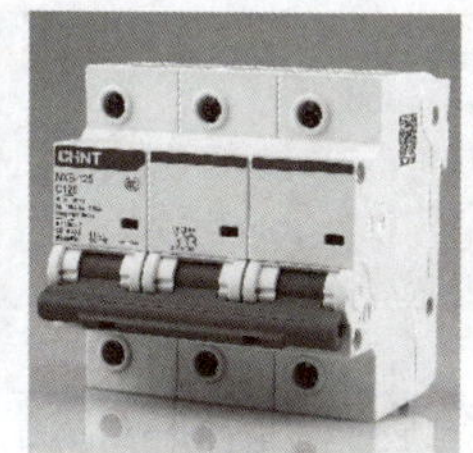
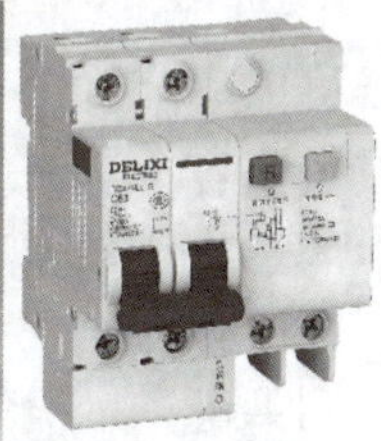
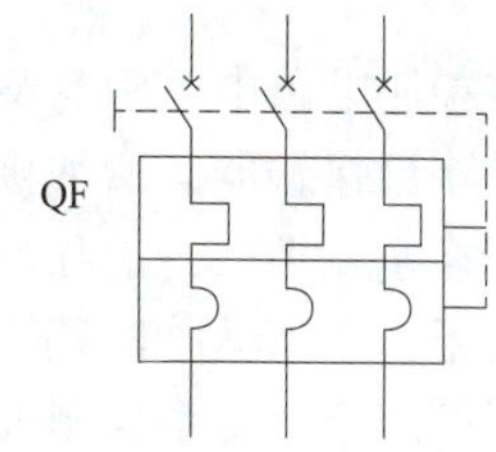

图 1-4-2　断路器图形和文字符号

3. 熔断器

熔断器体小量轻，结构简单，维护方便，价格低廉，串接于被保护电路的首端，当电路发生短路和严重过载时，可以立即熔断，保护电路的安全运行。熔断器图形和文字符号如图 1-4-3 所示。熔断器种类很多，有瓷插式、无填料封闭管式、有填料封闭管式、螺旋式、自复式等，目前数控机床上使用较多的是有填料封闭管式（RT14、RT18 系列）。

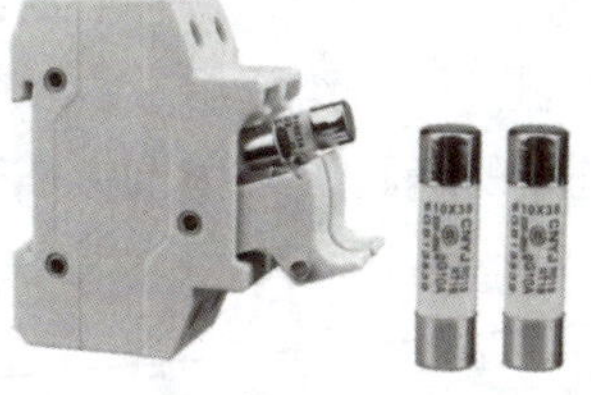
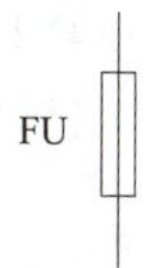

图 1-4-3　熔断器图形和文字符号

4. 交流接触器

交流接触器是电力拖动和自动控制系统中应用最普遍的一种低压控制电器。作为执行元件，其用于远距离接通、分断线路或频繁的控制电动机等设备运行。交流

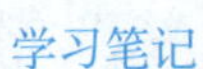
学习笔记

接触器图形和文字符号如图 1-4-4 所示。接触器还具有欠电压释放保护、零压保护、控制容量大、工作可靠、寿命长等优点。其结构由动、静主触头，灭弧罩，动、静铁芯，辅助触头和支架外壳等组成。

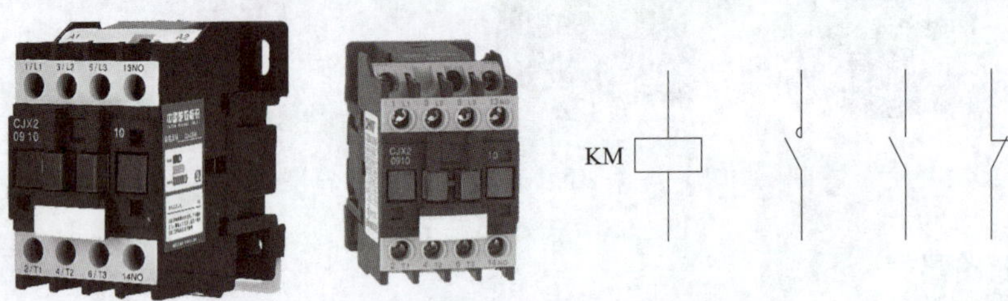

图 1-4-4　交流接触器图形和文字符号

5. 中间继电器

中间继电器和接触器的工作原理一样，主要区别在于接触器的主触头可以通过大电流，而中间继电器的触头只能通过小电流，所以中间继电器只能用于控制电路中。

在控制电路中，中间继电器可以用来代替小型接触器，增加接点数量和容量，转换接点类型，消除电路中的干扰等。此外，中间继电器还可以进行电气隔离，即用小电流来控制大电流和大电压，对主回路中大电流和大电压进行隔离。中间继电器图形和文字符号如图 1-4-5 所示。

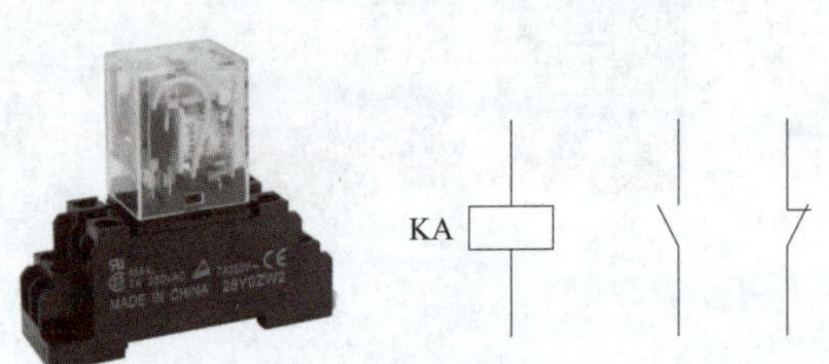

图 1-4-5　中间继电器图形和文字符号

6. 行程开关

行程开关也称位置开关、限位开关，主要用于将机械位移变为电信号，以实现对机械运动的电气控制。当机械的运动部件撞击触杆时，触杆下移使常闭触点断开，常开触点闭合；当运动部件离开后，在复位弹簧的作用下，触杆回复到原来位置，各触点恢复常态。

行程开关和接近开关的作用是一致的，只是它们的结构及工作原理不同。可以改变电动机的运动状态，从而控制机械动作或用于程序控制。数控机床上有很多行程开关，控制工件运动和自动进刀的行程，避免发生碰撞事故。行程开关图形和文字符号如图 1-4-6 所示。

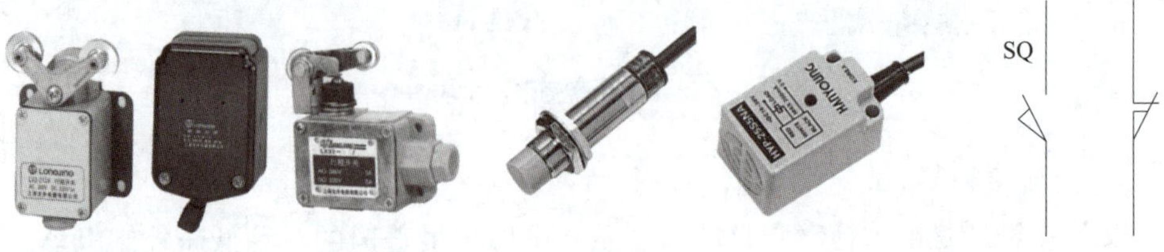

图 1-4-6　行程开关图形和文字符号

7. 按钮开关、急停开关

按钮开关是一种最常用的主令电器，按钮的触头允许通过的电流较小，一般不超过 5 A。因此，一般情况下它不直接控制主电路（大电流电路）的通断，而是在控制电路（小电流电路）中发出指令信号，控制接触器、继电器等电器，再由它们去控制主电路的通断、功能转换或电器联锁。按钮开关图形和文字符号如图 1-4-7 所示。急停开关则为具有机械自锁功能的常闭式按钮开关。

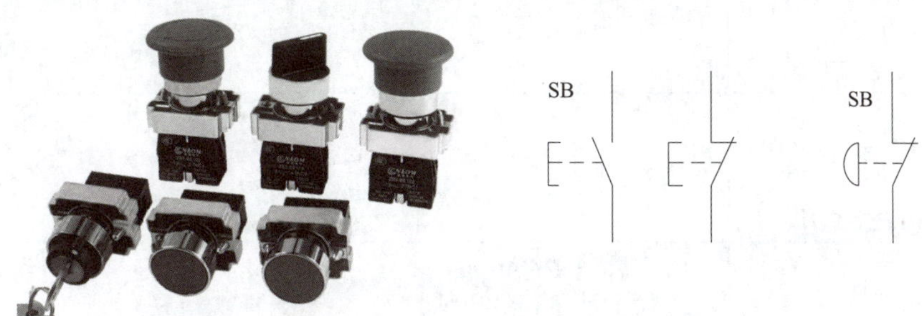

图 1-4-7　按钮开关图形和文字符号

1.4.2　如何读识机床电气原理图

（1）要读懂机床控制电气原理图，首先要能够识别各种电气元件的图形和文字符号，表 1-4-1 所列为数控机床电路图中常用的图形符号，表 1-4-2 所列为数控机床电路图中常用的文字符号。

表 1-4-1　数控机床电路图中常用的图形符号

JB/T 2739—2008		
序号	图形符号	说明
1	⎓	直流 电压可标注在符号右边，系统类型可标注在左边
2	～	交流 频率值或频率范围可标注在符号的右边
3	~50 Hz	示例：交流 50 Hz
4	3 相 5 线 AC 380 V 50 Hz　40 A	示例：三相五线制供电，交流 380 V，50 Hz，电流 40 A
5	L1 L2 L3	三相电源
6	N	工作零线（中性线）
7	PE	保护零线（接地线）
8	+	正极性
9	-	负极性
10		T 形连接 在 T 形连接符号中增加连接点符号

续表

序号	图形符号	说明
11		开关电源
12		霍尔开关
13		感应式接近开关
14		电阻器，一般符号 （矩形的长宽比约为 3：1）
15		可调电阻器 （由电阻器一般符号和可调节性通用符号组成）
16		电容器，一般符号
17		半导体二极管，一般符号
18		发光二极管
19		限压型电涌保护器
20	M 3~	三相异步电动机
21	E	主轴旋转编码器
22		双绕组变压器
23		交流电抗器（带铁芯）
24		接地，一般符号 如果接地的状况或接地目的表达得不够明显，可加补充信息
25		抗干扰接地，无噪声接地
26		保护接地 此符号可代替接地一般符号，以表示接地连接具有专门的保护功能，例如在故障情况下防止电击的接地
27		动合触点，也称常开触点 在许多情况下，也可作为一般开关符号使用 注意：动触点必须偏向左边，并且动触点与静触点是断开的

续表

序号	图形符号	说明
28		动断触点，也称常闭触点 注意：动、静触点必须偏向右边，并且动、静触点在图形符号上是连接的
29		行程开关动合触点
30		行程开关动断触点
31		断路器的一般画法
32	⊗	灯、信号灯的一般符号 如果要求指示颜色，则在靠近符号处标出下列代码： RD—红；YE—黄；GN—绿；DU—蓝；WH—白

表 1-4-2　数控机床电路图中常用的文字符号

符号	描述	符号	描述	符号	描述
C	电容器	R	电阻器	L	电抗器
FU	熔断器	FV	限压保护器	QS	隔离开关
QF	断路器	HL	信号灯	KA	中间继电器
KM	接触器	TC	变压器	M	电动机
YA	电磁铁	YV	电磁阀	SA	转换开关
SB	按钮开关	SQ	行程开关	V	晶体管
XT	端子板	XP	插头	XC	插座

（2）数控机床电气原理图执行标准。

①机床电气图纸中的符号执行中华人民共和国机械行业标准 JB/T 2739—2015《机床电气图用图形符号》的规定。

②机床电气图纸中的标注执行中华人民共和国机械行业标准 JB/T 2740—2008 的《机床电气设备及系统电路图、图解和表的绘制》。

项目代号采用下列四段标记：

第一段　高层代号　前缀符号为=，例如=D00。

第二段　位置代号　前缀符号为+，例如+A1。

第三段　种类代号　前缀符号为-，例如-QF1。

第四段　端子代号　前缀符号为:，例如：10。

③机床电气图纸采用 JB 2740 标准的图区索引法。

④机床电气图纸代号意义。

B—设计布局及安排，接线板互连图。

D—电源系统、交流驱动系统。

N—直流控制系统。

P—交流控制系统。

任务实施

1.4.3　三相异步电动机的基本控制电路

1. 继电接触控制的特点

通过开关、按钮、继电器、接触器等电器触点的接通或断开来实现的各种控制叫作继电接触器控制。这种方式构成的自动控制系统称为继电接触器控制系统。典型的控制环节有点动控制、单向自锁运行控制、正反转控制、行程控制等。

电路在使用过程中由于各种原因可能会出现一些异常情况，如电源电压过低、电动机电流过大、电动机定子绕组相间短路或电动机绕组与外壳短路等，如不及时切断电源，则可能会为设备或人身带来危险，因此必须采取保护措施。常用的保护环节有短路保护、过载保护、零压保护和欠压保护等。

2. 简单启停控制（点动控制）

如图 1-4-8 所示的点动控制电路，当合上开关 QS 时，三相电源被引入控制电路，但电动机还不能启动。按下按钮 SB，接触器 KM 线圈通电，衔铁吸合，常开主触点接通，电动机定子接入三相电源启动运转。松开按钮 SB，接触器 KM 线圈断电，衔铁松开，常开主触点断开，电动机因断电而停转。

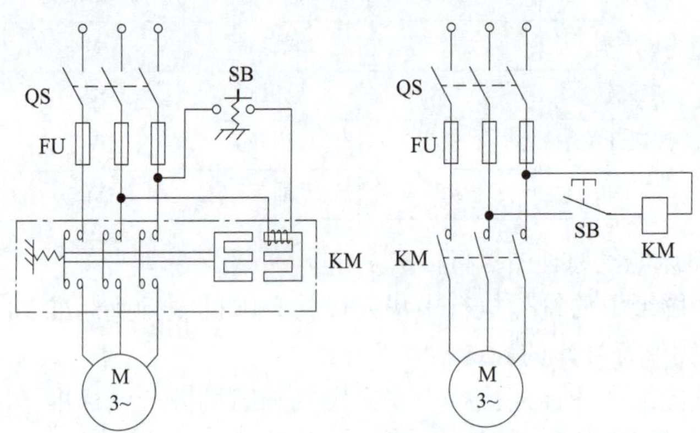

图 1-4-8　点动控制

3. 直接启停控制（图 1-4-9）

（1）启动过程：按下启动按钮 SB1，接触器 KM 线圈通电，与 SB1 并联的 KM 的常开辅助触点闭合，以保证松开按钮 SB1 后 KM 线圈持续通电，串联在电动机回路中的 KM 的主触点持续闭合，电动机连续运转，从而实现连续运转控制。

（2）停止过程：按下停止按钮 SB2，接触器 KM 线圈断电，与 SB1 并联的 KM

的常开辅助触点断开，以保证松开按钮 SB2 后 KM 线圈持续失电，串联在电动机回路中的 KM 的主触点持续断开，电动机停转。

与 SB1 并联 KM 常开辅助触点的这种作用称为自锁，图 1-4-9 所示控制电路还可实现短路保护（熔断器 FU）、过载保护（热继电器 FR）和零压保护（接触器 KM）。

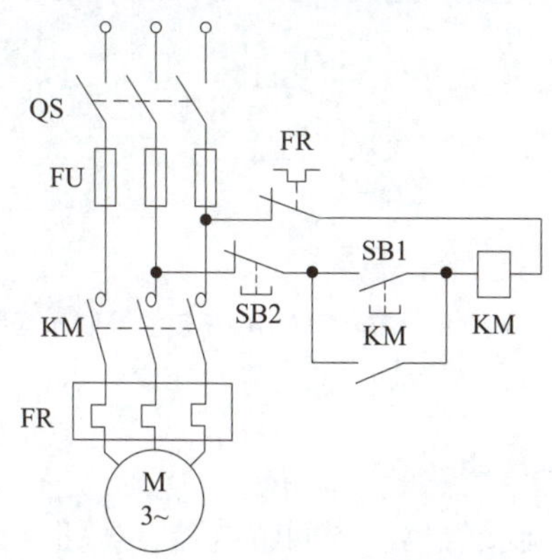

图 1-4-9　单向自锁运行控制原理图

4. 正反转控制（图 1-4-10）

（1）正向启动过程。按下启动按钮 SB1，接触器 KM1 线圈通电，与 SB1 并联的 KM1 的常开辅助触点闭合，以保证 KM1 线圈持续通电，串联在电动机回路中的 KM1 的主触点持续闭合，电动机连续正向运转。

（2）停止过程。按下停止按钮 SB3，接触器 KM1 线圈断电，与 SB1 并联的 KM1 的辅助触点断开，以保证 KM1 线圈持续失电，串联在电动机回路中的 KM1 的主触点持续断开，切断电动机定子电源，电动机停转。

（3）反向启动过程。按下启动按钮 SB2，接触器 KM2 线圈通电，与 SB2 并联的 KM2 的常开辅助触点闭合，以保证 KM2 线圈持续通电，串联在电动机回路中的 KM2 的主触点持续闭合，电动机连续反向运转。

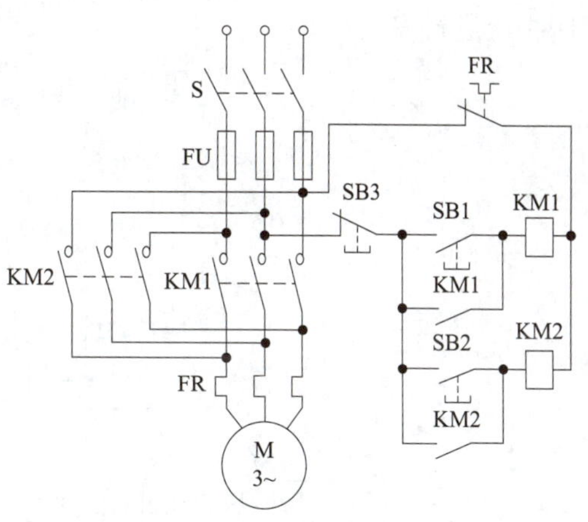

图 1-4-10　无联锁正反转控制原理图

特别注意：KM1 和 KM2 线圈不能同时通电，因此不能同时按下 SB1 和 SB2，也不能在电动机正转时按下反转启动按钮，或在电动机反转时按下正转启动按钮。如果操作失误，将引起主回路电源相间短路。

图 1-4-11 所示为带电气联锁的正反转控制原理图。将接触器 KM1 的辅助常闭触点串入 KM2 的线圈回路中，从而保证在 KM1 线圈通电时 KM2 线圈回路总是断开的；将接触器 KM2 的辅助常闭触点串入 KM1 的线圈回路中，从而保证在 KM2 线圈通电时 KM1 线圈回路总是断开的。这样接触器的常闭辅助触点 KM1 和 KM2 保证了

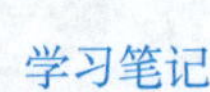
学习笔记

两个接触器线圈不能同时通电，这种控制方式称为联锁或者互锁。

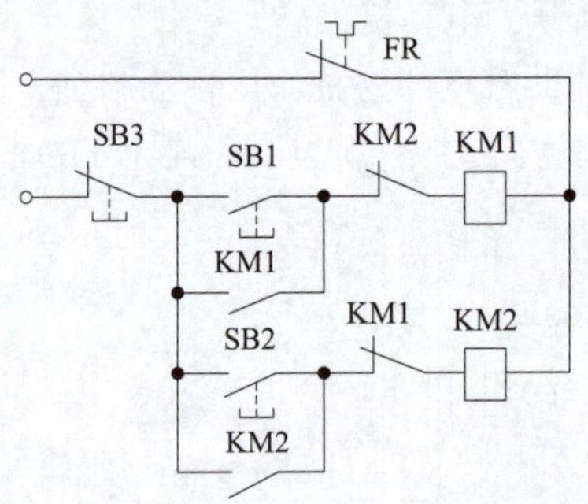

图 1-4-11　带电气联锁的正反转控制原理图

任务报告

1. 使用万用表测出交流接触器、中间继电器、按钮类元器件的常闭、常开触点及线圈触点。其步骤如下（以中间继电器为例）。

（1）在不通电的情况下，用万用表通断挡检测继电器底座上（1、5）、（1、9）、（4、8）、（4、12）四组触点之间的通断情况，并记录。

（2）用手按压继电器线圈上的强制开关，重复步骤（1）并记录。

（3）根据记录判断出继电器的常开、常闭触点。

2. 分析图 1-4-12 所示的刀架控制主电路工作原理，编写接线工艺并在实训控制柜上进行安装。

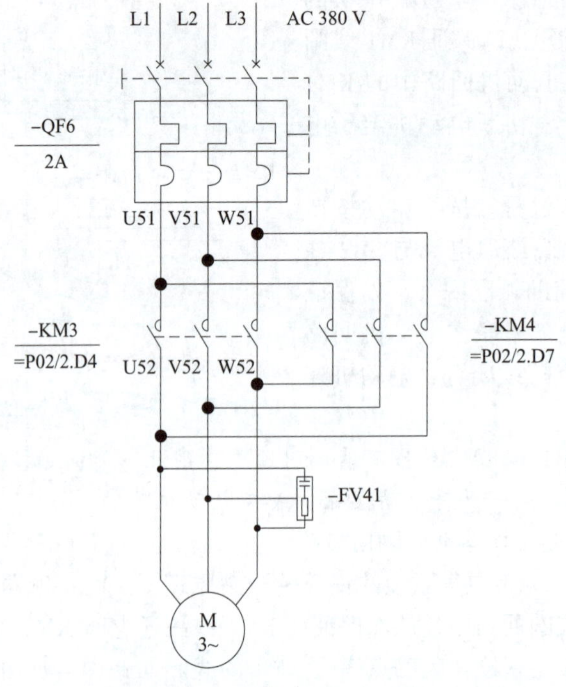

图 1-4-12　刀架控制主电路图

学习笔记

序号	项目	颜色	线号	起点—终点
1	主电路	黄、绿、红	L1、L2、L3	断路器 QF1：2、4、6 断路器 QF6：1、3、5
2				
3				
4				
5				
6				
7				

任务加油站

维修“神医”刘云清

坚持创新驱动发展，激发人才创新活力不动摇。刘云清是一名中专毕业的钳工，却因为掌握了多门技术，被人称作“维修神医”。他本是一名维修机器的工人，却偏偏要做智能设备制造专家。高铁“复兴号”齿轮箱体内部复杂，原本装配前都需要进行人工清洗，但清洗后依旧残留的铁锈渣直接影响着齿轮的寿命。为了解决这个问题，刘云清他们先后拿出十多个论证方案，用了整整两年的时间，成功打造出了世界首台高铁齿轮箱全密封清洗机。下面就让我们来认识这样一位工人。

延伸阅读 1

视频饱览 1

项目 2　数控机床系统调试与维修

项目描述

数控系统品牌很多，其中 FANUC 数控系统市场占有率较大，是目前数控机床上使用最广、维修中遇到最多的数控系统之一。这里以应用最多的 FANUC 0i Mate-TD 数控系统为例，讲解 FANUC 数控系统的基本操作、系统连接、参数设置调整以及故障报警诊断等调试与维修的基础知识。

任务 2.1　数控装置认知与基本操作

任务目标

1. 知识目标

(1) 了解数控装置的规格。

(2) 了解数控系统订货号和序列号的用途。

(3) 认识数控系统工作方式、系统参数、PMC、伺服设定等操作画面。

(4) 理解各机床操作画面的含义。

2. 技能目标

(1) 能够操作数控机床，实现基本功能。

(2) 能够熟练操作数控系统工作方式，调用“系统参数”“PMC”“伺服设定”等系统维护、维修相关界面。

3. 素养目标

(1) 具备收集和处理信息的能力。

(2) 能够独立学习新知识、新技术，具有终身学习的能力。

任务准备

1. 实验设备

亚龙 569A FANUC 数控系统实训台。

2. 实验项目

(1) 熟练查找数控装置型号及代码。

(2) 熟悉操作数控系统。

(3) 熟练调用数控系统维护、维修相关界面。

知识链接

2.1.1 FANUC 数控系统概述

1982 年以前，发那科公司属于富士通 FANUC，之后正式独立成立 FANUC 公司。发那科公司飞跃性的发展是以交流伺服电动机取代了直流伺服电动机。直流电动机的结构容易损坏，需要经常维护维修，而交流伺服电动机正好克服了这一缺点。

FANUC 早期产品为 FANUC 5、FANUC 6 系统，1984 年以后，在 6 系统基础上又研制出 10/11/12 系统。与此同时，0 系统研制成功，它标志着 FANUC 数字伺服开发成功，而后相继研制出 15 系统（1987 年）、16 系统（1990 年）、18 系统（1991 年）、21 系统（1991 年），以及 i 系列，即 0i、16i、18i、21i、31i 系列。

FANUC 0i 系列数控系统（FS-0i）是 FANUC 公司为大批量、普及型数控机床开发的一种实用型数控系统，系统以可靠性强与性能价格比高著称，产品在我国和韩国等地生产的经济型数控机床上得到了极为广泛的应用。

2.1.2 数控装置型号

数控装置每一系列产品，根据机型的差异，可分为适用于铣床系列的产品 0i-MD 系统、适用于车床系列的 0i-TD 系统以及适用于冲（钻）床系列的 0i-PD 系统，并在显示器前部标准配置了 USB 接口，可以使用市售的 USB 存储盘存储 CNC 内的各种数据，并能够方便地和 CF 卡进行数据传输，提高了操作的便利性。图 2-1-1 所示为数控装置外观，图 2-1-2 所示为 FANUC 数控系统装置型号。

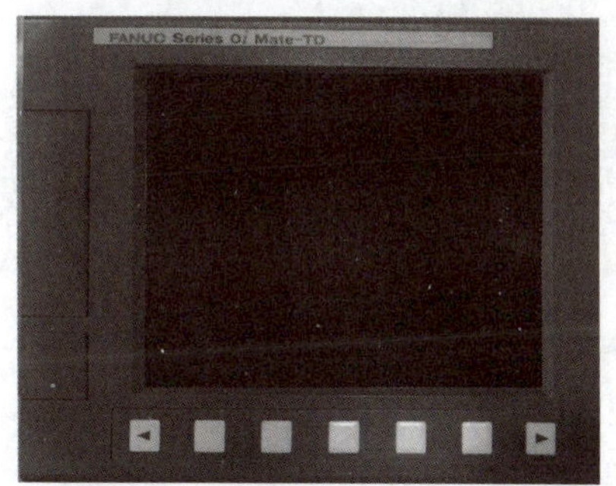

图 2-1-1　数控装置外观

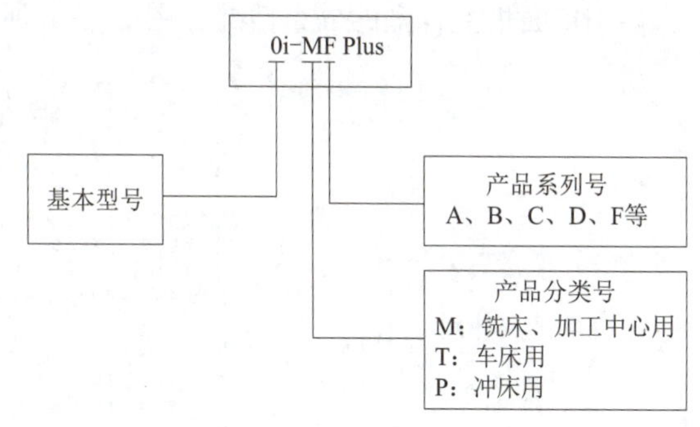

图 2-1-2　系统装置型号

2.1.3 数控系统订货号和序列号

当系统发生故障，要报修或采购相关部件时，需要向数控装置生产公司提供系统订货号和系统序列号，根据系统订货号和序列号，数控装置生产公司就能查到系统的硬件配置和软件配置。系统的订货号、序列号一般通过系统基本单元硬件进行查看，可以直接查看系统后方的铭牌，系统铭牌中显示系统型号、订货号、生产日期、序列号等信息，如图 2-1-3 所示。

学习笔记

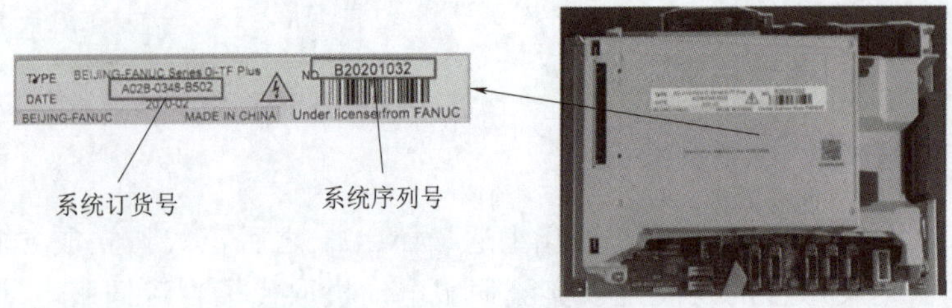

图 2-1-3　系统序列号和订货号

2.1.4　FANUC 0i Mate-TD 数控系统 MDI 面板

FANUC 数控系统的操作面板可分为 LCD 显示区、MDI 键盘区（包括字符键和功能键）、软键开关区和存储卡接口。显示屏有 8.4 in① LCD/MDI（彩色，有竖形和横形两种，如图 2-1-4 所示）和 10.4 in LCD（彩色，独立 MDI 面板，如图 2-1-5 所示）两种。

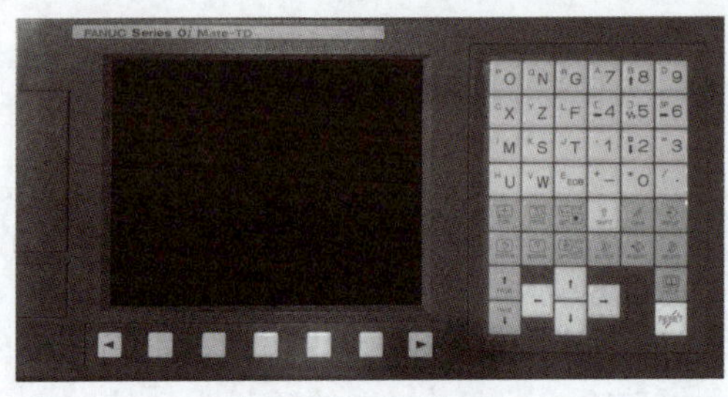

图 2-1-4　8.4 in LCD

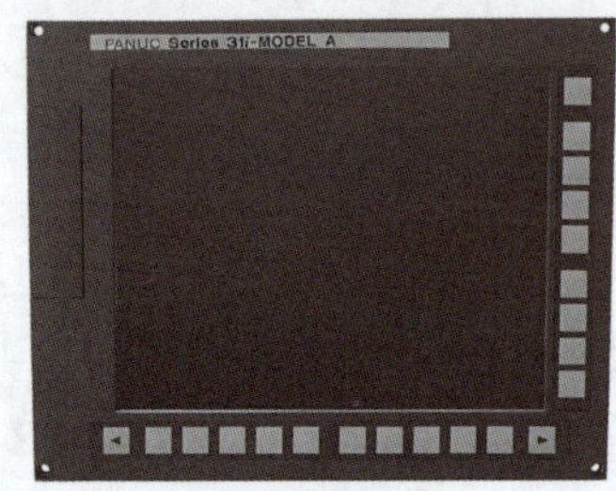

图 2-1-5　10.4 in LCD

MDI 面板上各键的分布情况如图 2-1-6 所示，各操作键的含义如下。

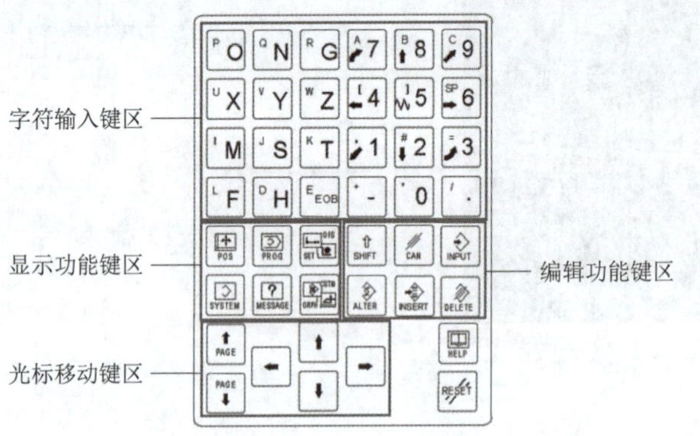

图 2-1-6　MDI 键盘

1. 字符输入键区

MDI 键盘区上面 4 行为字母、数字和字符部分。操作时，用于字符的输入。其中，“EOB”为分号（;）输入键；“SHIFT”键为上档键，按一下此键，再按字符

① 1 in = 2.54 cm。

键，将输入对应按键左上角的小字符。

2. 显示功能键区

（1）“POS”键：坐标显示键，显示绝对坐标等的位置及负载表等。

（2）“PROG”键：程序显示键，显示当前加工程序，对程序进行输入和检查。

（3）“OFFSET/SETTING”键：刀具偏置及设定键，显示工件坐标系、刀具补偿和 SETTING 画面等。

（4）“SYSTEM”键：参数显示键，显示参数设置、PMC 程序编辑及诊断画面。

（5）“MESSAGE”键：报警显示键，显示当前报警信息及报警历史。

（6）“CUSTOM/GRAPH”键：图形模拟显示键，在自动加工状态下对加工程序进行图形模拟。

3. 光标移动键区

（1）“PAGE”键：PAGE UP、PAGE DOWN 用于各个显示画面向上、向下翻页。

（2）方向键：分别用于光标的上、下、左、右移动。

4. 编辑功能键区

（1）“SHIFT”键：上档键。

（2）“CAN”键：退格/取消键，可删除已输入缓冲器中的最后一个字符。

（3）“INPUT”键：写入键，当按了地址键或数字键后，数据被输入缓冲器，并在屏幕上显示出来。

（4）“ALTER”键：替换键，替换屏幕上的当前字符。

（5）“INSERT”键：插入键，在屏幕上的当前字符前插入一个新字符。

（6）“DELETE”键：删除键，删除屏幕上的当前字符。

5. 其他功能键

（1）“HELP”键：帮助键，按此键可以显示操作机床的帮助信息。

（2）“RESET”键：复位键，按此键可以使 CNC 复位，用来消除报警、停止程序等。

（3）“软键”区：这些键对应各种功能键的各种操作功能，根据操作界面显示进行相应的操作。

2.1.5 数控系统和加工操作有关的画面

1. 回参考点（REF）方式

回参考点方式主要是进行机床机械坐标系的设定。图 2-1-7 所示为回参考点画面。选择回参考点方式，用机床操作面板上各轴返回参考点用的开关使刀具沿参数（1006#5）指定的方向移动。首先刀具快速移动到减速点上，然后按 FL 速度移动到参考点。快速移动速度和 FL 速度由参数（1420、1421、1425）设定。

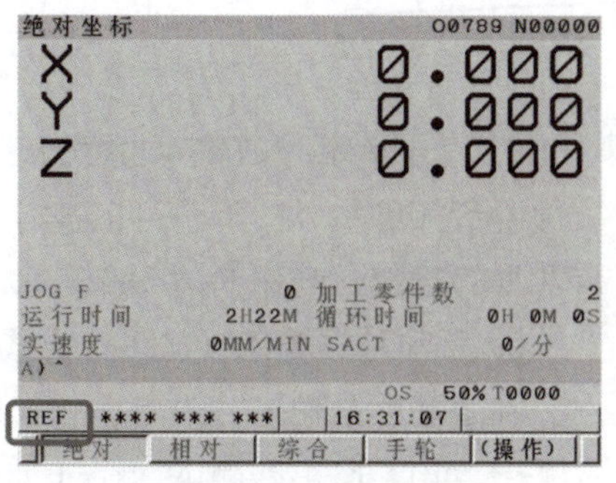

图 2-1-7 回参考点画面

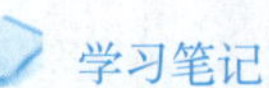

2. 手动（JOG）方式

如图 2-1-8 所示，在 JOG 方式下，按机床操作面板上的进给轴方向选择开关，机床沿选定轴的选定方向移动（手动连续进给速度由参数 1423 设定）。同时按快速移动开关，则可按选定方向快速移动机床（快移速度由参数 1424 设定）。手动操作通常一次移动一个轴，但也可以用参数 1002#0 选择同时 2 轴运动。

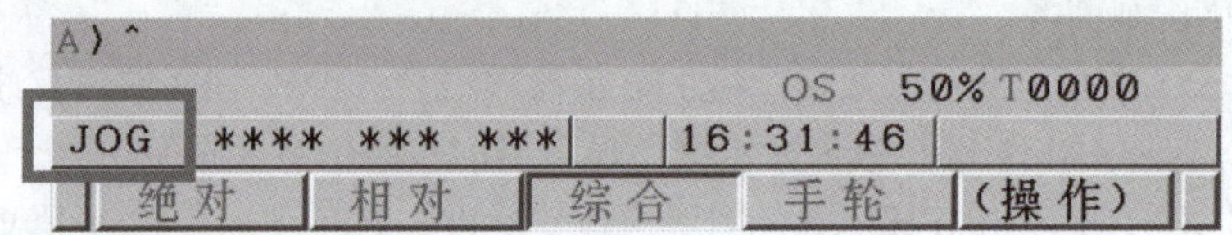

图 2-1-8 手动方式画面

3. 增量进给（INC）方式

在增量进给方式下，按机床操作面板上的进给轴和方向选择开关，机床在选择轴的选定方向上移动一步。机床移动的最小距离是最小增量单位，每一步可以是最小输入增量单位 0.001 mm、0.01 mm、0.1 mm 及 1 mm。当没有手摇时，此方式有效，当前数控机床大多都配有手摇轮而不再采用此工作方式。画面如图 2-1-9 所示。

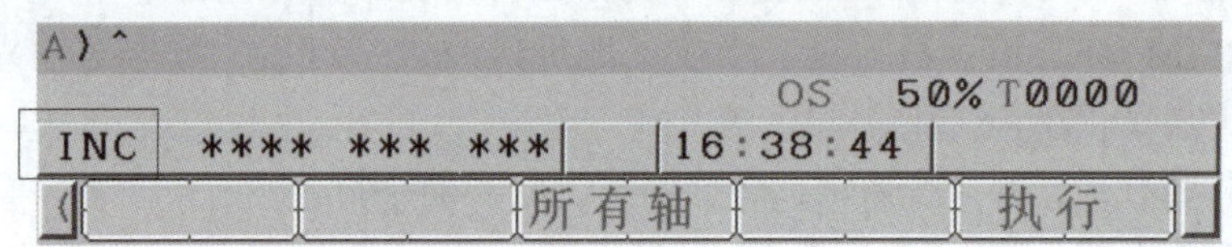

图 2-1-9 增量进给方式画面

4. 手轮进给（HND）方式

在手轮进给方式下，通过旋转机床操作面板上的手摇脉冲发生器，使机床连续不断地移动，用×1、×10、×100、×1 000 开关选择移动倍率（运动单位为 μm/格），用轴选择开关选择移动轴。画面如图 2-1-10 所示。

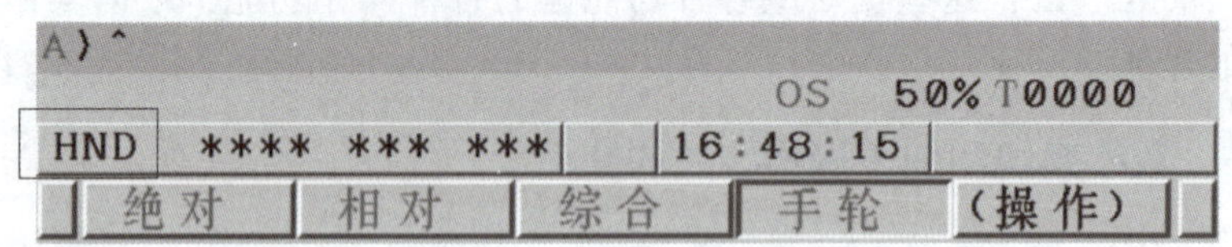

图 2-1-10 手轮进给方式画面

5. 程序编辑（EDIT）方式

在程序编辑方式下，可以进行新建程序、编辑程序、修改程序、查找程序及删除程序等操作。画面如图 2-1-11 所示。

6. 手动数据输入（MDI）方式

在手动数据输入方式下，在 MDI 面板上最多输入 10 行程序段，可以自动执行。MDI 一般用于简单的测试操作（如主轴正转、换刀、机床自动返回参考点等）。画面如图 2-1-12 所示。

学习笔记

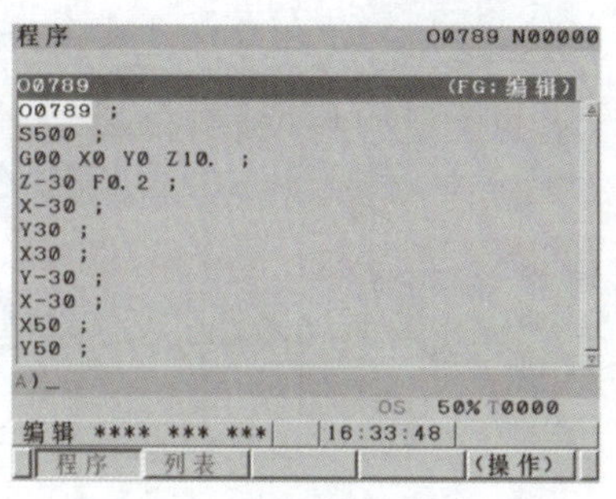

图 2-1-11 编辑方式画面

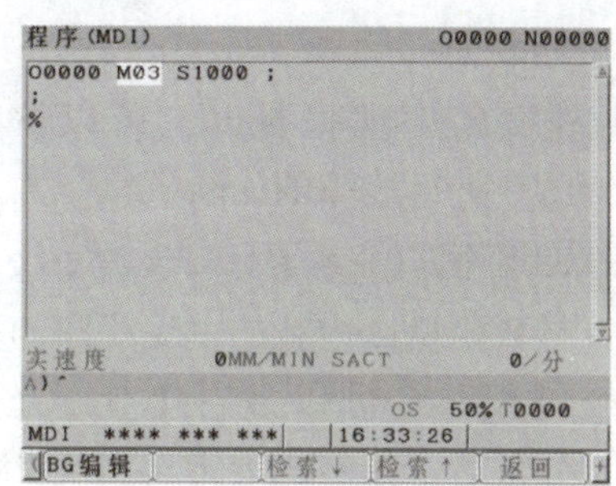

图 2-1-12 MDI 方式画面

7. 存储器运行（MEM）方式

存储器运行即为自动运行方式，程序预先存储在存储器中，当选定一个程序并按下机床操作面板上的循环启动按钮时，机床开始自动加工运行，画面如图 2-1-13 所示。

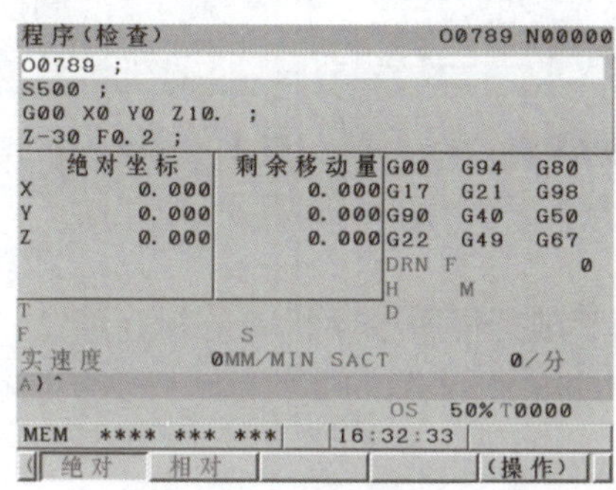

图 2-1-13 存储器运行方式画面

任务实施

2.1.6 数控系统和机床维护操作有关的画面

1. 参数设定画面

参数设定画面用于数控机床参数的设置、修改等操作。在操作时，需要打开参数开关，按“OFFSET”键显示图 2-1-14 所示画面就可以修改参数开关，参数开关“写参数=1”时，可以进入参数画面（图 2-1-15）进行参数修改。

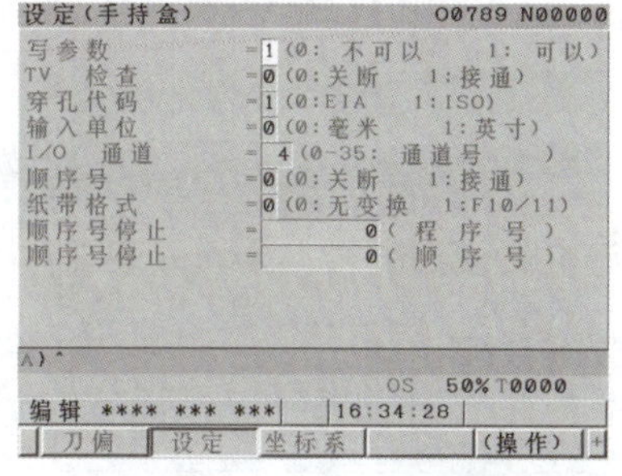

图 2-1-14 参数开关画面

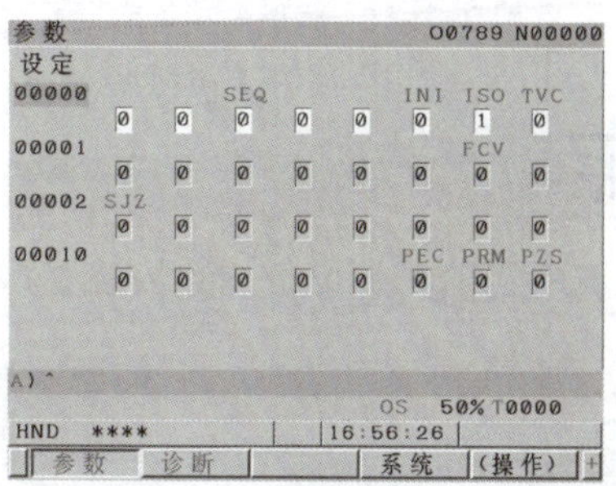

图 2-1-15 参数设定画面

学习笔记

2. 诊断画面

当数控机床出现报警时，可以按图 2-1-16 中的诊断键，通过诊断画面（图 2-1-16）进行故障的诊断。

3. PMC 画面

PMC 是数控机床内置的可编程序的控制器，PMC 画面（图 2-1-17）是比较常用的一个画面，它可以进行 I/O 状态查询、PMC 在线编辑、通信等操作。按“SYSTEM”键后，按右扩展键将出现 PMC 画面。

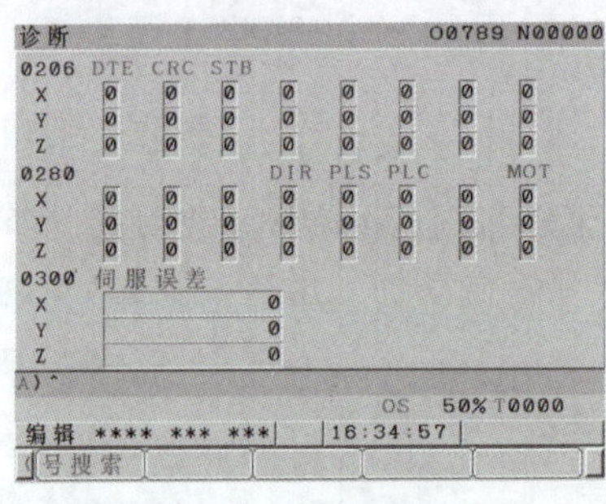

图 2-1-16 诊断画面

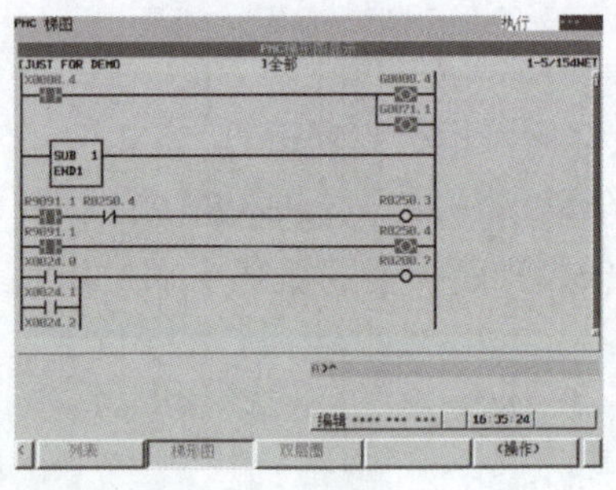

图 2-1-17 PMC 画面

4. 伺服监视画面

伺服监视画面主要用于进行伺服电动机的监视（图 2-1-18），如位置环增益、位置误差、电流、速度等。按“SYSTEM”键后，按右扩展键将出现伺服调整画面。

5. 主轴监视画面

主轴监视画面主要用于进行主轴状态的监视（图 2-1-19），如主轴报警、运行方式、速度、负载表等。按“SYSTEM”键后，按右扩展键将出现主轴监视画面。

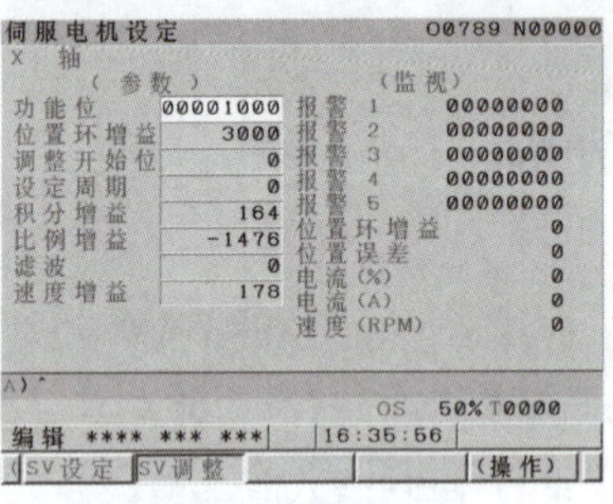

图 2-1-18 伺服监视画面

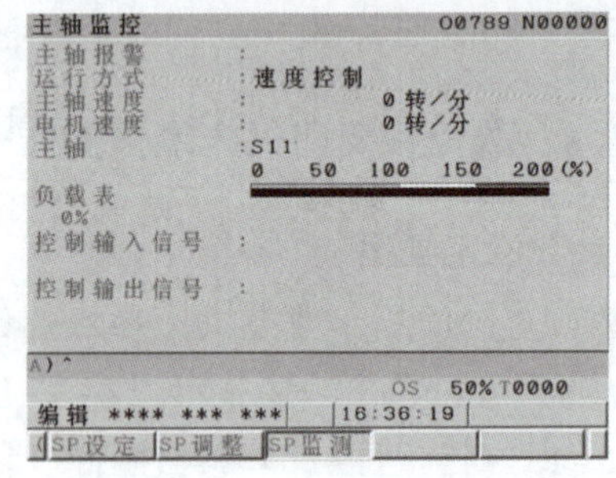

图 2-1-19 主轴监视画面

任务报告

1. 查看当前实训设备的数控装置型号、订货号及序列号，并填入表 2-1-1。

表 2-1-1 数控系统数据

项目	内容
数控装置型号	

续表

项目	内容
数控装置订货号	
数控装置序列号	

2. 查阅资料，填写表 2-1-2 所列各工作方式按键对应的英文及国际通用符号。

表 2-1-2　各工作方式按键符号

工作方式按键	对应英文	国际通用符号	工作方式按键	对应英文	国际通用符号
编辑			手动操作		
手动数据输入			手摇轮操作		
自动加工			回参考点		

3. 编写一段数控车床自动连续换刀控制程序，对数控刀架运行情况进行测试。

任务 2.2　数控系统的连接与调试

任务目标

1. 知识目标

了解 FANUC 数控系统的特点、基本组成和应用。

2. 技能目标

能够独立完成 FANUC 0i Mate-TD 数控系统的硬件连接。

3. 素养目标

（1）具备收集和处理信息的能力。

（2）遵守机床电气安全操作规范。

任务准备

1. 实验设备

FANUC 0i Mate-TD 数控系统实训台。

2. 实验项目

（1）认识数控系统硬件及其与外围设备的连接方式。

（2）掌握数控系统各基本单元的组成及接口名称。

（3）熟练操作数控系统组成部件硬件连接并查找连接故障。

知识链接

2.2.1　FANUC 0i-D 系列数控系统的连接特点

FANUC 0i-D 系列数控系统（FS-0iD）与早期的 FS-0 系列 CNC 相比较，最主要的区别在于 FS-0i 采用了网络控制技术（如 I/O Link 总线、FSSB 总线等），CNC 与驱动器、PMC 与 I/O 单元之间的连接可直接通过网络总线进行，不仅节省了大量的连接线缆，而且减小了 CNC 的体积，提高了可靠性。

（1）FS-0iD 系列数控系统采用的是 MDI/LCD/CNC 单元三位一体化结构，相互之间无须外接电缆连接，可同时安装在操控台上，安装方便，体积更小，可靠性更高。

（2）在 FS-0iD 系列数控系统上，不仅 I/O Link 从站可以通过 I/O Link 内部总线进行网络连接，而且 CNC 与伺服驱动器之间也可以通过以光缆为传输介质的 FSSB（FANUC serial servo bus，FANUC 高速串行伺服总线）进行连接，数据传输速度更高，连接更简单、可靠。

（3）FS-0iD 配套的驱动器与其和 CNC 之间的连接方式有关，需要配备相应的 αi/βi 系列驱动器。

2.2.2 FS-0iD 与 FS-0i MateD 系统的主要区别

精简型 FS-0i Mate 系列与 FS-0i 系列可扩展型 CNC 的主要区别体现在硬件扩展性能与软件功能上，其中，与系统设计及选型密切相关的区别主要有以下几方面。

1. 硬件扩展性能

FS-0i Mate 在主板上没有安装选择功能板所需的附加插槽，因此，不可以增加附加硬件模块（插卡）与相关的选择功能，如串行通信接口板、数据服务板及附加 FSSB 接口板等。

FS-0i Mate 也无附加轴控制功能（FS-0i Mate MC 的第四轴控制与 FS-0i Mate TC 的第 3 轴控制）、第 2 主轴控制功能及 PMC 扩展功能，也不可以选择 10.4 in 彩色 LCD 显示器等特殊部件。

2. I/O Link 总线链接

FS-0i Mate：I/O Link 总线寻址范围受到 PMC 的 CPU 性能、运算速度寻址能力等方面的限制；I/O Link 从站实际连接的开关 I/O 点最大为 240/160 点，通过 I/O Link 总线连接的 i 系列伺服驱动器最多只能是 1 个。

FS-0i：I/O Link 连接的开关 I/O 点最大为 1 024/1 024 点，通过 I/O Link 总线连接的 i 系列伺服驱动器最多只能是 8 个。

3. PMC 性能

FS-0i Mate：内置 PMC 不可以选用扩展功能，PMC 用户程序容量最大为 5 000 步，每步的平均处理时间为 5 μs（PMC-SA1 型）。

FS-0i：PMC 用户程序容量最大为 16 000 步（PMC-SA3）、24 000 步（PMC-SB7），每步的平均处理时间为 0.15 μs。

4. 配套驱动

FS-0i Mate：考虑到系统的成本、性能价格比等方面的因素，FS-0i Mate 配套的伺服驱动一般以 βi 系列驱动器为主。

FS-0i：可以配套 αi 系列驱动器。

学习笔记

5. 软件功能

FS-0i Mate：无同步轴控制倾斜轴控制、电子凸轮控制双向螺距误差补偿等特殊控制功能。

2.2.3 FANUC 0i Mate-D 及 FANUC 0i-D 数控系统连接

FANUC 0i 系列数控系统根据设计及使用不同，可以连接不同类型的伺服驱动设备及 I/O 从站设备，图 2-2-1 所示是在加工中心上最常见的连接配置情况。

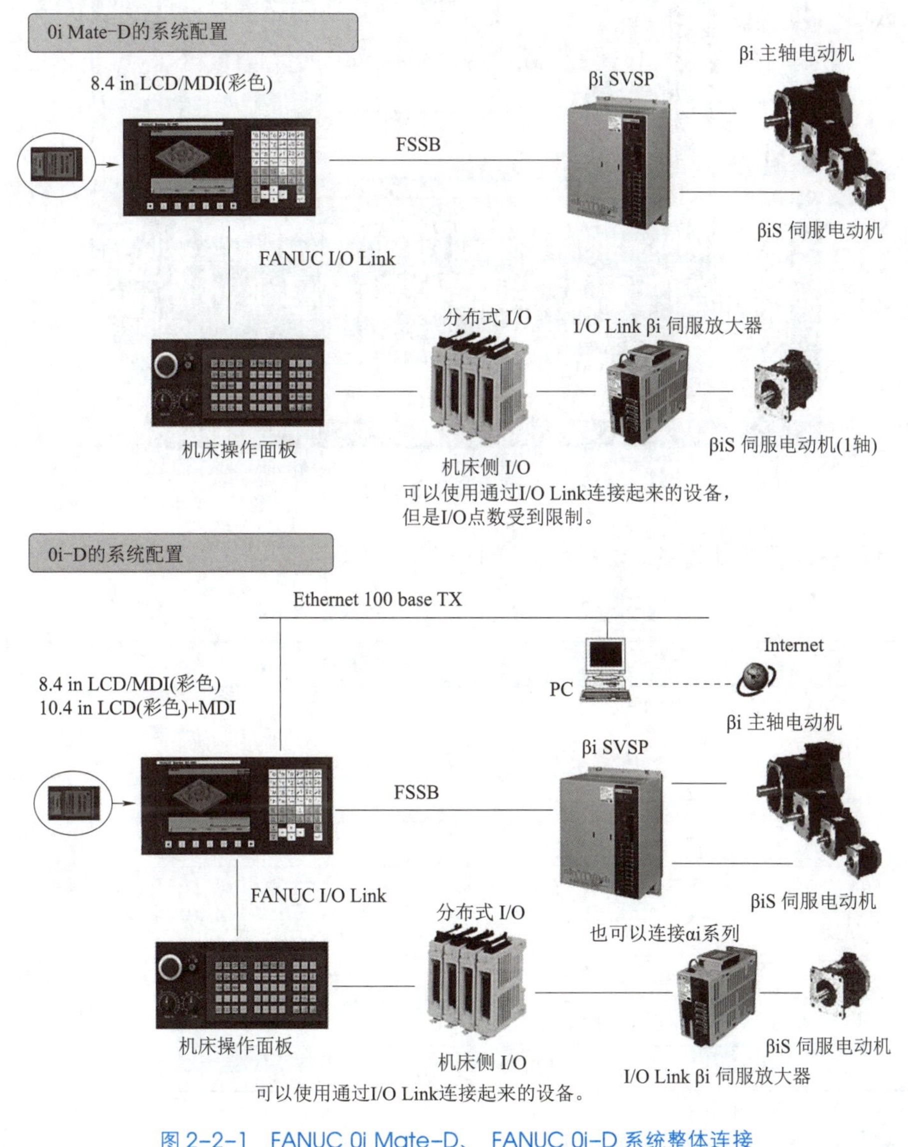

图 2-2-1 FANUC 0i Mate-D、FANUC 0i-D 系统整体连接

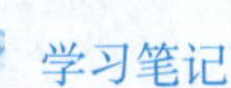

学习笔记

2.2.4 FANUC 0i-D 系统接口用途

FANUC 0i-D 系统接口增加了很多系统硬件，如标配以太网口、系统状态显示数码管等，如图 2-2-2 所示。

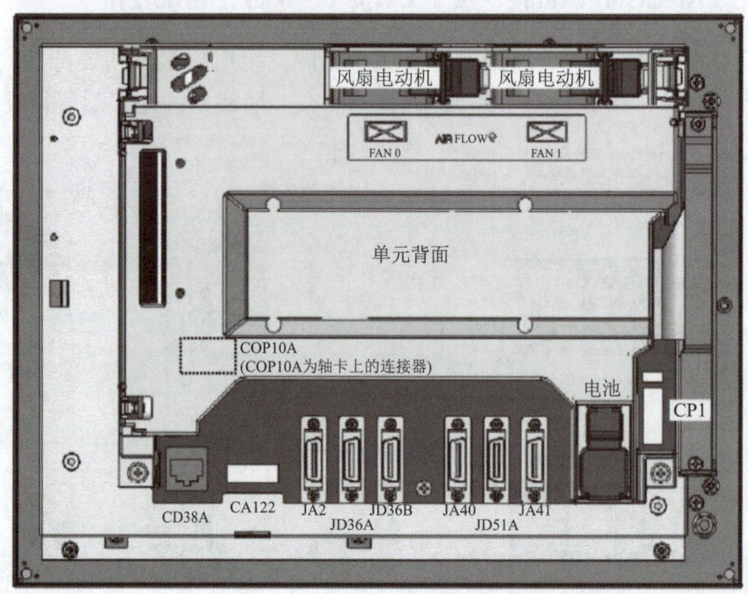

图 2-2-2 FANUC 0i-D 系统接口

系统各端子的功能见表 2-2-1。

表 2-2-1 FANUC 0i-D 系统端口与用途

端口号	用途
COP10A	伺服 FSSB 总线接口，此口为光缆口
CD38A	以太网接口（0i Mate-TD）
CA122	系统软键信号接口
JA2	系统 MDI 键盘接口
JD36A/JD36B	RS-232-C 串行接口（1/2）
JA40	模拟主轴信号接口/高速跳转信号接口
JD51A	I/O Link 总线接口
JA41	串行主轴接口/主轴独立编码器接口
CP1	系统电源输入（DC 24 V）

2.2.5 FANUC 伺服放大器

在伺服控制系统的连接中，无论是 αi 还是 βi 系列伺服放大器，如图 2-2-3 所示，在外围连接电路都具有很多类似的地方，大致分为光缆连接、控制电源连接、主电源连接、急停信号连接、MCC 连接、主轴连接（指串行主轴或模拟主轴接在变频器中)、伺服电动机主电源连接、伺服电动机编码器连接。以图 2-2-4 所示的 βi-SVU 单轴驱动器为例，说明在生产中广泛使用的经济型数控车床系统连接。

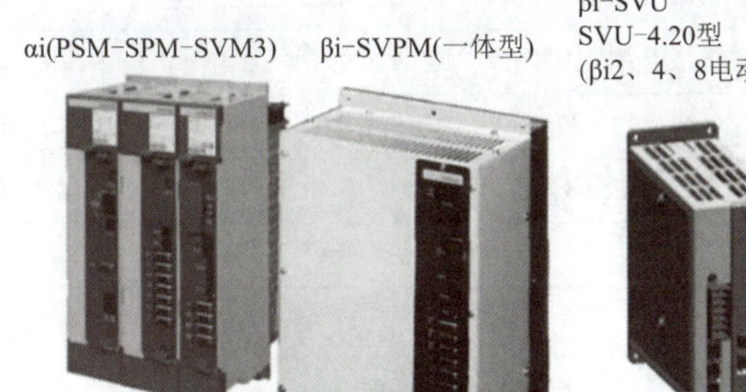

图 2-2-3　伺服放大器外形图

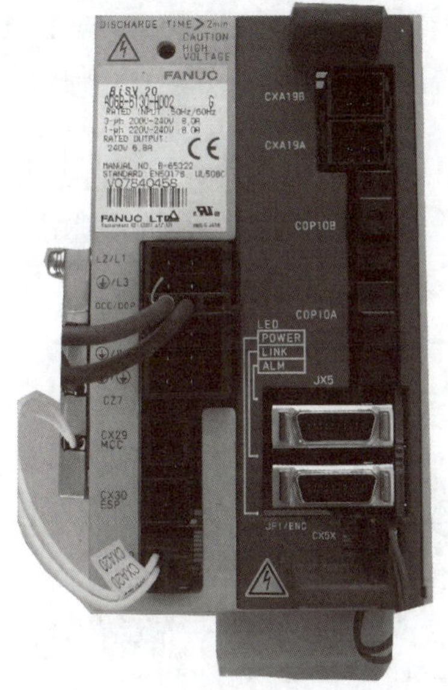

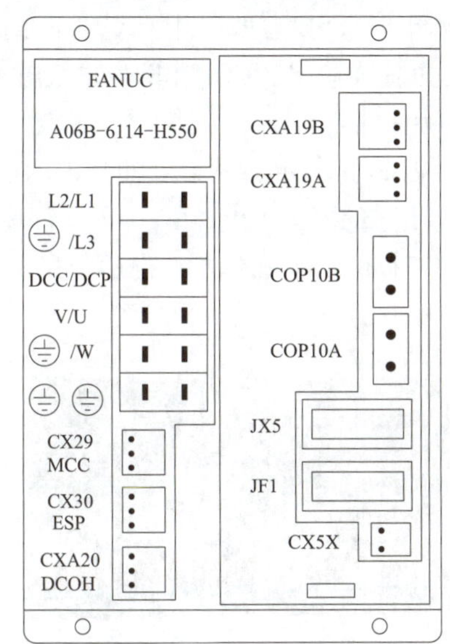

图 2-2-4　βi 系列伺服单元及其接口图

FANUC 伺服系统各端子的功能见表 2-2-2。

表 2-2-2　FANUC 伺服系统端子功能

端口名称	用途
L1、L2、L3	主电源输入端接口，三相交流电源 200 V、50/60 Hz
U、V、W	伺服电动机的动力线接口
DCC、DCP	外接 DC 制动电阻接口
CX29	主电源 MCC 控制信号接口
CX30	急停信号（＊ESP）接口
CXA20	DC 制动电阻过热信号接口

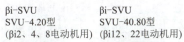

学习笔记

续表

端口名称	用途
CX19A	DC 24 V 控制电路电源输入接口。连接外部 24 V 稳压电源
CX19B	DC 24 V 控制电路电源输出接口。连接下一个伺服单元的 CX19A
COP10A	伺服高速串行总线（FSSB）接口，与下一个伺服单元的 COP10B 连接（光缆）
COP10B	伺服高速串行总线（FSSB）接口，与 CNC 系统的 COP10A 连接（光缆）
JX5	伺服检测板信号接口

任务实施

2.2.6 系统连接

1. FSSB 总线（光缆）连接

发那科的 FSSB 总线采用光缆通信，在硬件连接方面，遵循从 A 到 B 规律，即 COP10A 为总线输出，COP10B 为总线输入。需要注意的是，光缆在任何情况下不能硬折，以免损坏。

如图 2-2-5 所示，从 CNC 的 COP10A 端口用光缆连接到第一台 βi-SVU 单轴驱动器（*X* 轴）的 COP10B 端口，再从该驱动器的 COP10A 端口用光缆连接到第二台 βi-SVU 单轴驱动器（*Z* 轴）的 COP10B 端口。

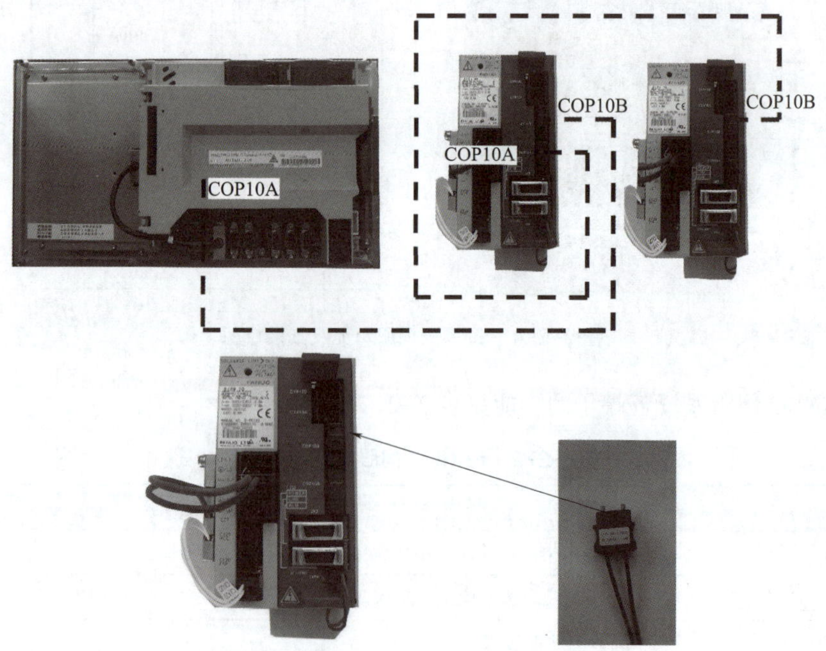

图 2-2-5　FSSB 总线（光缆）连接

学习笔记

2. 电源连接

1）控制电源连接

图 2-2-6 所示为控制电源，采用 DC 24 V，连接到第一台驱动器 CXA19B 端口，再经第一台 CXA19A 端口串接于第二台驱动器 CXA19B 端口。其主要用于伺服控制电路的电源供电。在上电顺序中，推荐优先给伺服放大器供电。

2）主电源连接

伺服驱动器主电源是经伺服变压器降压后的三相 220 V 交流电，通过 MCC 接触器和交流电抗器接到驱动器 L1、L2、L3 端口上，用于伺服电动机动力电源的变换，如图 2-2-7 所示。

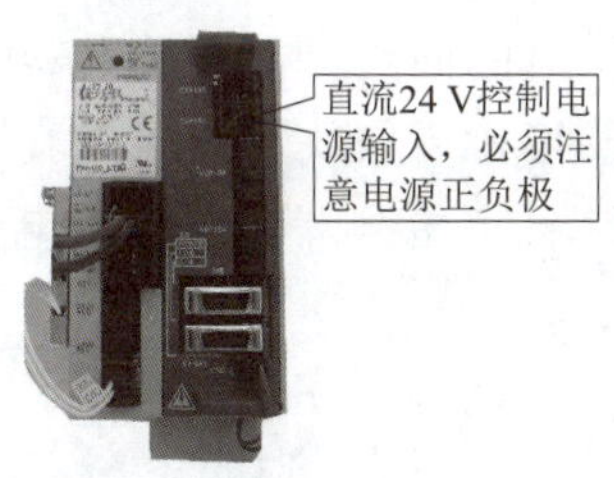

图 2-2-6　控制电源位置

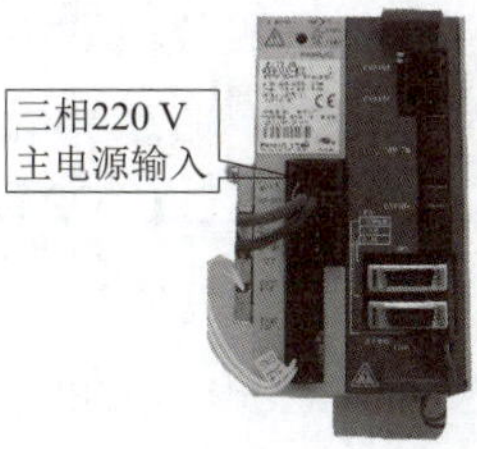

三相220 V
主电源输入

图 2-2-7　主电源位置

3）伺服电动机动力电源连接

伺服进给电动机的动力电源采用接插件连接到驱动器 U、V、W 端口上。在连接过程中，一定要注意相序正确，如图 2-2-8 所示。

4）伺服电动机反馈的连接

伺服进给电动机的反馈连接采用专用插接头将伺服进给电动机的反馈线连接到驱动器的 JF1 端口上，如图 2-2-9 所示。

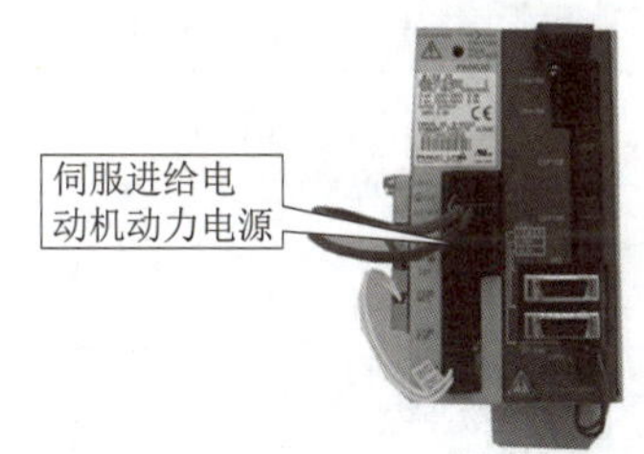

图 2-2-8　伺服电动机动力电源连接

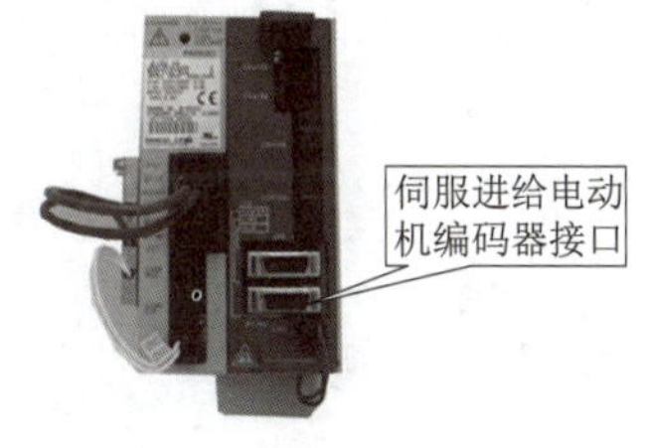

图 2-2-9　伺服电动机反馈的连接

5）急停 ESP 与启动 MCC 连接

该部分主要用于对伺服主电源的控制与伺服放大器的保护，当发生报警、急停等情况时，能够切断伺服放大器主电源，如图 2-2-10 所示。

急停控制回路一般由两个部分构成：一个是 PMC 急停控制信号 X8.4；另一个是伺服放大器的 ESP（CX30）端子，这两部分中任意一个断开就会出现报警，ESP 断开出现 SV401 报警，X8.4 断开出现 ESP 报警。但这两部分全部是通过一个元件来处理的，即急停继电器，如图 2-2-11 所示。

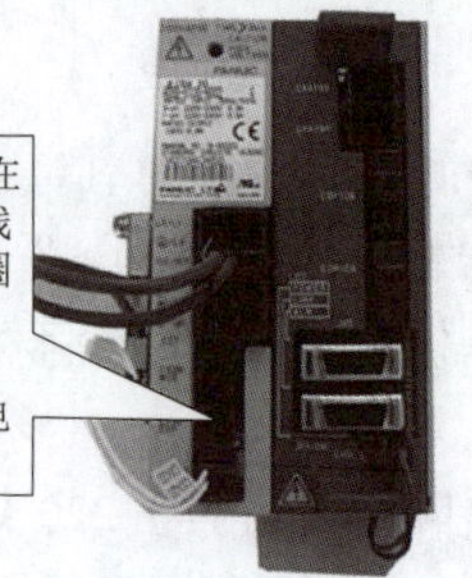

MCC：一般用于串接在伺服主电源接触器的线圈，且交流接触器线圈电压不超过AC 250 V，常规采用110 V。
ESP：一般接急停继电器的常开触点。

图 2-2-10　MCC、ESP 接口位置

图 2-2-11　急停继电器

伺服上电回路是给伺服放大器主电源供电的回路，伺服放大器的主电源一般采用三相 220 V 的交流电源，通过交流接触器接入伺服放大器，交流接触器的线圈受伺服放大器的 CX29 控制，当 CX29 闭合时，交流接触器的线圈得电吸合，给放大器通入主电源，如图 2-2-12 所示。

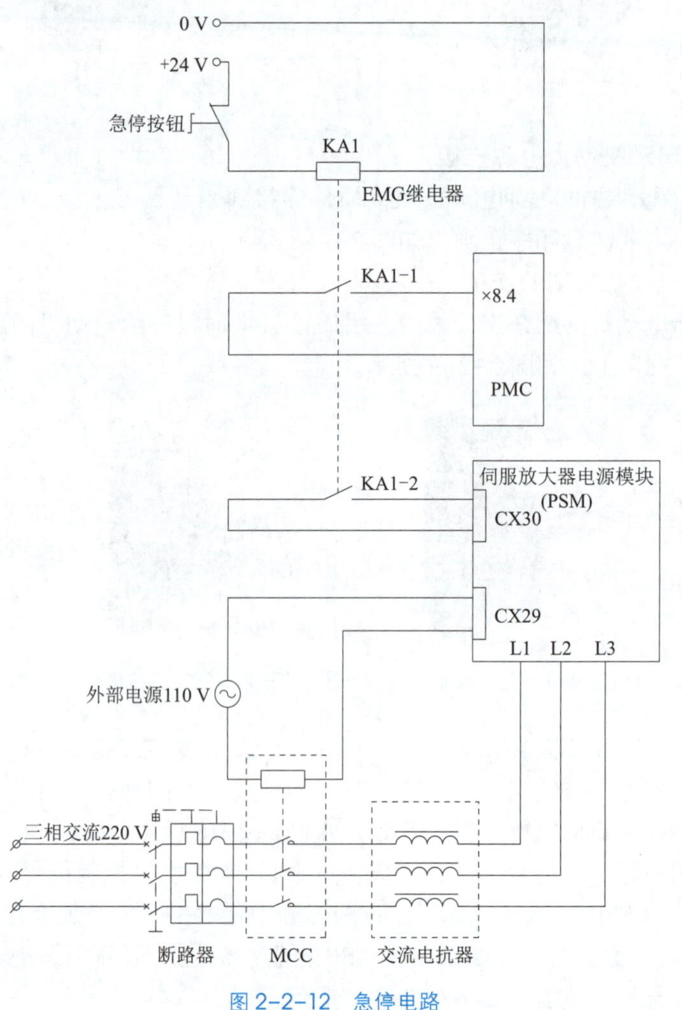

图 2-2-12　急停电路

3. 主轴指令信号连接

发那科的主轴控制采用两种类型，分别是模拟主轴与串行主轴，经济型数控车床普遍采用的是模拟主轴，其控制对象是数控系统 JA40 端口，其输出 DC 0~10 V 的电压给变频器，从而控制主轴电动机的转速，如图 2-2-13 所示。

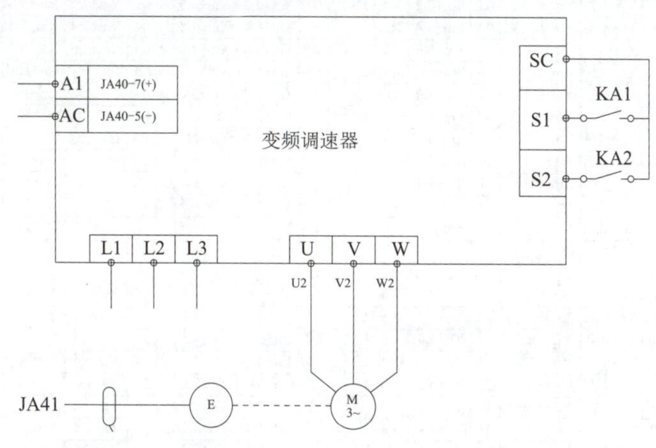

图 2-2-13　数控系统 JA40 端口连接变频器原理图

4. I/O Link 连接

发那科系统的 PMC 是通过专用的 I/O Link 与系统进行通信的，如图 2-2-14 所示。PMC 在进行 I/O 信号控制的同时，还可以实现手轮与 I/O Link 轴的控制，但外围的连接却很简单，且很有规律，同样是从 A 到 B。从数控系统的 JD51A 接到 I/O 模块的 JD1B 端口，如图 2-2-15 所示。

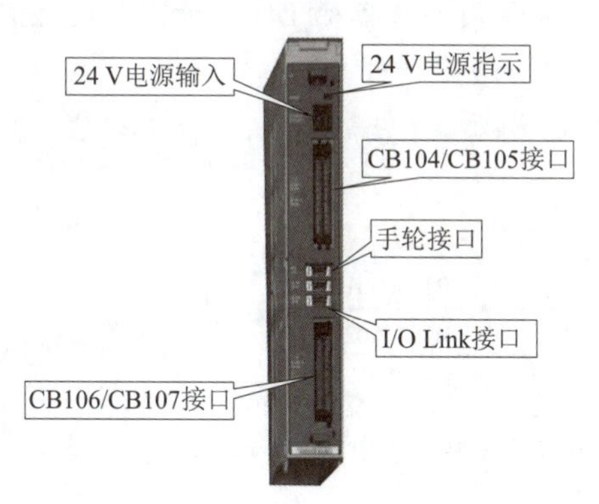

图 2-2-14　I/O 模块各端口名称

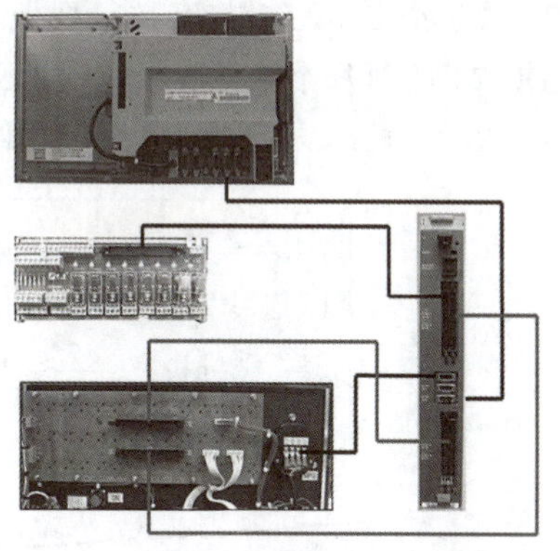

图 2-2-15　I/O 模块连接图

0i 用 I/O 模块是配置 FANUC 系统的数控机床使用最为广泛的 I/O 模块，如图 2-2-16 所示，采用 4 个 50 芯插座连接的方式，分别是 CB104/CB105/CB106/CB107。输入点有 96 位，每个 50 芯插座中包含 24 位的输入点，这些输入点被分为 3 个字节；输出点有 64 位，每个 50 芯插座中包含 16 位的输出点，这些输出点被分为 2 个字节。

CB104
HIROSE 50PIN

	A	B
01	0 V	+24 V
02	Xm+0.0	Xm+0.1
03	Xm+0.2	Xm+0.3
04	Xm+0.4	Xm+0.5
05	Xm+0.6	Xm+0.7
06	Xm+1.0	Xm+1.1
07	Xm+1.2	Xm+1.3
08	Xm+1.4	Xm+1.5
09	Xm+1.6	Xm+1.7
10	Xm+2.0	Xm+2.1
11	Xm+2.2	Xm+2.3
12	Xm+2.4	Xm+2.5
13	Xm+2.6	Xm+2.7
14		
15		
16	Yn+0.0	Yn+0.1
17	Yn+0.2	Yn+0.3
18	Yn+0.4	Yn+0.5
19	Yn+0.6	Yn+0.7
20	Yn+1.0	Yn+1.1
21	Yn+1.2	Yn+1.3
22	Yn+1.4	Yn+1.5
23	Yn+1.6	Yn+1.7
24	DOCOM	DOCOM
25	DOCOM	DOCOM

CB105
HIROSE 50PIN

	A	B
01	0 V	+24 V
02	Xm+3.0	Xm+3.1
03	Xm+3.2	Xm+3.3
04	Xm+3.4	Xm+3.5
05	Xm+3.6	Xm+3.7
06	Xm+8.0	Xm+8.1
07	Xm+8.2	Xm+8.3
08	Xm+8.4	Xm+8.5
09	Xm+8.6	Xm+8.7
10	Xm+9.0	Xm+9.1
11	Xm+9.2	Xm+9.3
12	Xm+9.4	Xm+9.5
13	Xm+9.6	Xm+9.7
14		
15		
16	Yn+2.0	Yn+2.1
17	Yn+2.2	Yn+2.3
18	Yn+2.4	Yn+2.5
19	Yn+2.6	Yn+2.7
20	Yn+3.0	Yn+3.1
21	Yn+3.2	Yn+3.3
22	Yn+3.4	Yn+3.5
23	Yn+3.6	Yn+3.7
24	DOCOM	DOCOM
25	DOCOM	DOCOM

CB106
HIROSE 50PIN

	A	B
01	0 V	+24 V
02	Xm+4.0	Xm+4.1
03	Xm+4.2	Xm+4.3
04	Xm+4.4	Xm+4.5
05	Xm+4.6	Xm+4.7
06	Xm+5.0	Xm+5.1
07	Xm+5.2	Xm+5.3
08	Xm+5.4	Xm+5.5
09	Xm+5.6	Xm+5.7
10	Xm+6.0	Xm+6.1
11	Xm+6.2	Xm+6.3
12	Xm+6.4	Xm+6.5
13	Xm+6.6	Xm+6.7
14	COM4	
15		
16	Yn+4.0	Yn+4.1
17	Yn+4.2	Yn+4.3
18	Yn+4.4	Yn+4.5
19	Yn+4.6	Yn+4.7
20	Yn+5.0	Yn+5.1
21	Yn+5.2	Yn+5.3
22	Yn+5.4	Yn+5.5
23	Yn+5.6	Yn+5.7
24	DOCOM	DOCOM
25	DOCOM	DOCOM

CB107
HIROSE 50PIN

	A	B
01	0 V	+24 V
02	Xm+7.0	Xm+7.1
03	Xm+7.2	Xm+7.3
04	Xm+7.4	Xm+7.5
05	Xm+7.6	Xm+7.7
06	Xm+10.0	Xm+10.1
07	Xm+10.2	Xm+10.3
08	Xm+10.4	Xm+10.5
09	Xm+10.6	Xm+10.7
10	Xm+11.0	Xm+11.1
11	Xm+11.2	Xm+11.3
12	Xm+11.4	Xm+11.5
13	Xm+11.6	Xm+11.7
14		
15		
16	Yn+6.0	Yn+6.1
17	Yn+6.2	Yn+6.3
18	Yn+6.4	Yn+6.5
19	Yn+6.6	Yn+6.7
20	Yn+7.0	Yn+7.1
21	Yn+7.2	Yn+7.3
22	Yn+7.4	Yn+7.5
23	Yn+7.6	Yn+7.7
24	DOCOM	DOCOM
25	DOCOM	DOCOM

图 2-2-16　I/O 模块点位信号分配

注：

1. 连接器（CB104、CB105、CB106、CB107）的引脚 B01（+24 V）用于 DI 输入信号，它输出 DC 24 V，不要将外部 24 V 电源连接到这些引脚。

2. 每一个 DOCOM 都连在印刷板上，如果使用连接器的 DO 信号（Y），请确定输入 DC 24 V 到每个连接器的 DOCOM。

3. CB104 输入单元的连接图如图 2-2-17 所示。

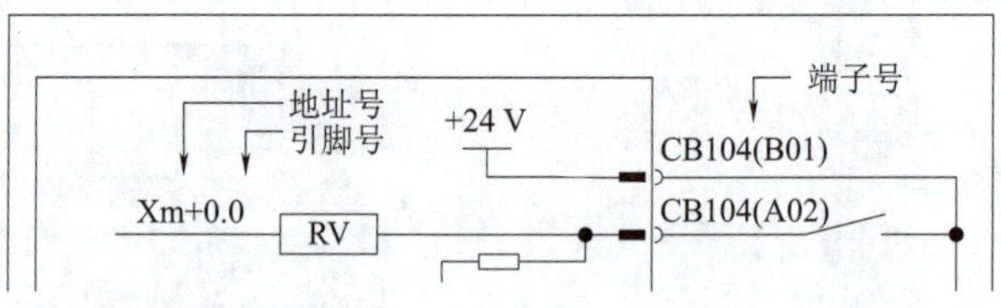

图 2-2-17　CB104 输入单元的连接图

4. CB104 输出单元的连接图如图 2-2-18 所示。

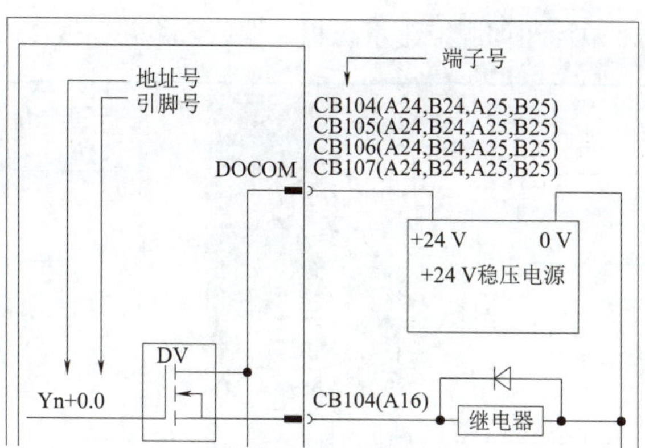

图 2-2-18　CB104 输出单元的连接图

任务报告

1. 根据图 2-2-19 标注数控系统基本组成名称。

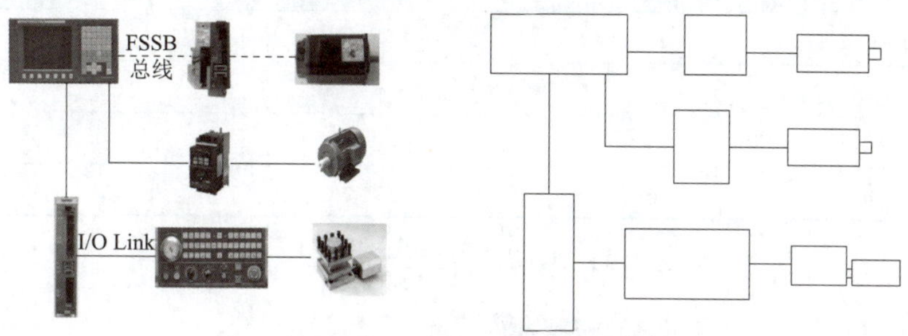

图 2-2-19　习题 1 图

2. 在图 2-2-20 中相应位置标注数控系统相应端口名称并填写表 2-2-3。

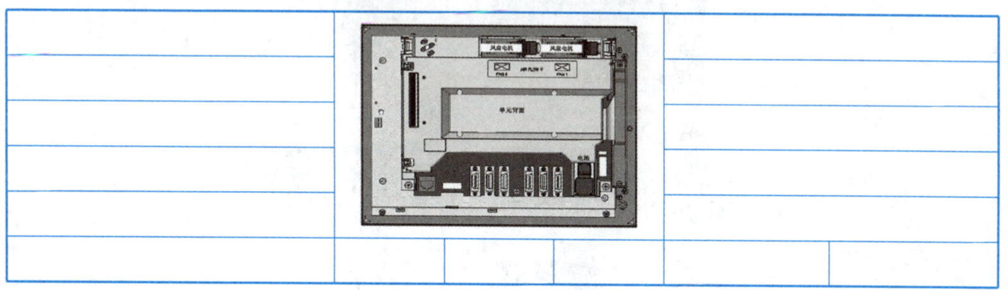

图 2-2-20　习题 2 图

表 2-2-3　端口用途

连接对象	端口名称	用途
伺服		
I/O Link		
变频		
主轴编码器		

3. 在图 2-2-21 中标注伺服控制系统相应端口名称并在表 2-2-4 中写明用途。

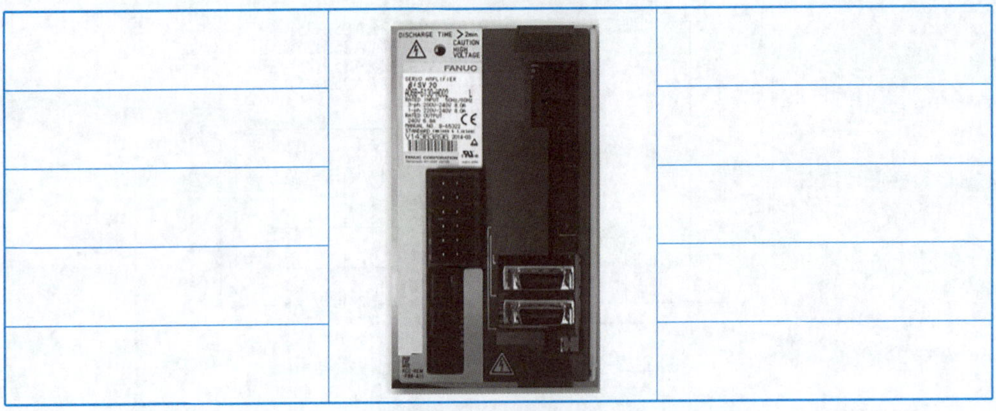

图 2-2-21 习题 3 图

表 2-2-4 伺服端口号

连接对象	端口	用途
CNC		
电动机电源		
电动机编码器		
急停功能		

4. 完成完整的数控系统连接图（图 2-2-22）。

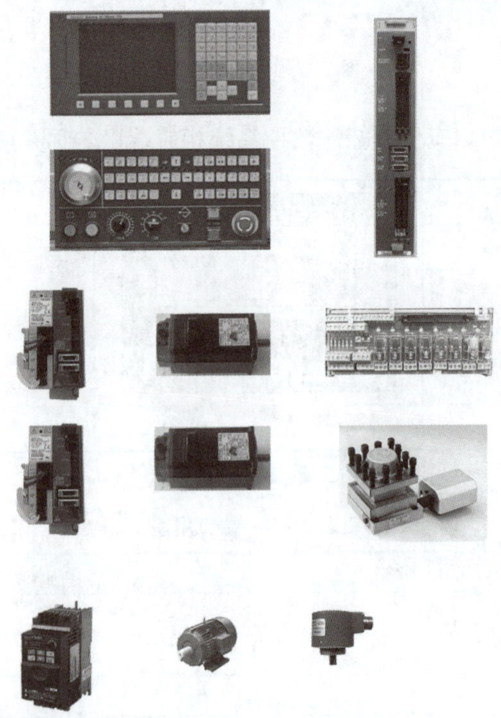

图 2-2-22 习题 4 图

任务 2.3　数控系统基本参数设置与调试

任务目标

1. 知识目标

（1）了解参数在数控机床调试中的重要意义。

（2）掌握发那科系统参数设定画面。

2. 技能目标

能根据要求独立设定数控机床常用参数。

3. 素养目标

（1）具备收集和处理信息的能力。

（2）能够独立学习新知识、新技术，具有终身学习的能力。

任务准备

1. 实验设备

亚龙 569A FANUC 数控系统实训台。

2. 实验项目

（1）参数修改。

（2）数控系统基本功能参数初始化设定。

知识链接

2.3.1　数控系统参数的用途及分类

数控机床参数是数控系统所用软件的外在设置，是经过一系列实验、调整而获得的重要数据，它决定了数控机床的功能、控制精度等。它的数值选择直接影响数控系统的正常工作，数控机床中软件故障基本上都与参数有关，数控机床参数是数控系统软件中的一种关键值，数控机床参数的改变或丢失都会引起数控机床的故障。在维修中，当发现机床动作异常时，首先要进行的工作就是对数控机床参数进行检查和恢复。

数控系统的参数按其形式可分为位型参数、字节型参数、字型参数、双字型参数以及实数型参数五种。“位型参数”通常用于设置系统某项功能是否有效，“字型参数”需要输入数值进行量化的设定或调整，其中，“位轴、字轴型参数”是针对系统每个轴进行位参数或字参数的设定，“实数型参数”是设置速度和位置等带有小数点的参数。

FANUC 0i-D 数控系统包括设置参数、通信接口参数、伺服控制轴参数、行程限位参数、坐标系参数、进给与伺服电动机参数、显示与编辑参数、螺距误差补偿参数、刀具补偿参数、主轴参数及编程参数等（表 2-3-1），参数设置得正确与否将直接影响到机床的正常工作与加工产品的质量。

表 2-3-1　FANUC 0i Mate-D 数控系统的主要参数

功能	起始地址	功能	起始地址
1. 设定（SETTING）的参数	0000	9. 输入/输出信号的参数	3000
2. 穿孔机/阅读机接口的参数	0100	10. 显示和编辑的参数	3100
3. 轴控制的参数	1000	11. 有程序的参数	3400
4. 坐标系的参数	1200	12. 螺距误差补偿的参数	3600
5. 存储行程检测参数	1300	13. 刀具补偿的参数	5000
6. 进给速度的参数	1400	14. 固定循环的参数	5100
7. 加/减速的参数	1600	15. 用户宏程度的参数	6000
8. 伺服的参数	1800	16. 跳转功能的参数	6200

2.3.2　数控系统参数的显示

按数控系统 MDI 面板上的功能键“SYSTEM”数次，或者在按下功能键“SYSTEM”后，按下软键“参数”，出现参数画面。输入希望使其显示的参数的数据号，按下软键“搜索号码”，将出现包含输入所指定的数据号在内的页面，光标指向所指定的数据号，如图 2-3-1 所示。

2.3.3　数控系统参数的写入

数控系统参数写入操作步骤如下：

（1）系统置于 MDI 方式或急停状态。确认 CNC 画面下的运转方式显示为“MDI”，或画面中央下方“EMG”在闪烁。

（2）用以下步骤使参数处于可写状态，如图 2-3-2 所示。

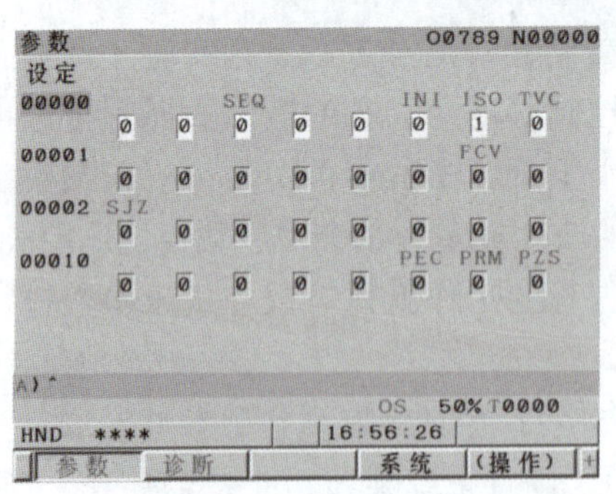

图 2-3-1　数控系统参数显示

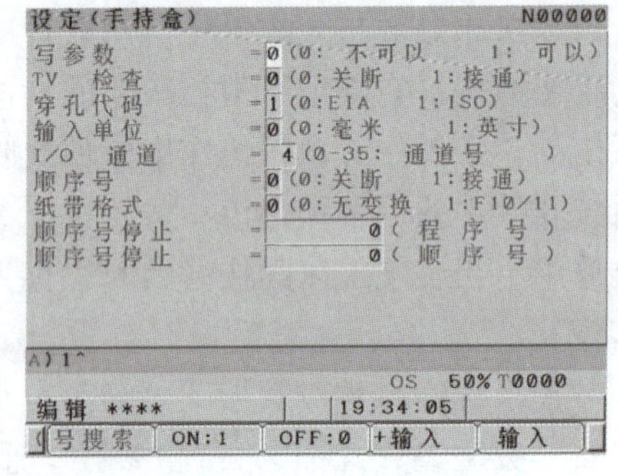

图 2-3-2　设定系统写参数权限

①按 OFFSET 功能键一次或几次后，再按软键“设定”，可显示设定画面的第一页。

②将光标移至“写参数”处。

③按软键“ON：1”或输入 1，再按软键“输入”，使“写参数=1”。这样参数变为可写入状态，同时 CNC 发生 SW0100 报警（允许参数写入）。

（3）按功能键“SYSTEM”一次或几次后，再按软键“参数”，显示参数画面。

（4）在显示包含需要设定的参数的画面中，将光标置于需要设定的参数的位置。

（5）输入数据，然后按软键“输入”，输入的数据将被设定到光标指定的参数。

（6）若需要设定多个参数，则重复步骤（4）和（5）。

（7）参数设定完毕后，需将参数设定画面设定为“写参数 = 0”，以禁止参数设定。

（8）复位（RESET）CNC，解除报警 SW0100 报警。根据不同的参数，在进行设定时，有时会出现报警 PW0000（需切断电源），此时先关掉 CNC 电源再重新开机。

2.3.4 数控系统基本参数设定

1. 新系统开机后出现的报警画面

也可以在开机的同时按下“RESET” + “DELETE”键完成参数全清，如图 2-3-3 所示。

```
ALARM MESSAGE                                N00000
SW0100 PARAMETER ENABLE SWITCH ON
OT0506 ()+ OVERTRAVEL ( HARD )
OT0506 ()+ OVERTRAVEL ( HARD )
OT0507 ()- OVERTRAVEL ( HARD )
OT0507 ()- OVERTRAVEL ( HARD )
SV5136 FSSB:NUMBER OF AMP. IS INSUFFICI
       ENT
SV1026 ()ILLEGAL AXIS ARRANGE
SV1026 ()ILLEGAL AXIS ARRANGE
SV0417 ()ILL DGTL SERVO PARAMETER
SV0417 ()ILL DGTL SERVO PARAMETER

A)^
MDI  ****  --EMG-- ALM 10:00:46
 ALARM  MESSAGE  HISTRY
```

图 2-3-3　参数清除后报警界面

2. 修改语言的操作

如图 2-3-4 所示，通过按下“OFSSET”→“STTING”→“MENU”→“LANG”→“OPRT”→“APPLY”将语言改为中文简体。

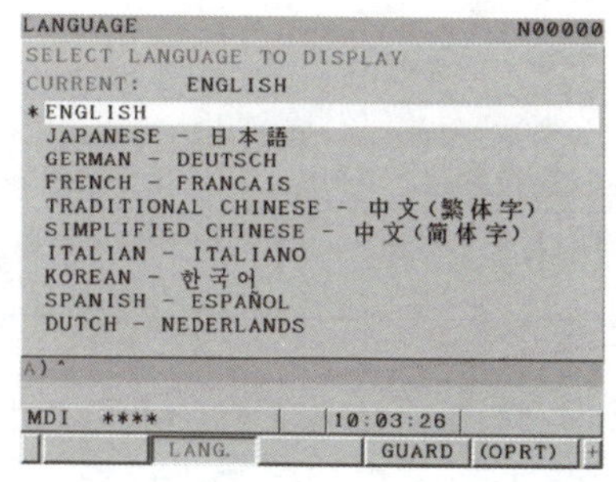

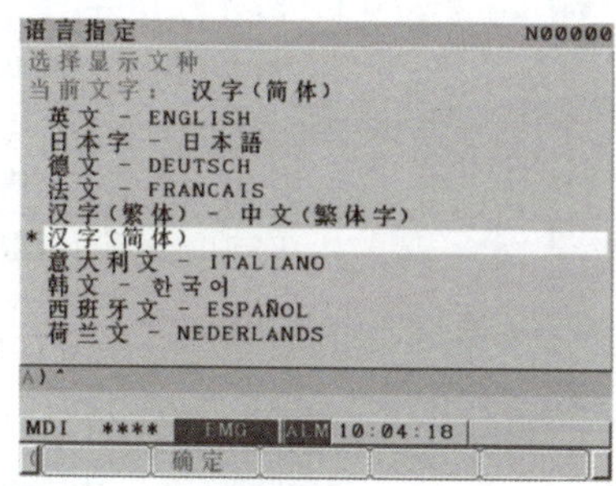

图 2-3-4　语言设置

3. 常用参数设置

数控系统与轴控制有关的参数必须在数控机床连接完成时设定，即要设定最低

学习笔记

限度所需要的参数（表2-3-2）。其他参数与手动连续进给和回参考点等功能有关，可在使用这些功能时再进行设定。

表2-3-2 参数及含义

参数	调试值	功能
数控机床与轴有关的参数		
0000#1	1	1 为 ISO 代码
0000#2	0	0 为公制输入，1 为英制输入
0020	4	通信接口设置：0、1 串口 1；2 串口 2；4 存储卡；9 以太网
1001#0	0	直线轴最小移动单位，0 公制，1 英制
1002#0	0	手动返回参考点的同时控制轴数为：0，1 轴；1，3 轴
1002#3	0	0：执行与手动返回参考点相同的、借助减速挡块的参考点返回 1：显示出报警（PS0304）“未建立零点即指令 G28”
1005#0	调试为 1	未回零执行自动运行，调试时为 1，否则，有（PS224）报警
1005#1		将无挡块参考点设定功能设定为：0 无效，1 有效
1006#0，#1	0	同时为 0 是直线轴
1006#3	1	0 半径值指定，1 直径值指定
1006#5	0	手动参考点返回方向为：0 正方向，1 负方向
1020	88，90	表示数控机床各轴的程序名称，如在系统显示画面显示的 *X*、*Y*、*Z* 等，一般设置是：车床为 88、90；铣床与加工中心为 88、89、90
1022	1，3	表示数控机床设定各轴为基本坐标系中的哪个轴，一般设置为 1、2、3，数控车床设为 1、3
1023	1，2	表示数控机床各轴的伺服轴号，也可以称为轴的连接顺序，一般设置为 1、2、3，车床则为 1、2
1240		第 1 参考点在机械坐标系中的坐标值
1241		第 2 参考点在机械坐标系中的坐标值
8130	2 或 0	表示数控机床控制的最大轴数轴数。CNC 控制的最大轴数设定值为 1、2、3、…
数控机床与存储行程检测相关的参数		
1320	999 999.999	各轴的存储行程限位 1 的正方向坐标值。一般指定的为软正限位的值，当机床回零后，该值生效。实际位移超出该值时，出现超程报警
1321	-999 999.999	各轴的存储行程限位 1 的负方向坐标值。同参数 1320 基本一样，所不同的是指定的是负限位
数控机床与 DI/DO 有关的参数		
3003#0	1（无效）	是否使用数控机床所有轴互锁信号。该参数需要根据 PMC 的设计进行设定
3003#2	1（无效）	是否使用数控机床各个轴互锁信号
3003#3	1（无效）	是否使用数控机床不同轴向的互锁信号
3004#5	1（无效）	是否进行数控机床超程信号的检查，当出现 506、507 报警时，可以设定（使硬限位无效）

续表

参数	调试值	功能
3030	2	数控机床 M 代码的允许位数。该参数表示 M 代码后面数字的位数，超出该设定出现报警
3031	4	数控机床 S 代码的允许位数。该参数表示 S 代码后数字的位数，超出该设定则出现报警
3032	4	数控机床 T 代码的允许位数
数控机床与模拟主轴控制相关的参数		
3716#0	0	0 模拟主轴，1 串行主轴
3717	1	各主轴的主轴放大器号设定为 1
3718	80	显示下标
3720	4 096	主轴位置编码器的脉冲数
3730	1 000	主轴速度模拟输出的增益调整，调试时设定为 1 000
3735	0	主轴电动机的最低钳制速度（根据实际情况确定）
3736	1 400	主轴电动机的最高钳制速度（根据实际情况确定）
3741~3744	1 400	主轴电动机一挡到四挡的最大速度（根据实际情况确定）
3772	0	主轴的上限转速，0 为不限制
3708#5	1	G96 中可以钳制最高转速
3708#6	0	螺纹切削中主轴倍率修调无效
8133#5	1	是否使用主轴串行输出，1 不使用
3798#0	0	ALM 所有主轴的主轴报警（SP ****）：0 有效，1 忽略与主轴相关的报警
3731	0	主轴速度模拟输出的偏置电压的补偿量（-1 024~1 024）
3732	65	主轴定向时的主轴转速或主轴齿轮位移时的主轴电动机速度
3799#1	1	是否进行模拟主轴时的位置编码器的断线检查。0 进行，1 不进行
数控机床与显示和编辑相关的参数		
3105#0	1	是否显示数控机床实际速度
3105#2	1	是否显示数控机床实际转速、T 代码
3106#4	1	是否显示数控机床操作履历画面
3106#5	1	是否显示数控机床主轴倍率值
3108#6	1	是否显示数控机床主轴负载表
3108#7	1	数控机床是否在当前画面和程序检查画面上显示 JOG 进给速度或者空运行速度
3111#0	1	是否显示数控机床用来显示伺服设定画面软件
3111#1	1	是否显示数控机床用来显示主轴设定画面软件
3111#2	1	数控机床主轴调整画面的主轴同步误差
3111#5	1	是否进行操作监视显示
3112#2	1	是否显示数控机床外部操作履历画面

续表

参数	调试值	功能
3112#3	1	数控机床是否在报警和操作履历中登录外部报警/宏程序报警
3114#0～#6	0	对应每一种状态画面是否切换画面。0 切换，1 不切换画面
3208#0	0	MDI 面板的功能键“SYSTEM”。0 有效，1 无效（设为 1 则关闭了 SYSTEM 画面，只能从“SET”设置中搜索 32088#0，再将其改回“0”）
3280#0	0	显示语言的动态切换是否有效。0 有效，1 无效。无效时，语言设定画面不予显示。此时，在参数画面上改变参数 3281 的设定值后断电
3281	15	0 英语，1 日语，4 繁体中文，15 简体中文
3401#1	1	在可以使用小数点的地址中省略小数点。设为 1，指令数值单位为毫米，否则，系统认为是微米，因此必须要加小数点
数控机床与速度有关的参数		
1401#0	调试为 1	从接通电源到返回参考点期间，手动快速运行。0 无效，1 有效
1401#2		是否通过 JOG 进给速度进行手动参考点返回操作 0 不进行，1 进行
1403#7	0	螺纹切削循环回退操作中快速移动倍率。0 有效，1 无效
1410	1 000	手动进给为 100%时的空运行速度
1420	3 000	每个轴设定快速移动倍率为 100%时的快速移动速度
1421	1 000	每个轴设定快速移动倍率的 F0 速度（快速移动最低的速度）
1423	3 000	每个轴的手动进给速度
1424	同 1420	每个轴设定快速移动倍率为 100%时的手动快速移动速度
1425	300～400	每个轴的手动参考点返回的 FL 速度
1428		此参数设定采用减速挡块的参考点返回的情形或在尚未建立参考点的状态下的参考点返回情形下的快速移动速度。该参数被作为参考点建立前的自动运行的快速移动指令（G00）时的进给速度使用
1430	1 000	每个轴设定的最大切削进给速度
数控机床与加减速控制相关的参数		
1620	50～200	每个轴的快速移动直线加减速的时间常数
1622	50～200	每个轴的切削进给加减速时间常数
1624	50～200	每个轴的 JOG 进给加减速时间常数
数控机床与手轮有关的参数		
8131#0	1	是否使用首轮进给，0 不使用，1 使用
7100#0	1	设定是否在进给（JOG）方式下使手轮进给有效
7113	100	手轮进给倍率 M
7114		手轮进给倍率 N
进给相关伺服参数		
1815#1	0	0 不使用分离式脉冲编码器（半闭环），1 使用分离式脉冲编码器
1815#4	1	作为位置检测器使用绝对位置检测器时，机械位置与绝对位置检测器之间的位置对应关系

续表

参数	调试值	功能
1815#5	1	位置检测器为 0：绝对位置检测器以外的检测器，1：绝对位置检测器（带电池）
1820	2	每个轴的指令倍乘比（CMR）
1821	5 000	每个轴的参考计数器容量（滚珠丝杠螺距为 10 mm，伺服电动机转一转，工作台移动 10 mm，折算成位置反馈脉冲数等于 10 000（10×1 000），所以参考计数器容量设定值等于 10 000 即可）
1825	3 000	数控机床每个轴的伺服环增益（值越大，伺服的响应越好，但过大时会导致不稳定）
1826	20	数控机床每个轴的到位宽度
1827	20	数控机床每个轴的切削进给时的到位宽度
1828	10 000	数控机床每个轴移动中的位置偏差极限值（移动中位置偏差量超过极限值时，发出伺服报警（SV0411））
1829	200	数控机床每个轴停止时的位置偏差极限值（停止时位置偏差量超过极限值时，发出伺服报警（SV0410））
1851		数控机床每个轴的反向间隙补偿量
1852		数控机床每个轴快速移动时的反向间隙补偿量
2003#3	1	P-I 控制方式
2003#4	1	停止时微小振动设 1
2020	256	电动机代码
2021	200	数控机床每个轴的负载惯量比
2022	111	电动机旋转方向，正方向为 111，反向为-111，伺服电动机不能通过改变任意两根导线来达到改变伺服电动机运行方向的目的
2023	8 192	速度反馈脉冲数
2024	12 500	位置反馈脉冲数，半闭环设置为 12 500
2084，2085	1/200	柔性齿轮比（N=伺服电动机 1 转机床移动所反馈的脉冲数，M=编码器 1 转反馈脉冲数/10^6） 6 mm 螺距，N/M=6 000/1 000 000=3/500 8 mm 螺距，N/M=8 000/1 000 000=1/125 10 mm 螺距，N/M=10 000/1 000 000=1/100

任务实施

2.3.5 发那科参数一键设定

系统基本参数设定可通过参数设定支援画面进行操作。参数设定支援画面是以下述目的进行参数设定和调整的画面：通过在机床启动时汇总需要进行最低限度设定的参数并予以显示，便于机床执行启动操作；通过简单显示伺服调整画面、主轴调整画面、加工参数调整画面，便于进行机床的调整。

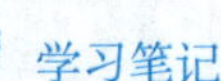
学习笔记

按下功能键“SYSTEM”后，按继续菜单键“+”数次，显示软键“PRM设定”，按下软键“PRM设定”，进入参数设定支援画面，如图2-3-5所示。

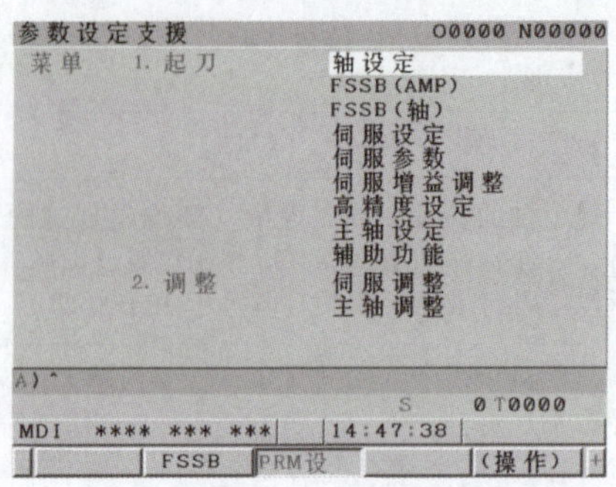

图2-3-5　参数设定支援画面

1. 标准值设定

通过软键“初始化”，可以在选定项目内所有参数中设定标准值。

①初始化只可以执行如下项目：轴设定、伺服参数设定、高精度设定、辅助功能。

②进行初始化操作时，为了确保安全，请在急停状态下进行。

③标准值是FANUC建议使用的值，无法按照用户需要个别设定标准值。

④初始化操作中，设定对象项目中所有的参数，但是也可以进行对象项目中各组的参数设定或个别设定参数。

2. 标准值设定操作步骤

如图2-3-6所示，在参数设定支援画面上，将光标指向要进行初始化的项目。按下软键“操作”，显示软键“初始化”。

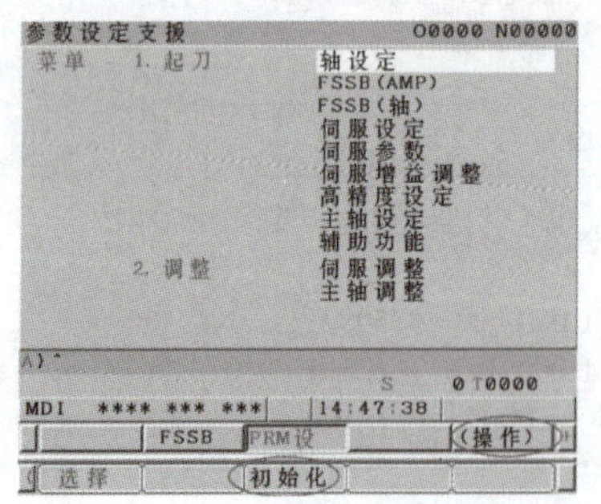

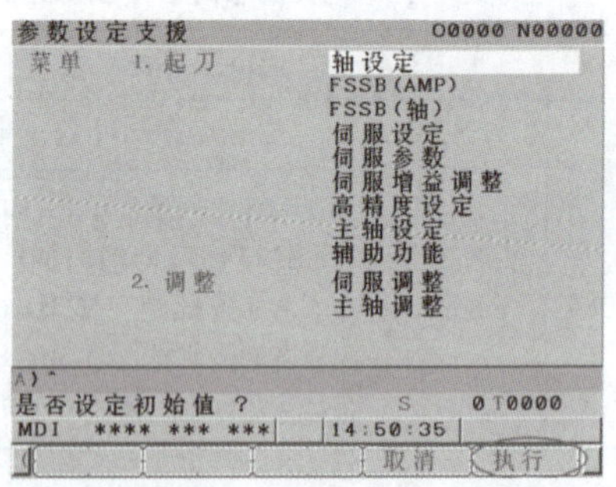

图2-3-6　参数初始化

按下软键“初始化”。软键按如下方式切换：显示警告信息“是否设定初始值?”，按下软键“执行”，设定所选项目的标准值。通过本操作，自动将所选项目中所包含的参数设定为标准值。不希望设定标准值时，按下软键“取消”即可中止设定。另外，没有提供标准值的参数不会被变更。

任务报告

1. 在数控机床上，把某一轴当作回转轴使用时，请查阅资料设定表 2-3-3 所列参数。

表 2-3-3　设定参数

参数号	#7	#6	#5	#4	#3	#2	#1	#0
1006							ROS	ROT
1008							RAB	ROA
1260								

2. 在数控机床上记录表 2-3-4 所列参数，并理解参数当前设定值的含义。

表 2-3-4　参数当前设定值的含义

参数号	参数含义	参数值	参数号	参数含义	参数值
1020	轴名称		1022	轴属性	
1023	轴顺序		8130	CNC 控制轴数	
1320	正软限位		1321	负软限位	
1410	空运行速度		1420	各轴快移速度	
1423	各轴手动速度		1424	各轴手动快移速度	
1425	各轴回参速度		1430	最大切削进给速度	
3003#0	互锁信号		3003#2	各轴互锁信号	
3003#3	各轴方向互锁		3004#5	超程信号	
3716	主轴电动机种类		3717	主轴放大器号	
3720	位置编码器脉冲数		3730	模拟输出增益	
3735	主轴电动机最低钳制速度		3736	主轴电动机最高钳制速度	
3741～3743	电动机最大值/减速比		3772	主轴上限转速	
8133#5	是否使用主轴串行输出		4133	主轴电动机代码	

3. 更改数控系统参数设置，以显示伺服调整画面、主轴监控画面、操作监控画面。

4. 设置数控系统参数，并将 *X*、*Z* 轴进行互换，使工作台能够正常运行。

（1）将轴参数中的伺服单元 *X* 部件号改为 2，*Z* 轴改为 0。

（2）将硬件配置参数中的部件 0 的标志改为 45，配置 0 改为 48。

（3）将硬件配置参数中的部件 2 的标志改为 46，配置 0 改为 2。

（4）关机，将 *X*、*Z* 两指令对调。

（5）重新启动系统，检查是否正常运行。

5. 数控系统参数配置练习。

（1）按 4 个伺服轴和 1 个主轴配置数控系统。

（2）第 4 个伺服轴为旋转轴配置。

(3) 4个伺服轴不用回参考点就可以自动运行。

(4) X、Y、Z 轴的栅格均为 8 000。

(5) 伺服电动机的代码是 177。

(6) 主轴电动机的代码是 310。

任务 2.4 数控系统电源故障与系统报警故障

任务目标

1. 知识目标

(1) 掌握数控装置电源故障现象。

(2) 掌握数控装置数码管显示状态。

2. 技能目标

(1) 能够进行 CNC 黑屏故障排查。

(2) 能够进行数控装置风扇故障排查。

3. 素养目标

(1) 具备收集和处理信息的能力。

(2) 能够独立学习新知识、新技术，具有终身学习的能力。

任务准备

1. 实验设备

亚龙 569A FANUC 数控系统实训台。

2. 实验项目

(1) 数控装置电源故障排查。

(2) 根据数控装置数码管显示分析故障。

(3) 排除数控装置黑屏及风扇故障。

知识链接

2.4.1 数控装置电源故障排查

1. 24 V 电源电路图

对控制单元 AC 输入侧的接通和断开的电路图如图 2-4-1 所示。设置在外部的 DC 24 V 电源必须为开关电源，规格为输出电压 24 V×(1±10%)（21.6~26.4 V），电源的容量要求，简单的可以参考 CNC 控制的保险（5 A），因此，当系统出现异常时，比如电源故障，请按照规格对输入电源侧进行检测。

2. 24 V 电源接口

(1) 系统保险：系统保险为 5.0 A。在电流异常升高到一定的高度和热度时，自身熔断切断电流，保护了电路安全运行。

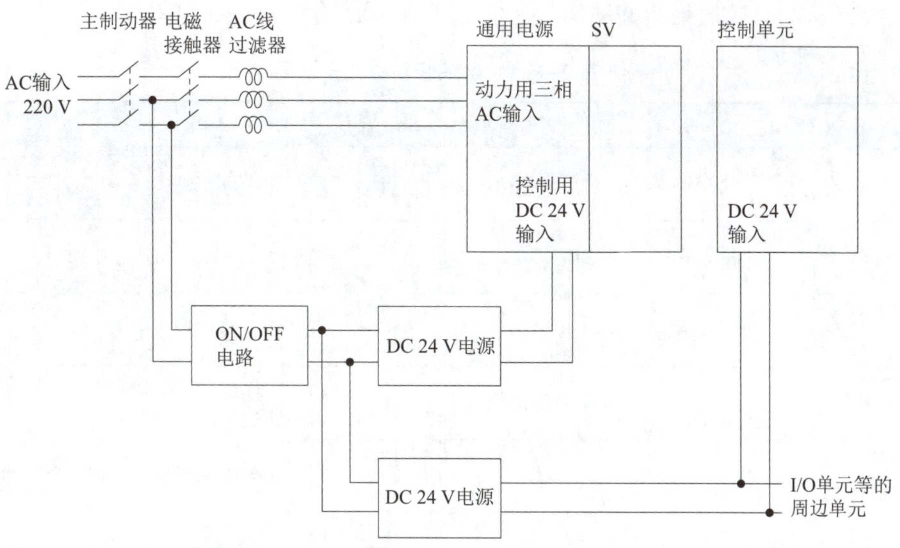

图 2-4-1　DC 24 V 电源连接示意图

（2）CP1 接口为控制电源+24 V 接口，其中，1 脚为 24 V 正，2 脚为 24 V 负，3 脚为接地端，电压波动范围为±10%。

2.4.2　数控装置数码管显示状态

（1）数控装置启动时，可以通过控制器数码管显示的内容（7 段 LED 显示）查看数控装置当前的状态，如果当前出现故障，可以根据控制器数码管显示的内容分析故障原因，如图 2-4-2 所示。

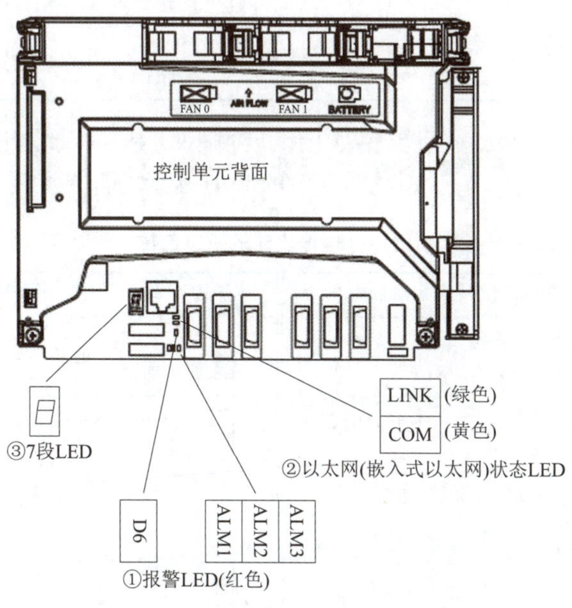

图 2-4-2　控制器数码管显示位置

学习笔记

（2）从电源接通到能够动作状态的 LED 显示的含义见表 2-4-1。

表 2-4-1　数码管状态及含义

LED 显示	含义	LED 显示	含义
	尚未通电的状态（全熄灭）		内装软件的加载
	初始化结束，可以动作		用于可选板的软件的加载
	CPU 开始启动（BOOT 系统）		IPL 监控执行中
	各类 G/A 初始化（BOOT 系统）		DRAM 测试错误（BOOT 系统、NC 系统）
	各类功能初始化		BOOT 系统错误（BOOT 系统）
	任务初始化		文件清零，可选板等待 1
	系统配置参数的检查 可选板等待 2		BASIC 系统软件的加载（BOOT 系统）
	各类驱动程序的安装文件全部清零		可选板等待 3 可选板等待 4
	标头显示系统 ROM 测试		系统操作最后检查
	通电后，CPU 尚未启动的状态（BOOT 系统）		显示器初始化（BOOT 系统）
	BOOT 系统退出，NC 系统启动（BOOT 系统）		FROM 初始化（BOOT 系统）
	FROM 初始化		BOOT 监控执行中（BOOT 系统）

（3）由于 CNC 异常，在系统启动中停止处理而不显示系统报警画面的情况下，按照表 2-4-2 采取对策，发生系统错误时的 LED 显示的含义见表 2-4-3。

表 2-4-2　启动中处理停止时的不良部位、确认事项

LED 显示	不良部位及确认事项	LED 显示	不良部位及确认事项
	可能是由于电源（24 V）、电源模块的故障所致		可能是由于 CPU 卡的故障所致
	可能是由于主板、显示器的故障所致		可能是由于 SRAM/FROM 模块、主板的故障所致
	检查主板上的报警 LED“LOW”（注释） “LOW”点亮的情形： 可能是由于 CPU 卡的故障所致 “LOW”熄灭的情形： 可能是由于主板、CPU 卡的故障所致		可能是由于主板、显示器的故障所致

学习笔记

续表

LED 显示	不良部位及确认事项	LED 显示	不良部位及确认事项
	可能是由于主板的故障所致		可能是由于 CPU 卡的故障所致

表 2-4-3　发生系统错误时的 LED 显示的含义

LED 显示	不良部位及处理方法	LED 显示	不良部位及处理方法
	ROMPARITY 错误 可能是由于 SRAM/FROM 模块的故障所致		硬件检测的系统报警 通过报警画面确认错误并采取对策
	不能创建用于程序存储器的FROM 通过 BOOT 确认 FROM 上的用于程序存储器的文件的状态 执行 FROM 的整理 确认 FROM 的容量		没有能够加载可选板的软件 通过 BOOT 确认 FROM 上的用于可选板的软件的状态
	软件检测的系统报警 启动时发生的情形：通过 BOOT 确认 FROM 上的内装软件的状态和 DRAM 的大小 其他情形：通过报警画面确认错误并采取对策		在与可选板进行等待的过程中发生了错误 可能是由于可选板、PMC 模块的故障所致
	DRAM/SRAM/FROM 的 ID 非法（BOOT 系统、NC 系统） 可能是由于 CPU 卡、SRAM/FROM 模块的故障所致		BOOTFROM 被更新（BOOT 系统） 重新接通电源
	发生伺服 CPU 超时 通过 BOOT 确认 FROM 中的伺服软件的状态 可能是由于伺服卡的故障所致		DRAM 测试错误 可能是由于 CPU 卡的故障所致
	在安装内装软件时发生错误 通过 BOOT 确认 FROM 上的内装软件的状态		显示器的 ID 非法 确认显示器
	显示器没有能够识别 可能是由于显示器的故障所致		BASIC 系统软件和硬件的 ID 不一致 确认 BASIC 系统软件和硬件的组合

任务实施

2.4.3　数控系统（CNC）黑屏故障排查

1. 黑屏故障产生原因

黑屏故障是现场常见的故障，黑屏故障的产生有以下几种原因：

（1）电源故障，造成系统不能上电。

学习笔记

（2）显示部分故障。

（3）显示板卡故障。

2. 电源故障排查步骤

（1）确认数控装置数码管是否点亮，如果点亮，则可能与显示部分或显示控制板卡故障有关，如果没有点亮，则为控制器电源故障。

（2）电源故障，首先测量 CP1 的 1、2 管脚是否有 24 V 电压，如果没有，根据电气原理图检查 CNC 控制电源 ON/OFF 上电回路。

（3）如果输入电压有且在正常范围内，确认 CNC 保险。

（4）如果电源、保险都正常，则故障就是短路引起的，需要判断是外部短路还是本体短路。

（5）断开 CNC 系统所有的外部连线，只是 CNC 通电，如果数码管依然不亮，则为本体短路，可进行数控装置更换；如果数码管点亮，则为外部短路，可以依次接插外部连线，确认短路点。

3. 显示故障排查

（1）如果数码管点亮的同时，显示器不亮，首先检查机床是否可以运行。

（2）如果机床可以运行，则为显示器故障或显示器用的电源板（内部板卡）故障。

（3）如果机床不能运行，则为主板问题，需更换主板。

（4）以上（2）、（3）判断在现场处理时，建议整体更换数控装置为好。

2.4.4 数控装置风扇故障排查

数控装置风扇的作用是系统散热，为保证 CNC 系统正常工作，在硬件上检测数控装置风扇（包括伺服风扇）电路，当风扇停转时，数控装置会显示 OH701 风扇停转报警，关开机后，系统会执行风扇检测，并出现图 2-4-3 所示的“FAN MOTOR 1 STOP SHUTDOWN”报警，必须解决故障后才能进行正常操作。

FAN MOTOR 1 STOP SHUTDOWN

图 2-4-3 系统自检画面显示为“MOTOR1”

风扇故障原因排查：

（1）检测数控装置风扇是否停转。

（2）如果停转，检查是否为机械堵转，可拆下风扇进行清洁，并再次安装。

（3）如果仍然不转，则可能是风扇电动机烧毁或主板供电异常，可更换风扇进行判断。

（4）如果出现报警时风扇仍然在转，则可能为风扇检测或主板检测回路故障，也需要更换风扇进行判断。

任务报告

1. 画出数控机床的供电电路图、急停电路、制动电路。
2. 根据数控系统接通/切断工作原理排查数控机床的系统电源故障。

任务 2.5　数控系统数据传输与备份

任务目标

1. 知识目标

(1) 掌握 FANUC 数控装置几种常用的数据传输方式。
(2) 掌握 CF 卡进行数据备份及恢复的方法。
(3) 掌握以太网数据传输设置。

2. 技能目标

(1) 能够应用 CF 卡进行数据备份及恢复。
(2) 能够进行以太网数据传输设置。

3. 素养目标

(1) 具备收集和处理信息的能力。
(2) 能够独立学习新知识、新技术，具有终身学习的能力。
(3) 遵守机床电气安全操作规范。

任务准备

1. 实验设备

(1) FANUC 0i Mate-D 数控系统实训台。
(2) CF 传输卡、计算机、八芯双绞网线。

2. 实验项目

(1) FANUC 0i-D/0i Mate-D 系统参数及 PMC 的备份、恢复。
(2) 熟练进行以太网数据传输。

知识链接

2.5.1　系统数据备份

FANUC 数控系统数据传输方式有存储器传输（包括 CF 卡传输和 USB 传输）和通信端口传输（包括 RS232 串口传输和数据服务器接口传输），其中，CF 卡传输使用最为广泛。采用不同的传输方式，参数 20 的设定值也不相同。

1. 数据备份的目的

(1) 机床操作误删程序导致的 NC 程序丢失、CNC 参数丢失、PMC 程序丢失、螺距补偿参数丢失等，需要恢复 SRAM 数据。

（2）机床长时间不使用，电池没电并且没有及时更换导致的数据丢失，需要恢复 SRAM 或 FROM 数据。

（3）数控系统在维修过程中出现故障，更换了系统主板后，需要进行 SRAM 资料数据的恢复。

（4）数控系统在维修过程中出现故障，更换了存储板后，需要进行 SRAM+FROM 用户程序数据的恢复。

2. 存储卡介绍

存储卡即 CF（Compact Flash）卡，在笔记本电脑和某些数码相机中都可使用。存储卡可以在市面上购买或者从 FANUC 公司购买，一般使用 CF 卡+PCMCIA 适配器。目前 FANUC 的 i 系列系统 0i-B/C/D/F、0i Mate-B/C/D/F、16i/18i/21i/31i 上都有 PCMCIA 插槽，这样就可以方便地使用存储卡传输备份数据。对于主板和显示器一体型系统，插槽位置在显示器左侧。

3. 进入及退出 BOOT SYSTEM 画面的操作

（1）设定参数 No. 20=4。

（2）将 CF 卡插入系统控制单元的 PCMCIA 卡接口，如图 2-5-1 所示（注意，CF 卡正面标签向右插入卡槽）。

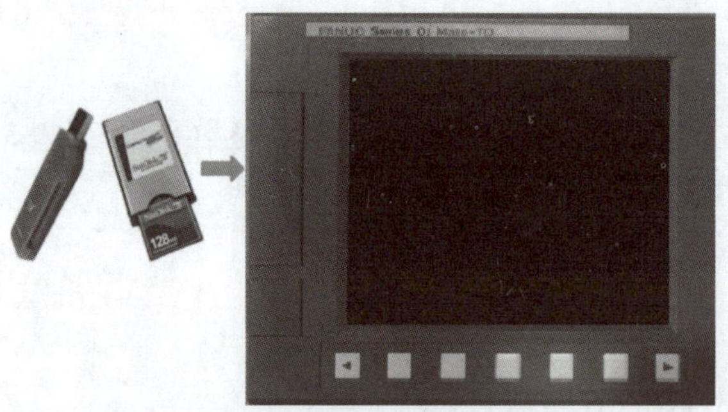

图 2-5-1　PCMCIA 卡接口

（3）同时按住 LCD 显示器下面软键的最右边两个键，如图 2-5-2 所示，系统上电则进入 FANUC 系统的 BOOT 界面。

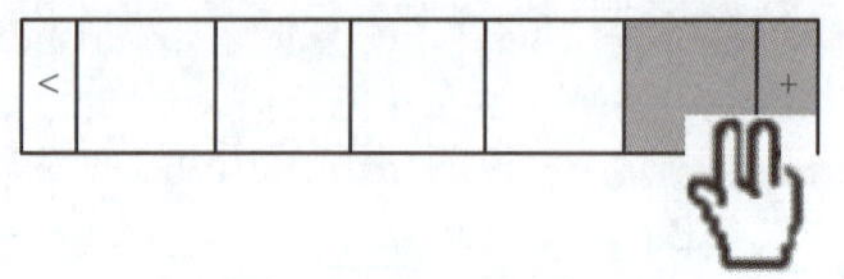

图 2-5-2　进入引导界面按键

（4）FANUC 数控系统根据显示器大小不同，显示器下方的软键个数也不同，有 7 软键和 12 软键两种。进入 BOOT 画面的方法都是同时按住最右面两个键。触摸屏系统按 MDI 键盘的数字键 6+7 进入 BOOT 画面（注意：一定是先按住软键再给系统上电）。此时 BOOT 画面如图 2-5-3 所示。

学习笔记

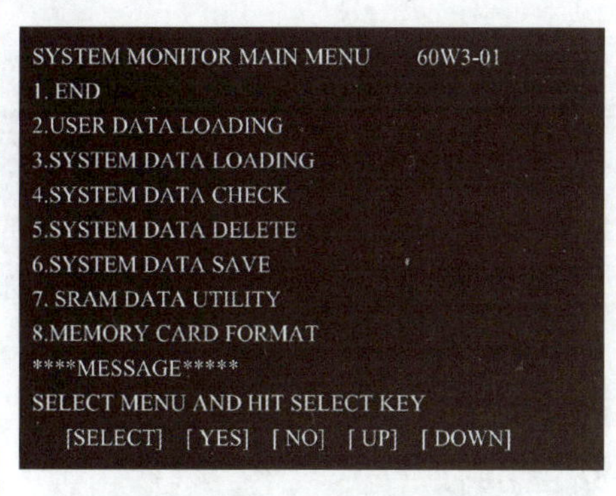

显示标题，右端显示 BOOT SYSTEM 的系列版本

1. 退出 BOOT SYSTEM，启动 CNC
2. 梯形图程序恢复
3. 向 FLASH ROM 写入数据
4. 确认 ROM 文件的版本
5. 删除 FLASH ROM/存储卡文件
6. 向存储卡备份数据
7. 备份/恢复 SRAM 区
8. 格式化存储卡

显示简单的操作方法及错误信息

图 2-5-3　引导页面主菜单

4. SRAM 数据备份与恢复

（1）按下软键“UP”或“DOWN”（或者按 MDI 软键的“↑”或“↓”），把光标移动到“7. SRAM DATA UNILITY”，进行参数的备份和恢复。

（2）按下“SELECT”键，显示 SRAM DATA BACKUP 画面，如图 2-5-4 所示。

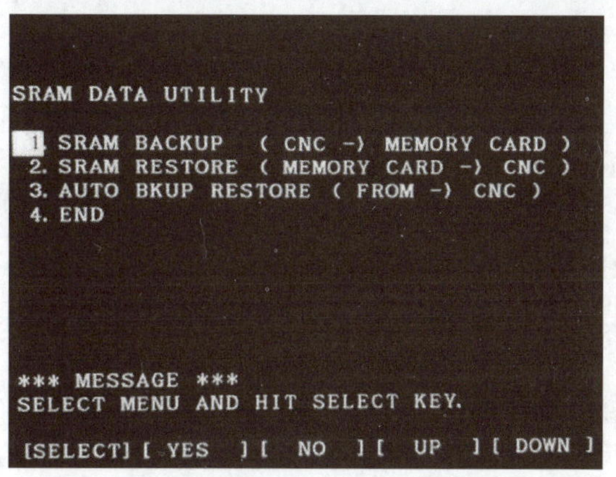

图 2-5-4　系统参数备份及恢复画面

（3）按下软键“UP”或“DOWN”（或者按 MDI 软键中的“↑”或“↓”），进行功能选择。

使用存储卡备份数据：SRAM BACKUP。

使用存储卡向系统恢复数据：RESTORE SRAM。

自动备份数据的恢复：AUTO BKUP RESTORE。

（4）按下软键“SELECT”。

（5）按下软键“YES”，执行数据备份或恢复。

执行“SRAM BACKUP”时，如果在存储卡上已经有了同名文件，系统会询问“OVER WRITE OK?”，如可以覆盖，则按下“YES”键。

（6）执行结束后，显示“… COMPLETE. HITSELECTKE”信息。此时按下“SELECT”软键，返回主菜单。

5. 梯形图程序的备份及恢复

1）梯形图程序备份

①按下软键“UP”或“DOWN”（或者按 MDI 键盘上的“↑”或“↓”），把光标移动到“6. SYSTEM DATA SAVE”，如图 2-5-5 所示，进行梯形图程序备份。

②按下“SELECT”键，显示“SYSTEM DATE SAVE”画面，按 MDI 键盘的“PAGE↓”翻页找到 PMC1，按下“SELECT”键确认完成 PMC 程序的备份，如图 2-5-6 所示。

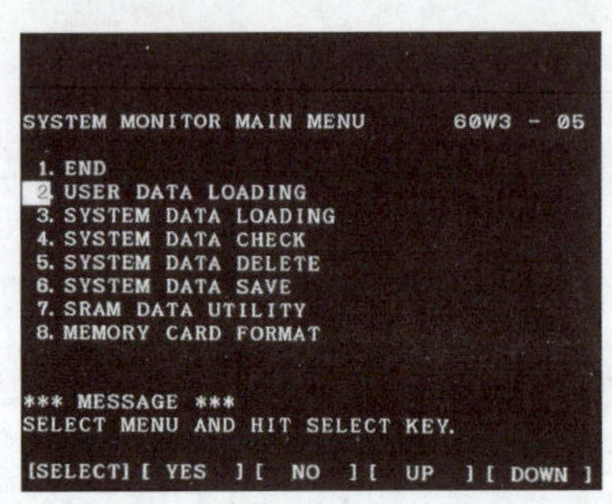

图 2-5-5　操作①

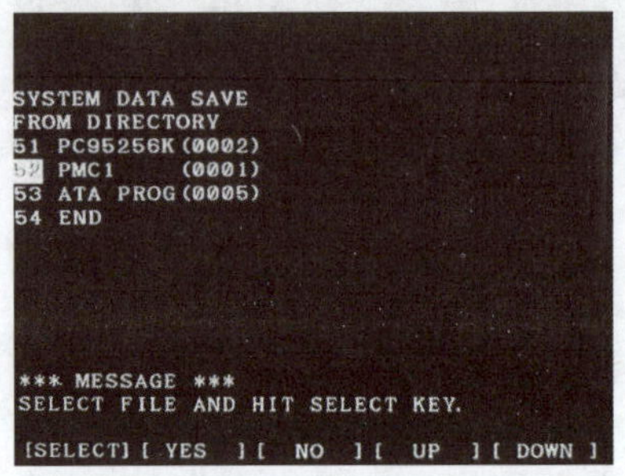

图 2-5-6　操作②

2）梯形图程序恢复

①按下软键“UP”或“DOWN”（或者按 MDI 键盘上的“↑”或“↓”），把光标移动到“2. USER DATA LOADING”，进行梯形图程序恢复。

②按下“SELECT”键，显示存储卡中的所有文件，选中卡内的文件 PMC1.000，按“SELECT”软键，再按“YES”软键，完成梯形图程序的恢复。

2.5.2　通信接口数据传输

发那科的通信接口有两种：一种是串口，一种是网口。串口采集比较麻烦且接口电缆不支持热插拔，基本已经被淘汰，这里主要讨论网口通信。网口通常位于系统背面左下方（带有 CD38A 丝印标号），也可通过以下方式确认：

①数控面板的后面。

②电器柜中跟其他控制器一起（一般是那个竖长条黄色的控制器）。

③其他位置。

其他位置一般是前面两个位置用网线引出来后做的网口母头，常见于机床数控面板侧面、机床电器柜后面等。

任务实施

2.5.3　以太网数据传输

1. 配置 IP

先在控制面板上按“SYSTEM”键，然后在 SYSTEM 下翻页，直至找到图 2-5-7 所示界面，进入该页面可知 IP 地址为 192.168.8.12，子网掩码为 255.255.255.0。

2. 配置端口

配置 IP 后，下翻到下一页，如图 2-5-8 所示，进入 FOCAS2 页面，设置口编号（TCP）为 8193（发那科默认的端口是 8193）。

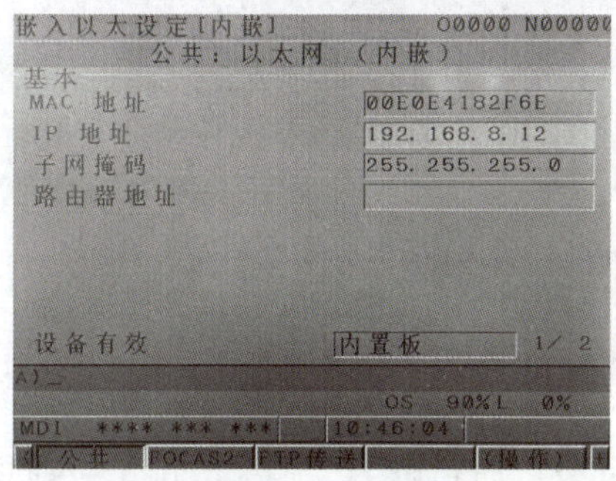

图 2-5-7 IP 配置界面

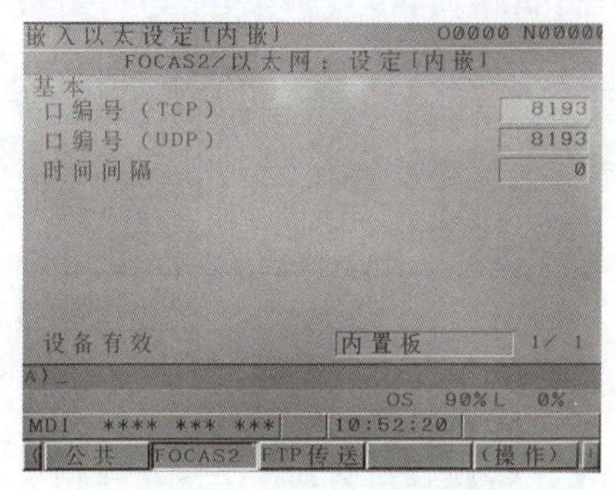

图 2-5-8 FOCAS2 页面

3. 计算机中的连接设置

（1）修改计算机网络连接中的 IP 地址，与 CNC 侧 IP 地址尾号数值不一致即可，子网掩码的设置与 CNC 的相同，例如，IP 设定为 192.168.1.2，子网掩码设定为 255.255.255.0，如图 2-5-9 所示。

（2）单击软键列表中的“以太网通信测试”，单击“全部校验”，如图 2-5-10 所示。

（3）打开“程序传输工具设定”对话框。机床名任意填写，代表所连接的机床名字；在 CNC 类型下拉框中选择对应的系统型号；根据系统情况选择控制路径数，如图 2-5-11 所示。

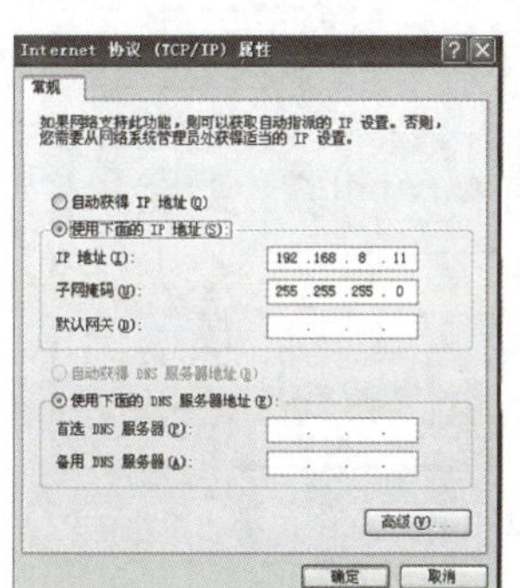

图 2-5-9 电脑 IP

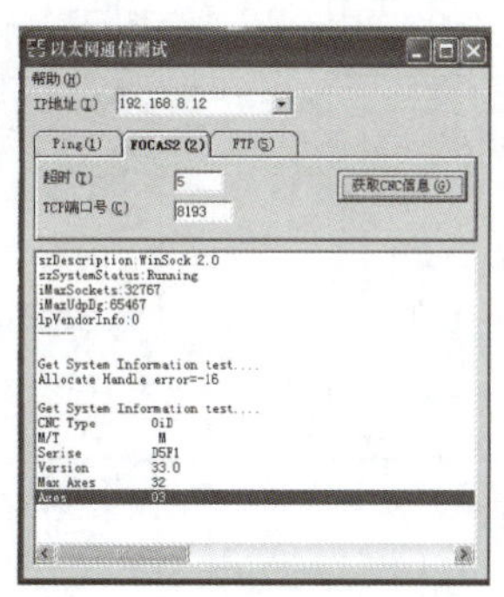

图 2-5-10 以太网通信测试

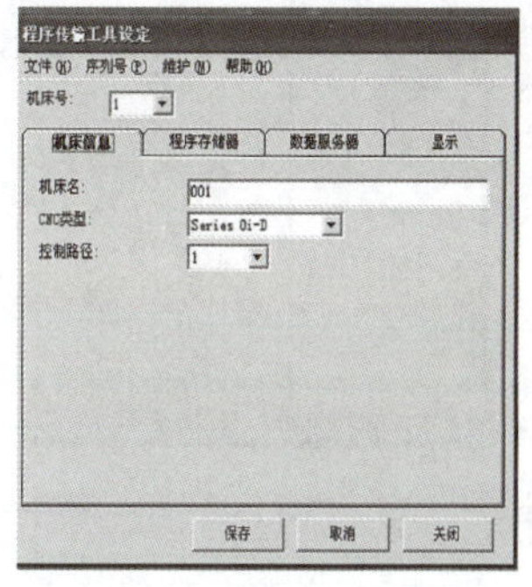

图 2-5-11 传输工具设定

（4）单击“程序存储器”选项卡，填写相关信息。网络类型选择“内置以太网”，IP 地址、TCP 端口号和通信超时按照 CNC 中的设置内容填写，程序号位数需要根据系统情况而定，0i-D 系统的程序号位数为“4”，如图 2-5-12 所示。单击“在线设定机床信息”按钮，如图 2-5-13 所示。

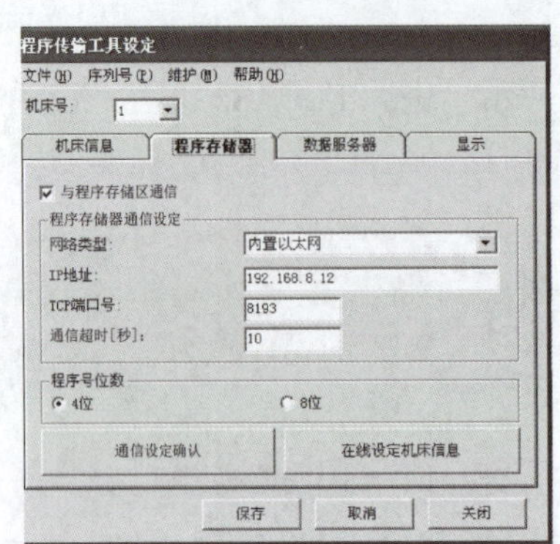

图 2-5-12 “程序存储器”选项卡

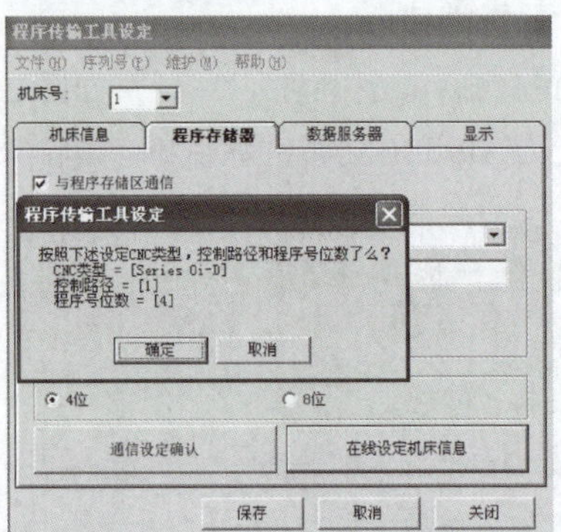

图 2-5-13 在线设定机床信息

关于数据服务器选项卡的信息填写，如果仅仅使用以太网功能，则不需要进行设定。但是如果有数据服务器功能，就必须要进行设定，这部分内容涉及数据服务器板，此处不做相关介绍。显示选项卡中可以设定通信开始时显示的计算机路径，还可以设定通信开始时显示的 CNC 路径，包含程序存储器和数据服务器两个选项。

(5) 打开“程序传输工具”对话框，如图 2-5-14 所示，界面的上半部分是电脑内文件列表，下半部分是机床的 CNC 系统内容列表，可以传输的内容包括加工程序、刀具信息和宏变量等。在机床列表中，001 是自己设定的机床名称。在列表中，001.001 存放的是 CNC 的程序文件，DATA 中存放的是刀具信息等数据文件。

(6) 在机床列表中选择需要载入的文件，拖曳完成上传，如图 2-5-15 所示。

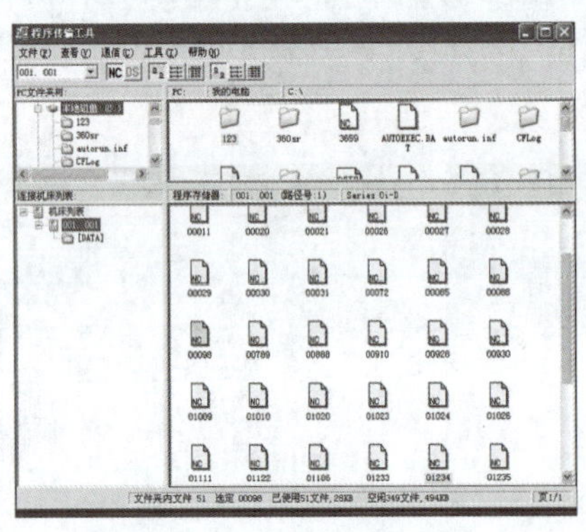

图 2-5-14 程序传输

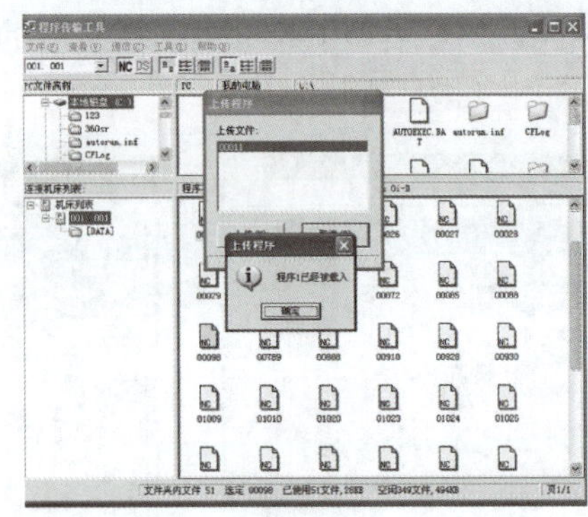

图 2-5-15 程序上传

任务报告

1. 用计算机的 RS232 口输入/输出参数时，当要求以 4 800 bit/s 的波特率传送数据时，相应的参数应该怎么修改？系统应该处于什么方式？

2. 使用 CF 存储卡操作数据备份：①备份 PMC 程序到存储卡上；②备份 CNC 参数到存储卡上；③从存储卡上回传 PMC 程序；④从存储卡上回传 CNC 参数。

3. 除了本任务的介绍，数控机床还提供了哪几种数据备份的方法？

学习笔记

任务加油站

匠心铸战鹰——洪家光

指导学生踏实肯干，干一行、爱一行、钻一行，培养学生养成一丝不苟、精益求精、追求卓越的工匠精神。洪家光是航空发动机工装制造的高级技师，他不屈不挠、精益求精，终于突破了当时航空发动机的难关，制造出了误差不超过 0.003 mm 的航空发动机。洪家光与团队先后完成 200 多项工装工具技术革新，解决了 500 多个生产制造中的难题。研发出了航空发动机叶片滚轮精密磨削制造技术，提升了国产航空发动机叶片的加工质量和安全性能。下面就让我们来认识这样一位工人。

延伸阅读 2

视频饱览 2

项目 3　进给伺服系统的调试与维修

项目描述

FANUC 进给伺服系统与 FANUC 数控系统一样，是数控机床中使用最广泛的进给伺服驱动系统之一。虽然由于伺服系统生产厂家的不同，伺服系统的故障诊断在具体做法上可能有所区别，但其基本检查方法与诊断原理却是一致的。诊断进给伺服系统的故障，一般可采用状态指示灯诊断法、数控系统报警显示诊断法、系统诊断信号检查法、原理分析法等。

应用上述方法的前提是掌握 FANUC 交流进给伺服系统的连接，通过诊断参数进行检查，以确认故障发生的部位与原因、伺服系统动作确认的操作步骤、数字伺服通过数控系统进行的初始化与动态性能调整，以及常见的伺服系统故障。

任务 3.1　FANUC βi 系列伺服单元的连接

任务目标

1. 知识目标

(1) 描述数控系统与进给伺服系统连接及端子功能。

(2) 绘制数控进给伺服系统电气线路连接回路。

2. 技能目标

能够根据数控进给伺服系统电气线路连接机床设备。

3. 素养目标

(1) 培养学生正确认识、分析及解决问题的能力。

(2) 培养学生具备工程科学思维、创新思维。

(3) 培养学生团结协作、爱岗敬业的精神。

任务准备

1. 实验设备

FANUC 0i Mate-D 系统数控铣床实训台。

2. 实验项目

(1) 连接 FANUC βi 系列伺服单元。

(2) 设计数控进给伺服系统连接电路。

知识链接

3.1.1 数控机床进给伺服系统

数控机床的进给伺服系统属于位置控制伺服系统，数控系统与其他自动化设备最显著的区别，就是数控进给轴的“位置控制”和“插补”。数控机床工作台（包括转台）的进给采用伺服装置驱动，传动多数采用同步电动机与滚珠丝杠直接连接，这样的传动链短，运动损失小，反应迅速，可获得高精度。全闭环数控系统的进给伺服控制系统有3个环节，如图3-1-1所示。

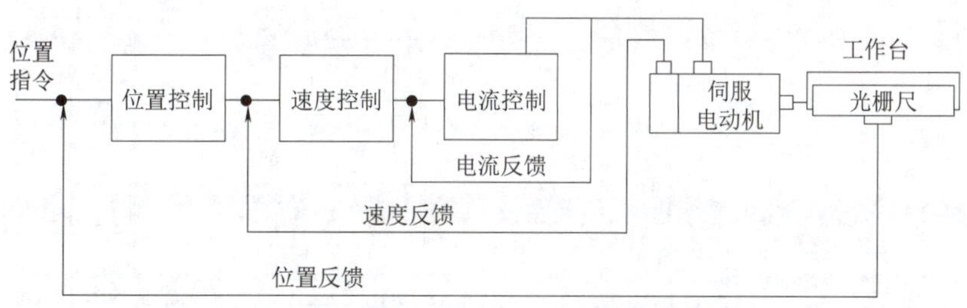

图3-1-1　全闭环位置控制进给伺服系统结构图

其中，位置环为外环，输入信号为CNC的指令和位置检测器反馈的位置信号；速度环为中环，输入信号为位置环的输出和测速发电机经反馈网络处理信号；电流环为内环，输入信号为速度环的输出信号和经电流互感器得到的电流信号。在三环系统中，位置环的输出是速度环的输入；速度环的输出是电流环的输入；电流环的输出直接控制功率变换单元，这3个环的反馈信号都是负反馈。

此外，对数控进给伺服系统的要求不只是静态特性，如停止时的定位精度、稳定度，更重要的是要求进给伺服刚性好、响应性快、运动的稳定性好、分辨率高，这样才能高速、高精度地加工出表面光滑的高质量工件。

3.1.2 FANUC βi 系列伺服系统构成

如图3-1-2所示，FANUC βi 系列伺服系统由以下组件构成：

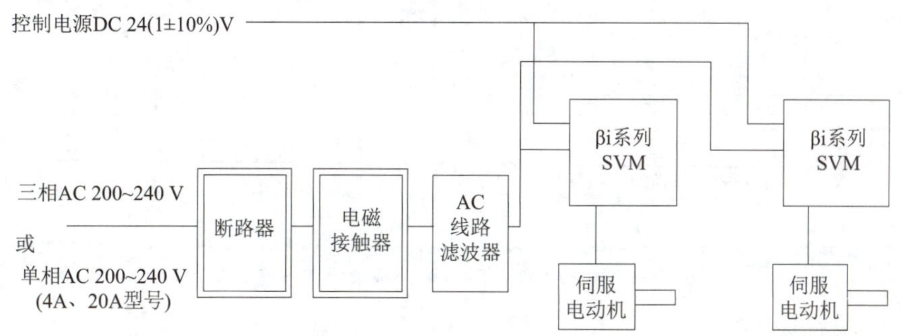

图3-1-2　FANUC βi 系列伺服系统的组成

学习笔记

①伺服放大器模块 SVM；

②AC 线路滤波器；

③连接电缆（FSSB）；

④伺服电动机；

⑤熔断器；

⑥电源变压器。

3.1.3 FANUC βi 系列伺服单元的连接

如图 3-1-3 所示，FANUC βi 系列伺服单元的各个部分连接回路组成如下。

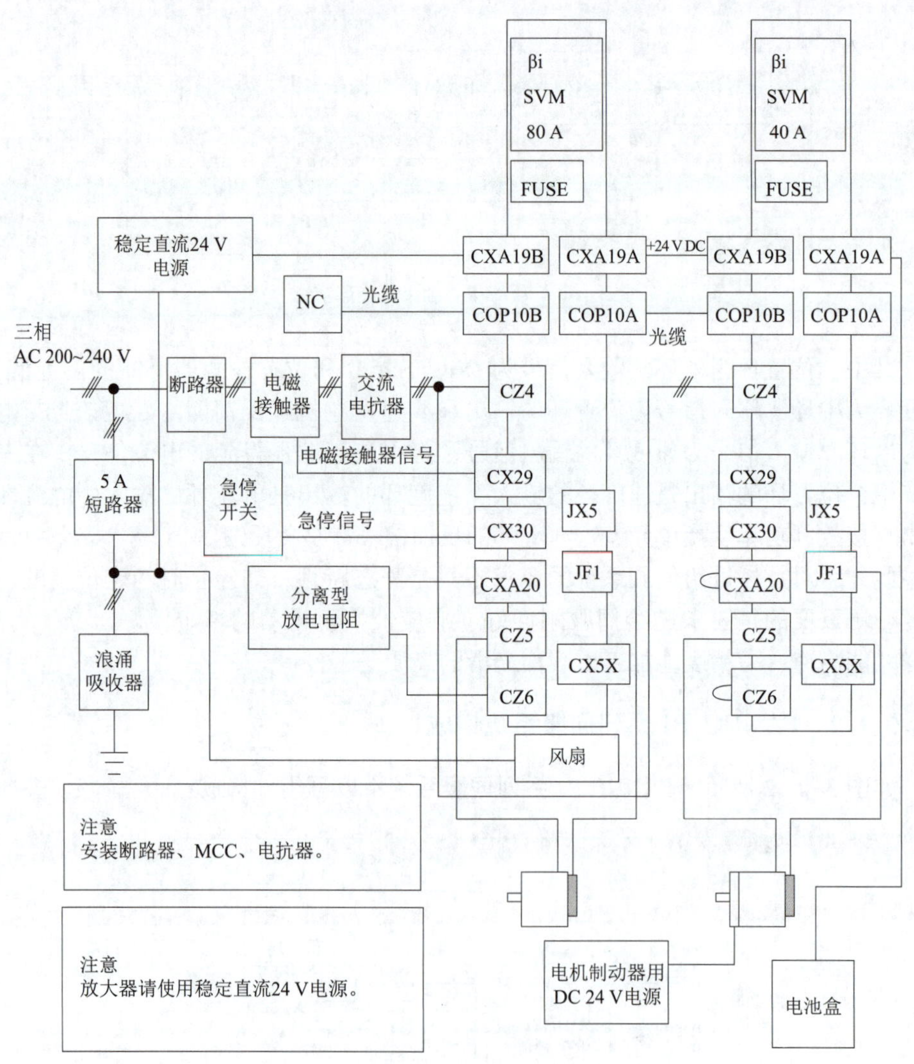

图 3-1-3 FANUC βi 系列伺服单元综合连接图

1. 数据总线

采用 FANUC 的 FSSB 光缆总线通信，在硬件连接方面，遵循从 A 到 B 的规律，即 COP10A 为总线输出，COP10B 为总线输入。需要注意的是，光缆在任何情况下

不能硬折，以免损坏。

2. 控制电源

采用 DC 24 V 电源，主要用于伺服控制电路的电源供电。在通电顺序中，推荐优先系统通电。DC 24 V 电源输入时，必须要注意电源正、负极。

3. 伺服单元通电回路

该回路主要用于为伺服放大器主电源供电。伺服放大器的主电源一般采用三相 220 V 交流电源，通过交流接触器接入伺服放大器，交流接触器的线圈受到伺服放大器的 CX29 控制。当 CX29 闭合时，交流接触器的线圈得电吸合，给放大器通入主电源。

4. 伺服电动机动力电源连接

该连接主要包含伺服主轴电动机与伺服进给电动机的动力电源连接，伺服主轴电动机的动力电源采用接线端子的方式连接，伺服进给电动机的动力电源采用接插件连接。在连接过程中，一定要注意相序正确。

5. 伺服电动机反馈的连接

该连接主要包含伺服进给电动机的反馈连接，伺服进给电动机的反馈接口接 JF1 等接口。

6. 急停与 MCC 连接

该连接主要用于对伺服主电源的控制与伺服放大器的保护，如发生报警、急停等情况下能够切断伺服放大器主电源。MCC 一般接急停继电器的常开触点；ESP 一般用于串接在伺服主电源接触器的线圈上，并且交流接触器线圈电压不超过 AC 250 V，常规采用 110 V。

7. 急停回路的连接

急停控制回路一般由两个部分构成：一个是 PMC 急停控制信号 X8.4；另一个是伺服放大器的 ESP 端子。这两个部分中任意一个断开就会出现报警，ESP 断开出现 SV401 报警，X8.4 断开出现 ESP 报警。它们全部是通过一个器件来进行处理的，即急停继电器。

3.1.4 FANUC βi 系列伺服单元接口

FANUC βi 系列伺服单元 SVM 模块如图 3-1-4 所示，由驱装置和伺服电动机构成。

驱动装置：晶体管 PWM 控制的 βi 系列交流驱动单元。

伺服电动机：S、L、SP 和 T 系列永磁式三相交流同步电动机。

FANUC βi 系列伺服单元接口如图 3-1-5 所示，端子接口功能如下。

L1、L2、L3：主电源输入端接口，三相交流电源 200 V、50/60 Hz。

U、V、W：伺服电动机的动力线接口。

DCC、DCP：外接 DC 制动电阻接口。

CX29：主电源 MCC 控制信号接口。

CX30：急停信号（＊ESP）接口。

CXA20：DC 制动电阻过热信号接口。

学习笔记

CX19A：DC 24 V 控制电路电源输入接口。连接外部 24 V 稳压电源。

CX19B：DC 24 V 控制电路电源输出接口。连接下一个伺服单元的 CX19A。

COP10A：伺服高速串行总线（FSSB）接口，与下一个伺服单元的 COP10B 连接（光缆）。

COP10B：伺服高速串行总线（FSSB）接口，与 CNC 系统的 COP10A 连接（光缆）。

JX5：伺服检测板信号接口。

JF1：伺服电动机内装编码器信号接口。

CX5X：伺服电动机编码器为绝对编码器的电池接口。

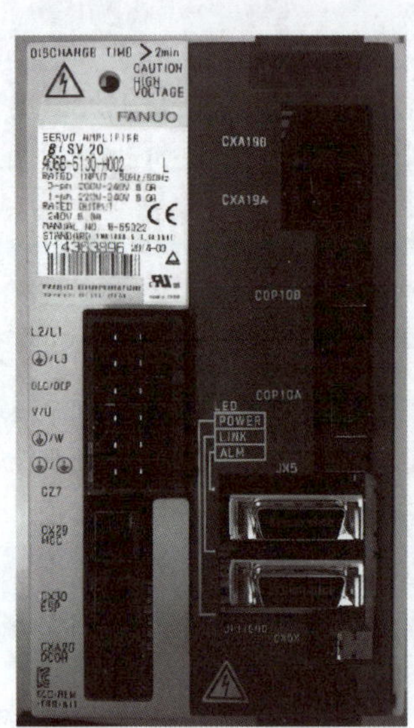

图 3-1-4　SVMI-4i、SVMI-20i、SVMI-40i

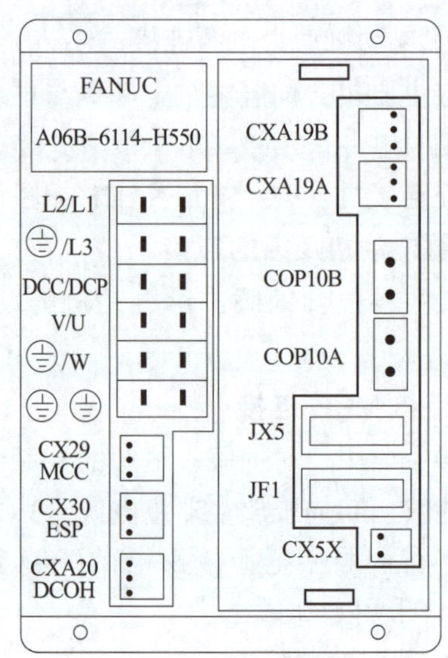

图 3-1-5　βi 系列伺服单元接口

任务实施

3.1.5　数控机床伺服系统连接与测试

（1）画出数控机床进给伺服系统的电气线路图。

（2）解释 FANUC 伺服单元 MCC 回路通电的电气线路时序。

（3）实训数控机床采用的是分离式检测器还是内装式检测器？JX5 接口与 JF1 接口的作用分别是什么？

任务报告

1. 进行数控机床伺服驱动器的故障设置试验，并填写表 3-1-1。

表 3-1-1　数控机床伺服驱动器的故障设置试验

序号	故障设置方法	故障现象	结论
1	将伺服驱动器的强电电源中的三相取消任意一相，运行 Z 轴，观察系统及驱动器所发生的现象		

续表

序号	故障设置方法	故障现象	结论
2	将伺服电动机的强电电源中的三相任意两相进行互换，运行 Z 轴，观察机床及驱动器所发生的现象		
3	将伺服驱动器的控制电源中的 24 V 断开，运行 Z 轴，观察系统及驱动器所发生的现象		
4	将两个伺服电动机的位笠反馈线互相对接，观察系统及驱动器所发生的现象		
5	将伺服驱动器的编码器信号线人为地松动或断开，观察系统及驱动器所发生的现象		

2. 查阅数控机床上伺服驱动器的规格，填写表 3-1-2。

表 3-1-2　伺服驱动器的规格

性能指标		型号规格	
型号		SVMI-80i	
通信接口		FSSB	
主电源供电（三相输入）	输入电压	AC 200~240 V，50/60 Hz	
	输入电流	19 A	
	额定功率	6.5 kV·A	
主电源供电（单相输入）	输入电压		
	输入电流		
	额定功率		
控制电源供电	输入电压	DC 24 V	
	输入电流	0.9 A	
额定输出电流		18.5 A	
最大输出电流		80 A	
控制方法		SPWM	
是否有 HRV 伺服控制		有	

任务 3.2　进给伺服系统初始化参数设定

任务目标

1. 知识目标

（1）认识进给伺服系统初始化参数设定过程。

（2）描述采样周期进给伺服系统控制流程。

（3）设定进给伺服系统初始化参数。

2. 技能目标

能够进行伺服系统初始化参数的设定与调试。

3. 素养目标

（1）培养学生正确认识、分析及解决问题的能力。

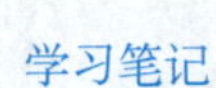
学习笔记

(2) 培养学生具备工程科学思维、创新思维。
(3) 培养学生团结协作、爱岗敬业的精神。

任务准备

1. 实验设备

FANUC 0i Mate-D 系统数控铣床实训台。

2. 实验项目

(1) 设定进给伺服系统的初始化参数。
(2) 进给伺服系统的初始化参数调试。

知识链接

3.2.1 数控系统采样周期伺服系统控制流程

从数控系统的一个采样周期伺服控制图（图 3-2-1）可以看出，FANUC 进给伺服系统的工作流程如下。

移动指令 Mcmd 将指令送入位置控制环，经过脉冲分配器的输出指令脉冲，与反馈脉冲经过位置误差寄存器（诊断号 300）比较后，将差值送入比较项（增益回路 Kp，参数 No. 1825），输出速度指令 Vcmd 到速度环，再经过与速度反馈数据 TSA 的比较进入“误差放大器”，之后进行速度环积分控制（K1V/S）或速度环比例控制（K2V）处理，并与电动机转子位置信息 θ（格雷码 C1、C2、C4、C8）产生力矩指令（Tcmd）进入电流控制环节，最终进行脉宽调制处理，形成 PWMA-PWMF 脉宽调制信号，并经过 1/F 接口处理将其转换为串行光电信号，通过 COP10A 光缆将其送到伺服放大器上。图中，PCA、＊PCA、PCB、＊PCB 为基本脉冲信号，＊PCA、＊PCB 为 PCA 和 PCB 的“非”信号，一般 PCA 与＊PCA、PCB 与＊PCB 成对存在，其主要目的是通过双绞线传输，增强抗干扰性能。此外，正电平与非电平进入接口电路或非门进行断线报警的处理。PCA 与 PCB 相位相差 90°，其目的是作为鉴相，判断电动机正转或反转。而格雷码 C1、C2、C4、C8 作为电动机转子实时角度反馈，送入电流环。

3.2.2 进给伺服系统参数初始化设定

在进行进给伺服系统参数初始化设定之前，首先需要确定信息如下。

(1) 数控系统类型（如 0i Mate-D）。
(2) 伺服电动机型号名称（如 βi4/4000）。
(3) 电动机内置编码器种类（如 αiA1000）。
(4) 分离式检测器的有无（如无）。
(5) 电动机每转 1 圈的机床移动量（如 10 mm/电动机每转 1 圈）。
(6) 机床的检测单位（如 0. 001 mm）。
(7) NC 的指令单位（如 0. 001 mm）。

进给伺服系统参数初始化设定流程如图 3-2-2 所示。

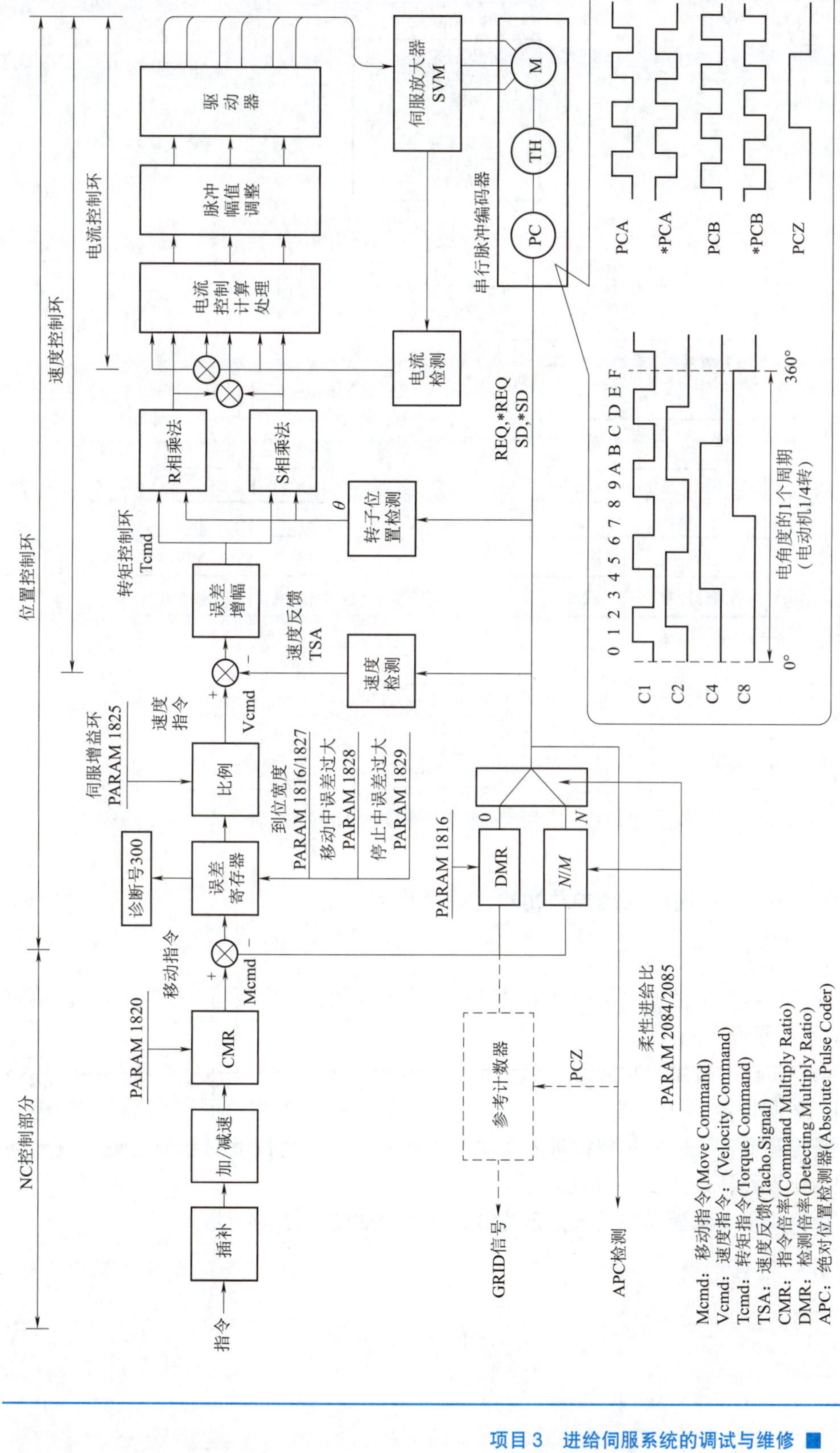
NC控制部分
位置控制环
速度控制环
电流控制环
指令
插补
加/减速
PARAM 1820
CMR
Mcmd
移动指令
诊断号300
误差寄存器
伺服增益环
PARAM 1825
比例
速度指令
Vcmd
误差增幅
转矩控制环
Tcmd
R相乘法
S相乘法
电流控制计算处理
脉冲幅值调整
驱动器
伺服放大器 SVM
电流检测
转子位置检测
θ
速度反馈
TSA
速度检测
到位宽度
PARAM 1816/1827
移动中误差过大
PARAM 1828
停止中误差过大
PARAM 1829
PARAM 1816
DMR
N/M
参考计数器
PCZ
柔性进给比
PARAM 2084/2085
GRID信号
APC检测
串行脉冲编码器
PC
TH
M
REQ,*REQ
SD,*SD
PCA
*PCA
PCB
*PCB
PCZ
C1
C2
C4
C8
0 1 2 3 4 5 6 7 8 9 A B C D E F
0°
360°
电角度的1个周期
（电动机1/4转）
Mcmd：移动指令(Move Command)
Vcmd：速度指令：(Velocity Command)
Tcmd：转矩指令(Torque Command)
TSA：速度反馈(Tacho.Signal)
CMR：指令倍率(Command Multiply Ratio)
DMR：检测倍率(Detecting Multiply Ratio)
APC：绝对位置检测器(Absolute Pulse Coder)

图 3-2-1 采样同期伺服控制图

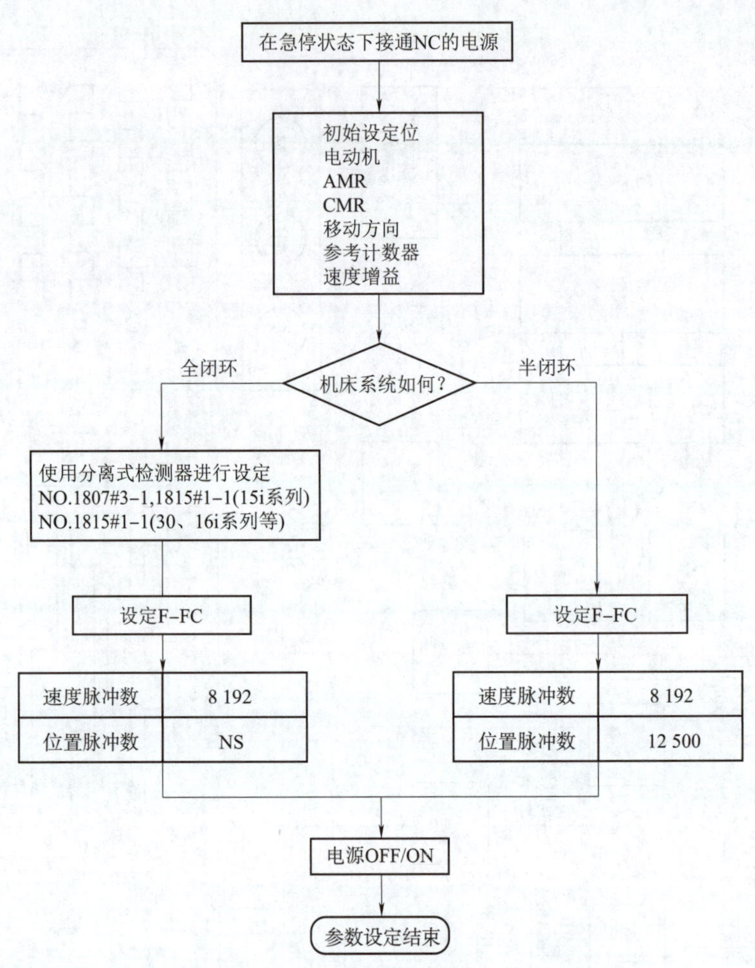

图 3-2-2　进给伺服系统参数初始化设定流程

3.2.3　进给伺服系统参数初始化设定步骤

1. 伺服界面设定与查找

在急停状态下接通电源，如果没有伺服设定界面，则需要将 NO. 3111#0 设定为 1，显示伺服设定画面。

操作步骤：按系统功能键“SYSTEM”，找到“参数设定支援”界面，将光标移动到“伺服设定”上，按“操作”键进入选择界面；在此界面按“选择”键进入伺服设定画面；按向右扩展键进入菜单与切换画面，然后按下“切换”键，进入伺服初始化界面，如图 3-2-3 所示。

此伺服设定画面与相关数控系统参数对照表如图 3-2-4 所示。

学习笔记

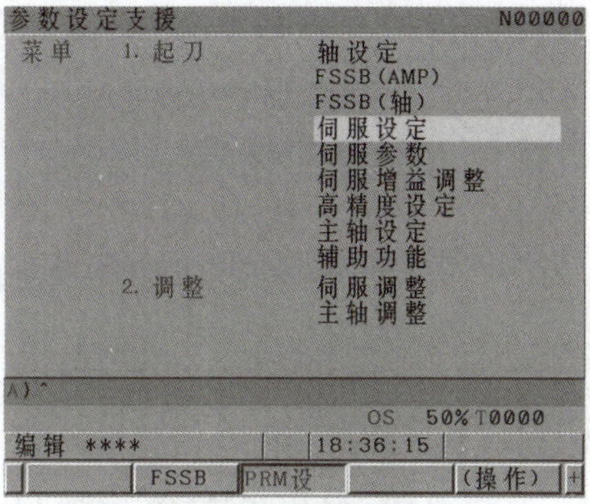

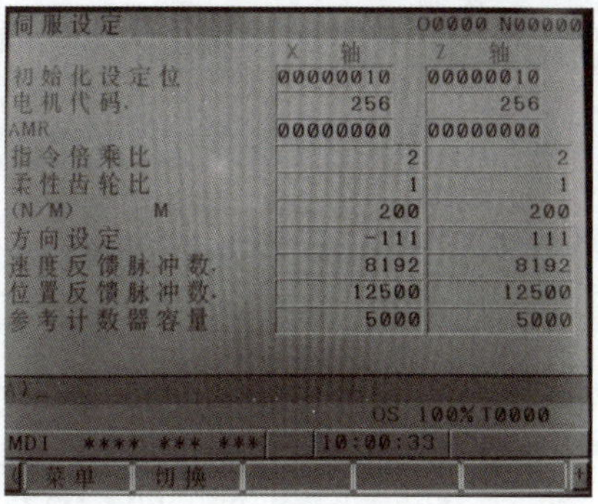

图 3-2-3　伺服设定画面

Servo set		01000 N0000			0i Mate
		X axis	*Z* axis		
INITIAL SET BITS		00001010	00001010		No.2000
Motor ID No.		16	16		No.2020
AMR		00000000	00000000		No.2001
CMR		2	2		No.1820
Feed gear	N	1	1	⇦	No.2084
(N/M)	M	100	100		No.2085
Direction Set		111	111		No.2022
Velocity Pulse No.		8192	8192		No.2023
Position Pulse No.		12500	12500		No.2024
Ref.counter		10000	10000		No.1821

图 3-2-4　伺服设定画面与相关参数对照表

2. 进给伺服系统参数初始化设定步骤

1）INTTIAL SET BIT（初始化设定位）

该位由 8 位数据（等同于 PRM2000#参数）组成，见表 3-2-1。初始化设置时，仅修改#1（DCPRM）至 0，进行伺服初始化设定，此时数控系统立即显示“000”号报警。

表 3-2-1　伺服系统初始化设定

#7	#6	#5	#4	#3	#2	#1	#0
						DGP	
#1：DGP　0：进行伺服参数的初始设定； 1：结束伺服参数的初始设定。							

初始化设定完成后，第一位自动变为 1，其他位请勿修改。此参数修改后，会发生 000 号报警，此时不用切断电源，等所有初始化参数设定完成后，一次断电即可。

2）Motor ID No. 电动机号设定（No. 2020）

如图 3-2-5 所示，读取伺服电动机标签上电动机规格号（A06B-xxxx-Byyy）

中间的 4 位数字（xxxx）和电动机型号名，再从表 3-2-2 中获得电动机号。

图 3-2-5　电动机号设定

表 3-2-2　电动机号

电动机型号	电动机规格	电动机代码
αis2/5000	0212	262
αis2/6000	0234	284
αis4/5000	0215	265
αis8/6000	0240	240
αis12/4000	0238	288
αis22/4000	0265	315
αis30/4000	0268	318
αis40/4000	0272	322
αis50/5000	0274	324
αis50/3000FAN	0275-B1	325
αis100/2500	0285	335
αis200/2500	0288	338
αis300/2000	0292	342
αis500/2000	0295	345
βis0. 2/5000	0111	260
βis0. 3/5000	0112	261
βis0. 4/5000	0114	280
βis0. 5/6000	0115	281
βis1/6000	0116	282
βis2/4000	0061	253
βis4/4000	0063	256
βis8/3000	0075	258
βis12/3000	0078	272
βis22/2000	0085	274

学习笔记

3）设定 AMR（电枢倍增比）

设定 AMR 为“00000000”。电枢倍增比见表 3-2-3。

表 3-2-3 电枢倍增比

类型	#7	#6	#5	#4	#3	#2	#1	#0
αis 电动机	0	0	0	0	0	0	0	0
βis 电动机	0	0	0	0	0	0	0	0

4）设定 CMR（指令倍乘比）

如图 3-2-6 所示，CMR 决定由 CNC 输入伺服的移动量的指令倍率。

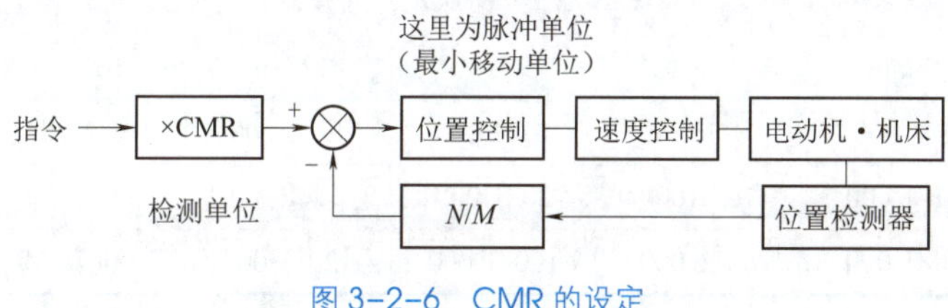

图 3-2-6 CMR 的设定

进给伺服系统位置控制是指令与反馈不断比较运算的结果，但实际移动距离是电动机轴与滚珠丝杠综合运动的结果。那么当指令为 10 mm 时，电动机需转多少圈才能够让工作台移动 10 mm 呢？这取决于丝杠螺距和电动机反馈脉冲数等关键参数，若滚珠丝杠螺距为 10 mm，那么电动机旋转一圈，工作台即可移动 10 mm。应如何保证反馈的脉冲数也正好与 CNC 发出的指令脉冲数吻合呢？FANUC 伺服的解决方案就是引入一个当量概念：“指令当量 = 反馈当量”，即发出的脉冲数应和反馈的脉冲数相匹配。CMR 就是用来调整指令当量和反馈当量的参数，通俗地讲，它是一个凑数的过程，就是想方设法在指令与反馈脉冲数之间建立合理的关系。CMR（倍率）的设定值通常按表 3-2-4 的条件计算，一般情况下指令单位 = 检测单位，所以 CMR 值一般设为 2。

$$\text{CMR}(\text{倍率})=\frac{\text{指令单位}(\text{NC})}{\text{检测单位}(\text{伺服})}$$

表 3-2-4 CMR 的通常设定值

当 CMR 为 1/2~1/27 时	当 CMR 为 0.5~48 时
设定值 = 1/CMR+100	设定值 = 2×CMR

例：设 NC 侧发出 1 个脉冲指令，机床移动 1 μm 时的最小移动单位是 1 μm/脉冲，伺服的检测单位则为 0.001 mm/脉冲，则 CMR 为 2(×1) = 2。

5）设定柔性进给比 N/M（又称为电子齿轮比、柔性齿轮比或 F・FC）

用于确定机床的检测单位，即反馈给位置误差寄存器的一个脉冲所代表的机床的位移量。其原理就是将电动机内置脉冲编码器和分离型位置检测器的脉冲转变成电动机一转所需的位置反馈脉冲数。

学习笔记

对于半闭环控制的伺服系统：N/M=电动机每转所需的位置反馈脉冲/1 000 000。

对于闭环控制的伺服系统：N/M=最小检测单位移动量的位置反馈脉冲数/电动机一转分离型独立位置检测装置发出的反馈脉冲数。

说明：两者的商为坐标轴的实际脉冲当量，即每个位置单位所对应的实际坐标轴移动的距离或旋转的角度，即柔性进给比。移动轴外部脉冲当量分子的单位为μm；旋转轴外部脉冲当量分子的单位为0.001°；外部脉冲当量分母无单位。通过设置外部当量分子和外部脉冲分母，可改变柔性进给比，也可通过改变柔性进给比的符号，达到改变电动机旋转方向的目的。常见柔性进给比的设定值见表3-2-5。

表3-2-5　常见柔性进给比的设定值

检测单位/μm	滚珠丝杠的导程					
	6 mm	8 mm	10 mm	12 mm	16 mm	20 mm
1	6/1 000	8/1 000	10/1 000	12/1 000	16/1 000	20/1 000
0.5	12/1 000	16/1 000	20/1 000	24/1 000	32/1 000	40/1 000
0.1	60/1 000	80/1 000	100/1 000	120/1 000	160/1 000	200/1 000

例1：对于检测单位为0.001 mm的数控车床，电动机与丝杠直连，X轴的丝杠螺距为10 mm，则电动机一转需要的脉冲数为10×1 000=10 000，因此，N/M=10 000/1 000 000=1/100。

例2：一旋转轴，电动机通过1∶10的减速齿轮带动工作台旋转，机床的检测单位为1 000/(°)，则电动机每转一转，工作台旋转360°/10°的移动量，电动机一转所需要的脉冲数量为360×1/10×1 000=36 000，故此N/M=36 000/1 000 000=36/1 000=9/250。

半闭环举例1：

直接连接螺距5 mm/rev的滚珠丝杠，检测单位为1 μm时，电动机每转动1圈(5 mm)，所需的脉冲数为5/0.001=5 000。此时假设减速比为1，电动机每转一圈，就从脉冲编码器返回1 000 000脉冲时，有

$$F \cdot FC = 5\,000/1\,000\,000 = 1/200$$

半闭环举例2：

对于旋转轴，机械有1/10的减速齿轮和设定为1 000°的检测单位，则电动机每转一圈，工作台旋转360°/10°的移动量。对工作台而言，每1°所需脉冲为1 000位置脉冲。则电动机一转所需移动量为

$$F \cdot FC = 36\,000/1\,000\,000 = 36/100$$

6）电动机转动方向设定

设定给出正方向指令时的电动机转向。设定值是对着电动机轴一侧看电动机的旋转方向，当设定值为111时，逆时针旋转；当设定值为-111时，顺时针旋转，见表3-2-6。

表 3-2-6　电动机转动方向的设定值

逆时针方向回转时	顺时针方向回转时
设定值为 111	设定值为-111

7）速度反馈脉冲数、位置反馈脉冲数设定

设定电动机每转的速度反馈脉冲数和位置反馈脉冲数，它们在半闭环时的设定值见表 3-2-7。

表 3-2-7　速度脉冲和位置脉冲的设定

设定项目	参数号	设定单位 1/1 000 mm		设定单位 1/1 000 mm	
		闭环	半闭环	闭环	半闭环
高分辨率设定	2000	xxxxxxx0		xxxxxxx0	
分离型检测器	1815	00100010	00100000	00100010	00100000
速度反馈脉冲	2023	8192		819	
位置反馈脉冲	2024	NS	12500	NS/10	1250
说明：（1）NS 为电动机一转的位置反馈脉冲数（4 倍后）。 （2）闭环时，也要设定 PRM2002#3=1，#4=0					

8）设定参考计数器的容量

使用栅格信号回参考点（回原点）及使用无挡块回参考点设定参数时，需要设定参考计数器的容量（计数器的最大值=电动机转一转）。根据参考计数器的容量，每隔该容量，脉冲数就溢出产生一个栅格脉冲，栅格（电气栅格）脉冲与光电编码器中的一转信号（物理栅格）通过 No. 1850 参数偏移后，作为回零的基准栅格，调试时默认为 3 000。

参考计数器=电动机每转一圈所需的位置脉冲或其整数分之一（电动机的一转脉冲），即

参考计数器=栅格间隔/检测单位

栅格间隔=脉冲编码器一转的移动量

需要注意的是，参考计数器的设定主要用于栅格方式回原点，由于零点基准脉冲是由栅格指定的，而栅格又是由参考计数器容量决定的，因此，当参考计数器容量设定错误后，会导致栅格信号每次回零的位置不一致，也即回零点不准。

表 3-2-8 为设定的具体实例。当电动机每转移动 12 mm、检测单位为 1/1 000 mm 时，设定为 12 000（6 000，4 000）。需要注意的是，在车床上，指定直径轴的检测单位为 5/10 000 mm 时，在本例中设定值将变为 24 000。

学习笔记

表 3-2-8　设定的具体实例

丝杠螺距栅格间隔/（mm·转$^{-1}$）	检测单位/mm	所需的位置脉冲数/（脉冲·转$^{-1}$）	参考计数器容量	栅格宽度/mm
10	0.001	10 000	10 000	10
20	0.001	20 000	20 000	20
30	0.001	30 000	30 000	30

9）完成初始化

关闭 NC 电源，并再次接通，则伺服参数自动设定。观察伺服设定参数页第一页的第一项机床初始化位，初始化时设定为 0，当设定完成后，已变为 1。

任务实施

3.2.4　进给伺服参数设置

伺服出现 417 报警，分析可能出现的原因及排除的方法。检查实验台，排除故障。

417 报警的含义是伺服参数没有正确地初始化，此时系统的诊断画面显示为 280 号，需再次进行初始设定操作，以排除故障。当第 n 轴处在下列状况之一时，发生此报警。

（1）参数 No. 2020 设定在特定限制范围以外。

（2）参数 No. 2022 没有设定正确值。

（3）参数 No. 2023 设定了非法数据。

（4）参数 No. 2024 设定了非法数据。

（5）参数 No. 2084 和参数 No. 2085（柔性进给比）没有设定。

（6）参数 No. 1023 设定了超出范围的值，或是设定了范围内不连续的值，或是设定了隔离的值。

（7）PMC 轴控制中，转矩控制参数设定不正确。

任务报告

完成机床某一伺服轴的设定，并填写表 3-2-9。设电动机每转移动 12 mm，设定单位为 1/1 000 mm。

表 3-2-9　机床某一伺服轴设定

项目	加工中心	车床		备注
		X 轴	*Z* 轴	
直径/半径指定		直径	半径	No. 1006#3
初始设定位				
电动机号				根据电动机号
AMR				

续表

项目	加工中心	车床		备注
		X 轴	Z 轴	
CMR				倍率为 1
柔性进给比 N/M				
回转方向				
速度脉冲数				半闭环、1/1 000 mm 时
位置脉冲数				
参考计数器				电动机每转脉冲数

任务 3.3 伺服系统故障诊断与排除

任务目标

1. 知识目标

(1) 熟悉进给伺服系统的常见故障类型。

(2) 诊断进给伺服系统参数设置故障。

2. 技能目标

(1) 能够对伺服系统故障进行诊断及排除。

(2) 能够根据进给伺服系统参数进行故障诊断。

3. 素养目标

(1) 培养学生团结协作、爱岗敬业的精神。

(2) 培养学生具备工程科学思维、创新思维。

(3) 培养学生正确认识、分析及解决问题的能力。

任务准备

1. 实验设备

FANUC 0i Mate-D 系统数控铣床实训台。

2. 实验项目

(1) 进给伺服系统 VRDY-OFF 报警故障诊断与维修。

(2) 停止时出现过大的位置偏差量故障诊断与维修。

(3) 移动时出现过大的位置偏差量故障诊断与维修。

知识链接

3.3.1 进给伺服系统自动运行诊断

FANUC 数控系统提供了进给伺服系统的自动运行诊断画面，如图 3-3-1 所示，

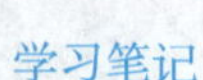
学习笔记

用于监测数控机床伺服轴的各个动作的运行情况，CNC 诊断画面中诊断号 000~016 是与自动运行有关信号的监控，当 000~016 中任何一位为 1 时，均会影响零件加工的自动运行（本项目以 M 系列为例）。各诊断号的说明如下。

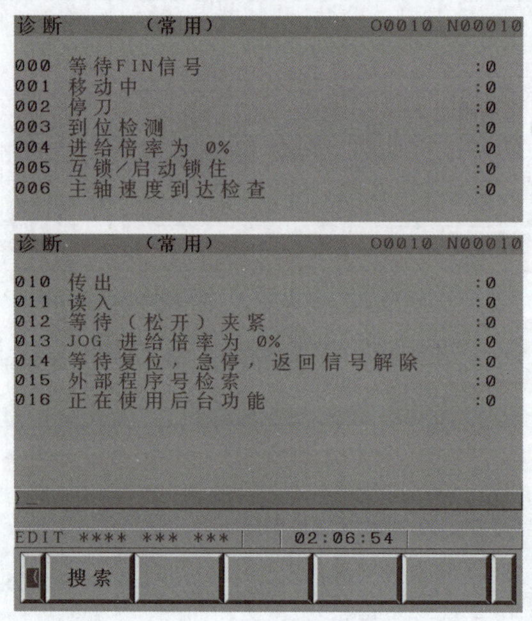

图 3-3-1 自动运行诊断画面

1. 000 等待 FIN 信号

CNC 在执行辅助功能（M 功能、S 功能、T 功能、B 功能）后，等待这些辅助功能完成信号。如果该状态位为 1，表明程序在自动运行中中断，正在等待辅助功能完成信号。FANUC 数控系统中与 M/S/T/B 辅助功能完成相关的信号见表 3-3-1。

表 3-3-1 FANUC 数控系统中与 M/S/T/B 辅助功能完成相关的信号

参数/信号	名称	状态	含义
3001	HSIF	0	0M/S/T/B 功能为普通接口
		1	1M/S/T/B 功能为高速接口
G0004#3	FIN	1	执行辅助功能完成
G0005#0	MFIN	1	M 功能结束信号
G0005#2	SFIN	1	S 功能结束信号
G0005#3	TFIN	1	T 功能结束信号
G0005#7	BFIN	1	第二辅助功能结束信号
G0007#0	MF	1	M 功能选通脉冲信号
00007#2	SF	1	S 功能选通脉冲信号
G0007#3	TF	1	T 功能选通脉冲信号
G0007#7	BF	1	第二辅助功能选通脉冲信号

2. 001 移动中信号

用于执行自动运行中的轴移动指令。当 001 为 1 时，表明 CNC 正在读取程序中轴移动指令（*x*，*y*，*z*），并给出相应的轴指令。

3. 002 停刀信号

用于执行暂停指令 G04。当 002 为 1 时，CNC 正在读取程序中的暂停指令（G04），并正在执行暂停指令。

4. 003 到位检测信号

用于执行到位检测指令。当 003 为 1 时，表示指定轴的定位（G00）还没有到达指令位置。定位是否结束，可以通过检查伺服的位置偏差量来确认，检查 CNC 的诊断功能为：诊断号 300 位置偏差量大于参数 No. 1826 到位宽度。

轴定位结束时，位置偏差量几乎为 0，若其值在参数设定的到位宽度之内，则定位结束，执行下一个程序段；若其值不在到位宽度之内，则出现报警，参照伺服报警 400、4n0、4n1 项进行检查。

5. 004 进给倍率为零 0%信号

当 004 为 1 时，表明此时进给倍率为 0。对于程序指令的进给速度，用表 3-3-2 所列的倍率信号计算实际的进给速度，利用 PMC 的诊断功能（PMCDGN）确认信号的状态。

表 3-3-2　倍率信号及其含义

参数/信号	名称	含义
G0012	* FV0～ * FV7	切削进给倍率
G0013	* AV0～ * AV7	第二进给速度倍率

6. 005 输入互锁信号

当 005 为 1 时，表明 CNC 收到了机床互锁信号（从 PMC 发出）。互锁信号含义见表 3-3-3。

表 3-3-3　互锁信号名称及含义

参数/信号	名称	状态	含义
3003#0	ITL	0	互锁信号（ * IT）有效
3003#2	ITX	0	互锁信号（ * IT*n*）有效
3003#3	DIT	0	互锁信号（±MIT*n*）有效
3003#4	DAU	1	互锁信号（±MIT*n*）在自动和手动方式都有效
G0007#1	STLK	1	从 PMC 输入了启动锁住信号
00008#0	* IT	0	从 PMC 向 NC 输入了轴互锁信号，禁止所有轴移动
G0132	+MIT1+MIT4		输入了各轴方向性互锁信号

7. 006 主轴速度到达信号

该信号置 1 时，表明 CNC 系统等待主轴实际速度到达程序指令速度，可以通过 PMC 接口诊断画面确认信号状态，当 G29. 4＝1 时，表明实际主轴速度已到达指令转速。

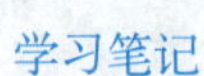

8.010 传出信号

当010为1时，表明FLASH卡接口或RS232C正在输出数据（参数、程序）。

9.011 读入信号

当011为1时，说明当前CNC正在输入如程序、参数等数据，此时高级中断让给数据传送，机床不执行移动指令。

10.012 等待松开/卡紧信号

当012为1时，表明机床正在等待卡盘或转台卡紧或松开到位信号。

11.013 手动进给速度倍率为0（空运行）信号

通常手动进给速度倍率功能在手动连续进给（JOG）时使用，但在自动运行中（MEM状态），当空运行信号DRN=1时，用参数设定的进给速度与用本信号设定的倍率值计算的进给速度有效，见表3-3-4。

表3-3-4 进给速度信号名称及含义

参数/信号	名称	状态	含义
1410	—	—	空运行速度
G0046#7	DRN	1	空运行有效
G0010	* FV0~ * FV7		地址G10、G11全部为［11111111］或［00000000］，倍率信号为100%的速度
G0011	* FV8~ * FV15		

12.014 CNC处于复位状态信号

当014为1时，表明有“RESET”“ * ESP”“RRW”进入NC，使得程序退出。

如果在执行快速进给定位（G00）时不动作，从表3-3-5所列参数及PMC的信号进行检查。

表3-3-5 检查参数

参数/信号	名称	状态	含义
1420			各轴的快速进给速度
G0014#0，1	ROV1		快速进给倍率信号
1421			各轴的快速进给倍率的F0速度
1422			最大切削进给速度

13.015 外部程序号检索信号

当015为1时，表明机床正在执行外部程序号检索，即通过操作某一硬件按钮或触发某一硬件地址，机床自动搜索并调用所需的程序号，这一功能在许多专用机床上使用。

14.016 正在使用后台编辑功能信号

当016为1时，表明后台编辑占用资源，导致运行停止。

3.3.2 数控系统伺服系统控制诊断

FANUC 数控系统提供伺服系统控制诊断画面，如图 3-3-2 所示。当发生伺服报警时，诊断画面上显示出报警的细节，根据信息查找伺服报警的原因，采取适当的措施。通过按“SYSTEM”键→“诊断”软键显示诊断画面。

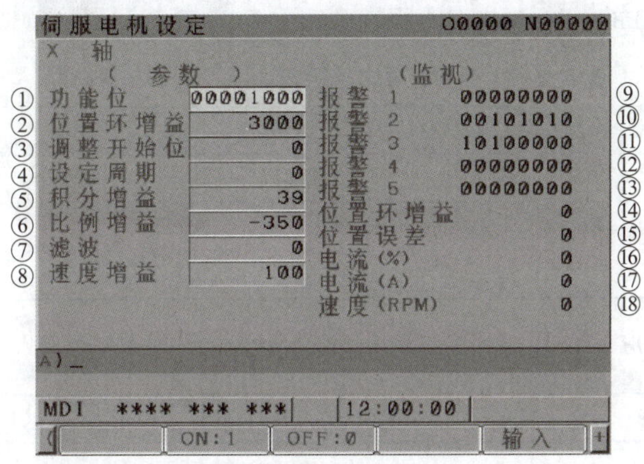

图 3-3-2 伺服诊断画面

其中，伺服报警与诊断号的对应关系见表 3-3-6。

表 3-3-6 伺服报警与诊断号的对应关系

报警 1	诊断号 200 的内容（400、414 报警的详细内容）
报警 2	诊断号 201 的内容
报警 3	诊断号 202 的内容（319 报警的详细内容）
报警 4	诊断号 203 的内容（319 报警的详细内容）
报警 5	诊断号 204 的内容（414 报警的详细内容）

各项诊断号的具体报警内容如下。

1. 诊断号 200

OVL	LV	OVC	HCA	HVA	DCA	FBA	OFA

OVL：发生过载报警（详细内容显示在诊断号 201 上）。

LV：伺服放大器电压不足的报警。

OVC：在数字伺服内部，检查出过电流报警。

HCA：检测出伺服放大器电流异常报警。

HVA：检测出伺服放大器过电压报警。

DCA：伺服放大器再生放电电路报警。

FBA：发生断线报警。

OFA：数字伺服内部发生了溢出报警。

2. 诊断号 201

ALD			EXP				

当诊断号 200 的 OVL 为 1 时，ALD 为 1：电动机过热；ALD 为 0：伺服放大器过热。

当诊断号 200 的 FBA 为 1 时，报警内容见表 3-3-7。

表 3-3-7　当诊断号 200 的 FBA 为 1 时的报警内容

ALD	EXP	报警内容
1	0	内装编码器断线
1	1	分离式编码器断线
0	0	脉冲编码器断线

3. 诊断号 202

	CSA	BLA	PHA	RCA	BZA	CKA	SPH

CSA：串行脉冲编码器的硬件异常。

BLA：电池电压下降（警告）。

PHA：串行脉冲编码器或反馈电缆异常。反馈脉冲信号的计数不正确。

RCA：串行脉冲编码器异常。转速的计数不正确。

BZA：电池电压降为 0。请更换电池，并设定参考点。

CKA：串行脉冲编码器异常。

SPH：串行脉冲编码器或反馈电缆异常。反馈脉冲信号的计数不正确。

4. 诊断号 203

				PRM			

PRM=1：数字伺服侧检测到报警，参数设定值不正确。

5. 诊断号 204

	OFS	MCC	LDA	PMS			

OFS：数字伺服电流值的 A/D 转换异常。

MCC：伺服驱动器内部继电器接点熔断。

LDA：表明串行编码器异常。

PMS：由于反馈电缆异常导致的反馈脉冲错误。

3.3.3 进给伺服系统的常见故障

当数控机床进给伺服系统出现故障时，通常有 3 种表现形式：一是在 CRT 或操作面板上显示报警内容或报警信息；二是进给伺服驱动单元上用警告灯或数码管显示驱动单元的故障；三是运动不正常，但无任何报警。进给伺服的常见故障如下。

（1）超程。超程有软件超程、硬件超程和急停保护 3 种。

（2）过载。当进给运动的负载过大、频繁正/反向运动，以及进给传动润滑状态和过载检测电路不良时，都会引起过载报警。

（3）窜动。在进给时出现窜动现象，可能由于测速信号不稳定、速度控制信号不稳定或受到干扰、接线端子接触不良、反向间隙或伺服系统增益过大等因素所致。

（4）爬行。发生在启动加速段或低速进给时，一般是由于进给传动链的润滑状态不良、伺服系统增益过低以及外加负载过大等因素所致。

（5）振动。分析机床振动周期是否与进给速度有关。

（6）伺服电动机不转。数控系统至进给单元除了速度控制信号外，还有使能控制信号，它是进给动作的前提。

（7）位置误差。当伺服运动超过允许的误差范围时，数控系统就会产生位置误差过大报警，包括跟随误差、轮廓误差和定位误差等。主要原因有：系统设定的允差范围过小；伺服系统增益设置不当；位置检测装置有污染；进给传动链累积误差过大；主轴箱垂直运动时平衡装置不稳。

（8）漂移。当指令为零时，坐标轴仍在移动，从而造成误差，通过漂移补偿或驱动单元上的零速调整来消除。

3.3.4 伺服系统 VRDY-OFF 报警（SV401 报警）故障

FANUC 伺服系统 VRDY-OFF 报警常出现在数控机床开机通电的过程中，伺服系统通电顺序如图 3-3-3 所示。

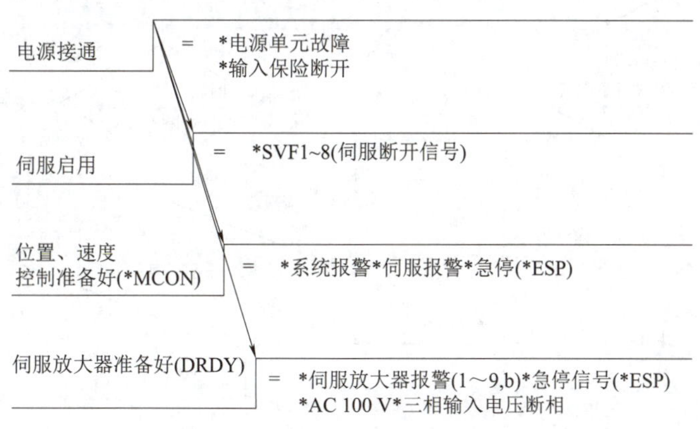

图 3-3-3 伺服系统的通电顺序

数控系统上显示 VRDY-OFF 报警时，故障诊断流程如图 3-3-4 所示，步骤如下。

（1）确认作为共同电源的控制电源是否已经接通。

（2）急停信号。确认输入 SVM 模块的急停信号（CX30 接口）是否解除，或者是否连接。

（3）MCC 是否已经接通。除共同电源的 MCC 接点外，外部也有 MCC 顺序时，也要进行相应的确认，即是否提供了用于驱动 MCC 的电源。

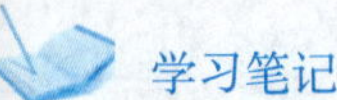

（4）断路器是否已经接通。共同电源及主轴放大器上是否发生了某种报警。

（5）MCON 信号。从 NC 发送到 SVM 的准备指令信号 MCON 是否由于轴分离功能的设定而没有正常发送。

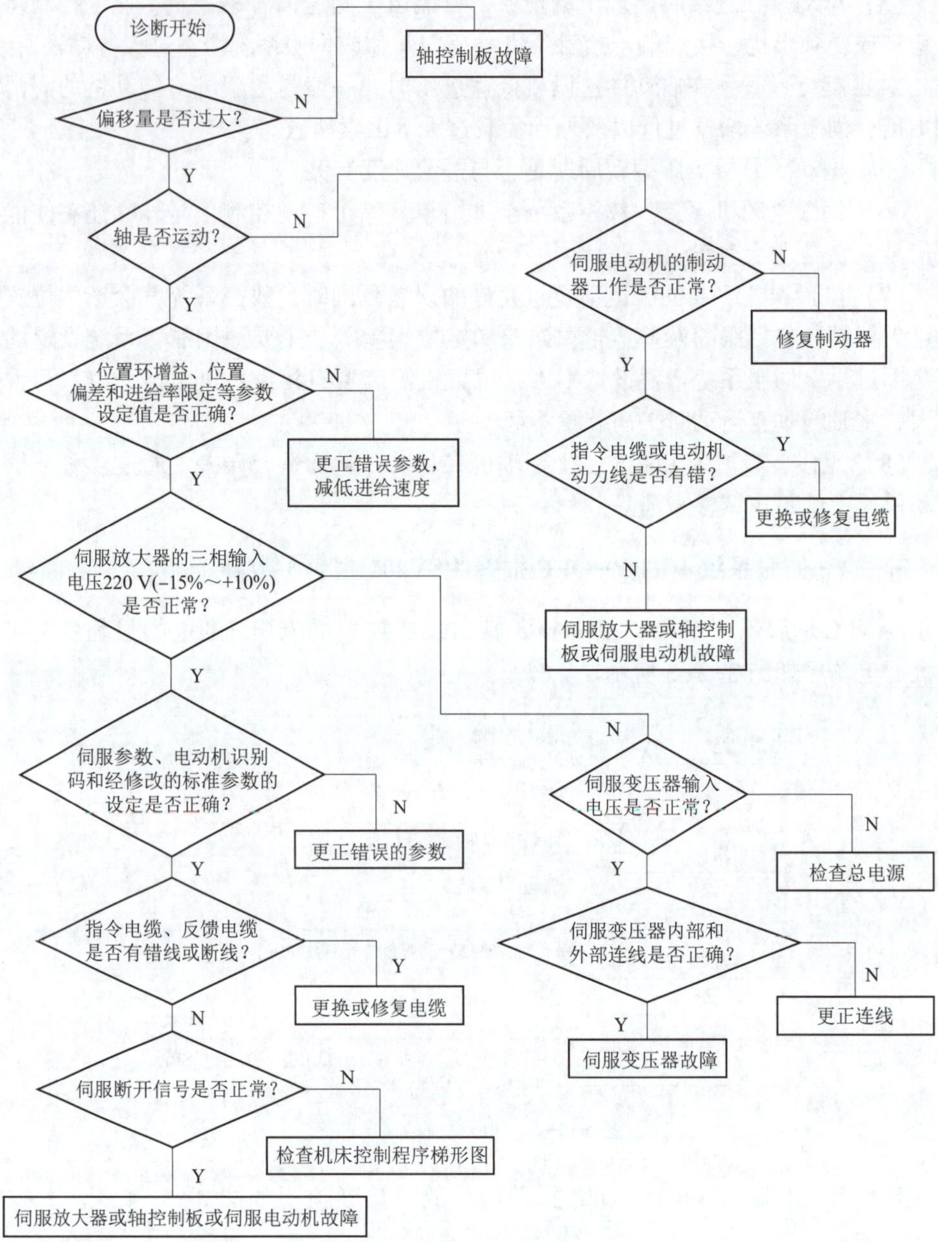

诊断开始
偏移量是否过大？ N → 轴控制板故障
Y ↓
轴是否运动？ N → 伺服电动机的制动器工作是否正常？
  N → 修复制动器
  Y ↓ 指令电缆或电动机动力线是否有错？
    Y → 更换或修复电缆
    N → 伺服放大器或轴控制板或伺服电动机故障
Y ↓
位置环增益、位置偏差和进给率限定等参数设定值是否正确？ N → 更正错误参数，减低进给速度
Y ↓
伺服放大器的三相输入电压220 V(−15%～+10%)是否正常？ N → 伺服变压器输入电压是否正常？
  N → 检查总电源
  Y ↓ 伺服变压器内部和外部连线是否正确？
    N → 更正连线
    Y → 伺服变压器故障
Y ↓
伺服参数、电动机识别码和经修改的标准参数的设定是否正确？ N → 更正错误的参数
Y ↓
指令电缆、反馈电缆是否有错线或断线？ Y → 更换或修复电缆
N ↓
伺服断开信号是否正常？ N → 检查机床控制程序梯形图
Y ↓
伺服放大器或轴控制板或伺服电动机故障

图 3-3-4 SV401 报警故障诊断流程

（6）SVM 控制基板。确认是否出现 SVM 控制板安装不良或者故障。

（7）查看 358 诊断号。358 诊断号的内容见表 3-3-8。

表 3-3-8　358 诊断号内容

#7	#6	#5	#4	#3	#2	#1	#0
	SRDY	DRDY	INTL		CRDY		
	* ESP						

* ESP：转换器紧急停止解除状态。

CRDY：转换器准备结束。

INTL：继电器解除结束。

DRDY：放大器准备结束（放大器）。

SRDY：放大器准备结束（软件）。

（8）检查放大器周围的强电回路是否接触不良。放大器连接强电回路如图 3-3-5 所示。

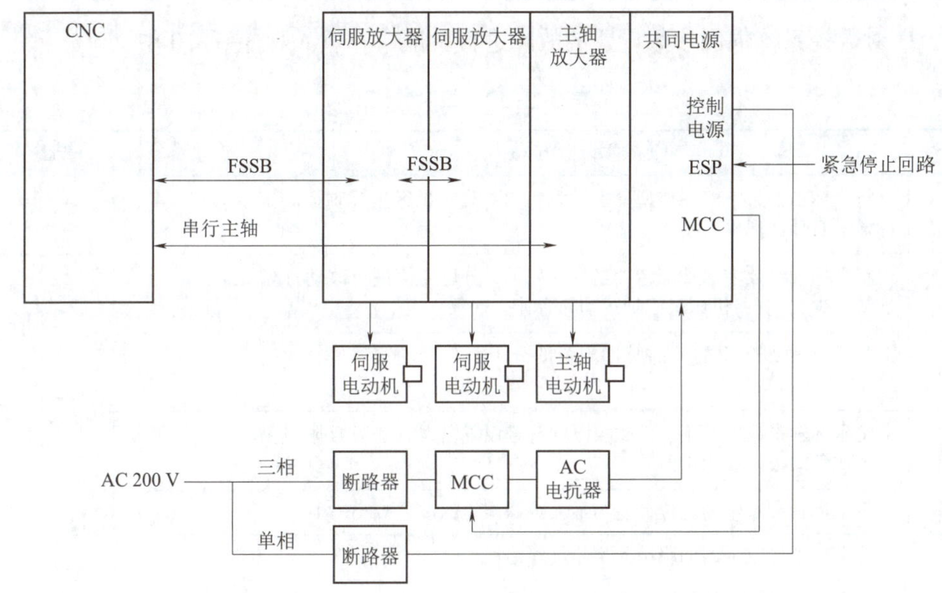

图 3-3-5　放大器连接强电回路

任务实施

3.3.5　进给伺服系统的故障排查

（1）将伺服参数 No. 1023 改为 4，关机，再开机，观察系统的变化，注意报警号。

（2）调出诊断号 203、诊断号 280，并记下诊断号的值。

（3）将伺服参数 No. 1023 改回原值，关机，再开机，观察系统是否恢复正常。

（4）调出诊断号 203 和 280，观察有什么变化。

学习笔记

任务报告

1. 按表3-3-9格式完成故障诊断报告。

表3-3-9　故障诊断报告

故障名称	故障原因	相关参数	故障值更改	如何排除故障	相关电路图
1. 超过速度控制范围	1）速度控制单元参数设定不当或设置过低				
	2）检测信号不正确或无速度与位置检测信号				
2. 伺服电动机不转	1）速度、位置控制信号未输出				
	2）使能信号是否接通				
	3）伺服电动机故障				

2. 对数控系统伺服参数设置的故障进行验证，并填入表3-3-10中。

表3-3-10　故障验证

序号	故障设置方法	现象及分析	结论
1	将坐标轴参数中的轴类型分别设为0~3，观察机床坐标轴运动坐标显示有什么现象		
2	将坐标轴参数中的外部脉冲当量的分子、分母比值进行改动（增加或减少），观察机床坐标轴运动时有什么现象		
3	将坐标轴参数中的外部脉冲当量的分子或分母的符号进行改变（+或-）		
4	将坐标轴参数中的正、负软极限的符号设置错误（正软极限设为负值或负软极限设为正值）		
5	将坐标轴参数中的定位允差与最大跟踪误差的设置减小一半		
6	将坐标轴参数中的伺服单元型号设置错误		
7	将坐标轴参数中的伺服单元部件号设置错误		

任务3.4　位置检测装置的调试与维护

任务目标

1. 知识目标

（1）掌握编码器和光栅尺的调试与维护方法。

（2）熟悉旋转变压器和感应同步器的维护方法。

2. 技能目标

（1）能调试和维护编码器与光栅尺。

（2）能维护旋转变压器和感应同步器。

3. 素养目标

（1）培养学生正确认识、分析及解决问题的能力。

（2）培养学生具备工程科学思维、创新思维。

（3）培养学生团结协作、爱岗敬业的精神。

任务准备

1. 实验设备

FANUC 0i Mate-D 系统所应用的检测装置，如编码器、光栅尺、旋转变压器和感应同步器等。

2. 实验项目

（1）光栅的调试与维护。

（2）光电脉冲编码器的调试与维护。

知识链接

3.4.1 位置检测装置概述

数控系统中的检测装置根据被测物理量，分为位移、速度和电流三种类型；根据安装的位置及耦合方式，分为直接测量和间接测量两种类型；按测量方法，分为增量式和绝对值式两种类型；按检测信号的类型，分为模拟式和数字式两大类；根据运动形式，分为旋转型和直线型检测装置；按信号转换的原理，分为光电效应、光栅效应、电磁感应、压电效应、压阻效应和磁阻效应检测装置。数控机床常用的检测装置有旋转变压器、感应同步器、编码器、磁栅和光栅。

1. 光栅

在高精度数控机床上，使用光栅作为位移检测装置，将机械位移或模拟量转换为数字脉冲反馈给 CNC 系统，实现闭环位移控制。光栅有物理光栅和计量光栅之分。计量光栅相对来说刻线较粗，栅距为 0.004~0.25 mm，常用于数字检测系统，用来检测高精度的直线移和角位移。计量光栅是用于数控机床的精密检测装置，具有测量精度高、响应速度快、量程宽等特点，是闭环系统中常用的位移检测装置。

光栅根据光线在光栅中是反射还是透射，分为透射光栅和反射光栅；根据光栅形状，分为直线光栅和圆光栅，直线光栅用于检测直线位移，圆光栅用于检测角位移；此外，还有增量式光栅和绝对式光栅之分。

玻璃透射光栅是在光学玻璃的表面涂上一层感光材料或金属镀膜，再在涂层上刻出光栅条纹，用刻蜡、腐蚀、涂黑等方法制成光栅条纹。金属反射光栅是将钢直尺或不锈钢带的表面光整加工成反射光很强的镜面，用照相腐蚀工艺制作光栅条纹。金属反射光栅的线膨胀系数容易做到与机床材料一致，安装调整方便，易于制成较长的光栅。

玻璃透射光栅信号增幅大，装置结构简单，并且刻线密度较大，一般每毫米可达 100 条、200 条、500 条刻纹，因此可以减小电子电路的负担，但光栅长度较小。金属反射光栅的线膨胀系数可以做到与机床的线膨胀系数一致，接长方便，容易安装调整，刻线密度一般为每毫米 4 条、10 条、25 条、40 条、50 条，分辨率比玻璃透射光栅的低。

光栅也可以制成圆盘形（圆光栅），用来测量角位移。在圆盘的外环圆周面上，条纹呈辐射状，相互间夹角相等。

2. 编码器

脉冲编码器是一种旋转式脉冲发生器，能把机械转角转变成电脉冲，是数控机床上使用广泛的位移检测装置。脉冲编码器经过变换电路也可用于速度检测，同时可作为速度检测装置。脉冲编码器分为光电式、接触式和电磁感应式三种。从精度和可靠性方面来看，光电式脉冲编码器优于其他两种。数控机床上主要使用光电式脉冲编码器。脉冲编码器是一种增量检测装置，其型号是由每转发出的脉冲数来区分的。数控机床上常用的脉冲编码器有 2 000 P/r、2 500 P/r、3 000 P/r（脉冲/转）等。在高速、高精度数字伺服系统中，应用高分辨率的脉冲编码器，如 20 000 P/r、25 000 P/r、30 000 P/r 等。现在已有每转发出 10 万个脉冲乃至几百万个脉冲的脉冲编码器，该编码器装置内部应用了微处理器。

图 3-4-1 所示为光电脉冲编码器的结构图。光电脉冲编码器是数控机床上使用广泛的位移检测装置。编码器的输出信号有两个相位信号输出，用于辨向；一个零标志信号（又称一转信号、栅格零点），用于机床回参考点的控制；另外，还有 +5 V 电源和接地端。

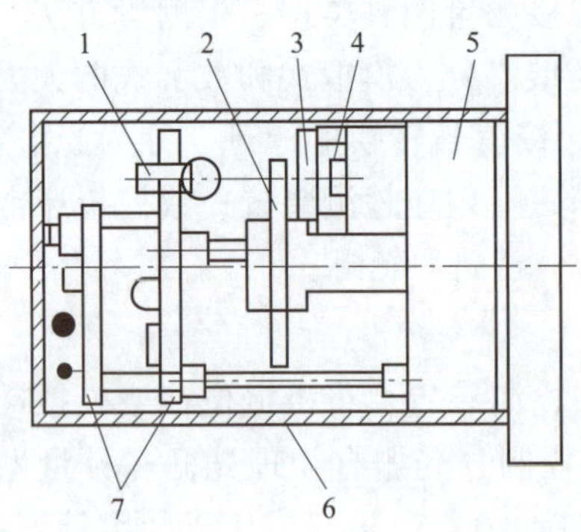

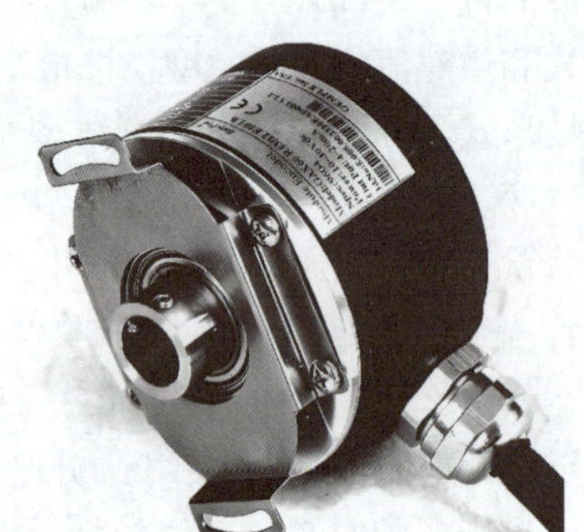

图 3-4-1　光电脉冲编码器的结构图

1—光源；2—圆光栅；3—指示光栅；4—光电池组；5—机械部件；6—护罩；7—印制电路板

3. 旋转变压器

旋转变压器是一种控制用的微电动机，能将机械转角转换成与该转角呈某一函数关系的电信号。旋转变压器在结构上与两相绕线式异步电动机相似，由定子和转子组成。定子绕组为变压器的一次侧，转子绕组为变压器的二次侧。励磁电压接到定子绕组上，其频率通常为 400 Hz、500 Hz、1 000 Hz、5 000 Hz。旋转变压器可单独和滚珠丝杠相连，也可与伺服电动机组成一体。

旋转变压器分为有刷［图 3-4-2（a）］和无刷［图 3-4-2（b）］两种类型。有刷旋转变压器定子与转子上两相绕组分别相互垂直，转子绕组的端点通过电刷与集电环引出。无刷旋转变压器由分解器与变压器组成，无电刷和集电环。分解器的结构与有刷旋转变压器基本相同，变压器的一次绕组安装在与分解器转子轴固定在一起的轴线上，与转子一起转动，二次绕组安装在与转子同心的定子轴线上。分解器定子绕组外接励磁电压，转子绕组输出信号接到变压器的一次绕组，从变压器的二次绕组引出最后的输出信号。无刷旋转变压器的特点是输出信号幅度大，可靠性高且寿命长，不用维修，更适合数控机床使用。

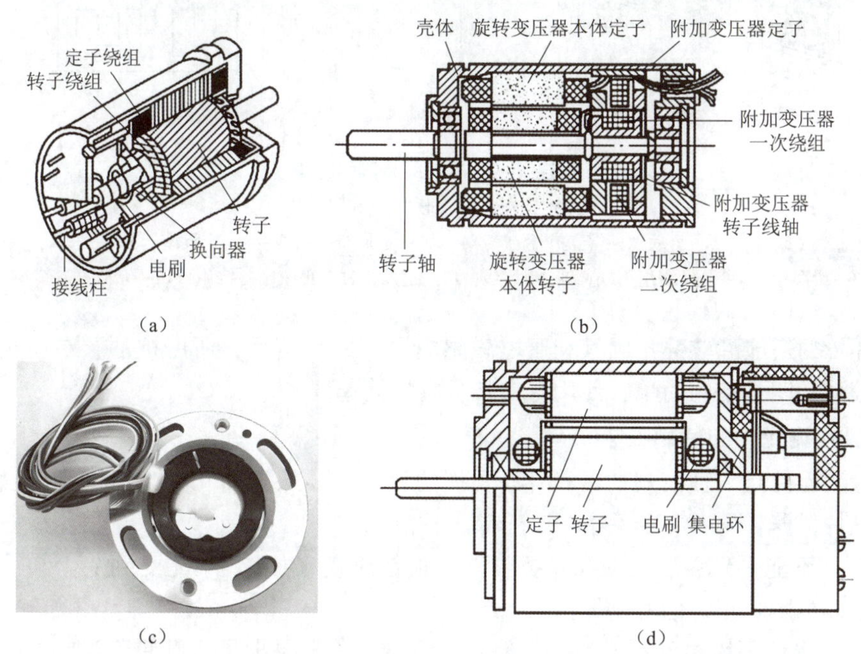

图 3-4-2　旋转变压器结构图

(a) 有刷旋转变压器；(b) 无刷旋转变压器；(c) 实物图；(d) 轴面剖面图

4. 感应同步器

感应同步器是一种电磁式高精度位移检测装置，是由旋转变压器演变而来的，即相当于一个展开的旋转变压器。感应同步器分为直线式和旋转式两种，直线式用于测量直线位移，旋转式用于测量角位移。

直线式感应同步器由定尺和滑尺两部分组成，结构如图 3-4-3 所示。定尺上制有单向的均匀感应绕组，尺长一般为 250 mm，绕组节距（两个单元绕组之间的距离）为 r（有的文献上用 $2r$ 表示，通常为 2 mm）。滑尺上有两组励磁绕组，一组是正弦绕组，另一组是余弦绕组，两绕组节距与定尺绕组节距相同，并且相互错开 1/4 节距。当正弦绕组和定尺绕组对准时，余弦绕组和定尺绕组差 $r/2$ 的距离（即 1/4 节距），一个节距相当于旋转变压器的一转（360°），这样两励磁绕组的相位差为 90°。

操作提示：

安装时，一般定尺固定在机床的固定部件上，滑尺固定在机床的移动部件上，定尺和滑尺都应与机床导轨基准面平行，两者之间保持 0. 15~0. 35 mm 的气隙，并且在测量全程范围内气隙的允许变化量为+0. 05 mm。

感应同步器的特点：一是感应同步器有许多极，其输出电压是许多极感应电压的平均值，因此，检测装置本身微小的制造误差由于取平均值而得到补偿，其测量精度较高；二是测量距离长，感应同步器可以采用拼接的方法，增大测量尺寸；三

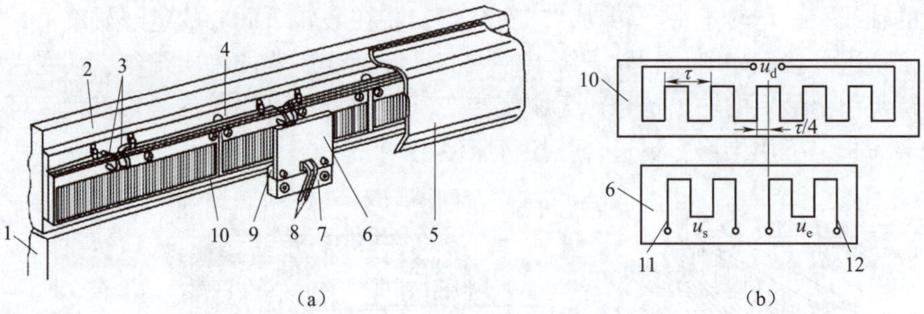

图 3-4-3 感应同步器的结构

（a）外观及安装形式；（b）绕组

1—固定部件（床身）；2—运动部件（工作台或刀架）；3—定尺绕组引线；4—定尺座；5—防护罩；6—滑尺；7—滑尺座；8—滑尺绕组引线；9—调整垫；10—定尺；11—正弦励磁绕组；12—余弦励磁绕组

是对环境的适应性较强，因其利用电磁感应原理产生信号，所以抗油、水和灰尘的能力较强；四是结构简单，使用寿命长且维护简单。

5. 检测元件的使用要求

检测元件是一种极其精密和容易受损的元件，要从下面几个方面进行正确的使用和维护保养。

（1）不能受到强烈振动和摩擦，以免损伤码盘（板）；不能受到灰尘和油污的污染，以免影响正常信号的输出。

（2）工作环境温度不能超标，额定电源电压一定要满足，以便于集成电路板的正常工作。

（3）要保证反馈线电阻、电容的正常，保证正常信号的传输。

3.4.2 光栅的调试与维护

1. 光栅的安装

一般情况下，光栅有两种形式：一是透射光栅，即在一条透明玻璃上刻有一系列等间隔密集线纹；二是反射光栅，即在长条形金属镜面上制成全反射或漫反射间隔相等的密集线纹。光栅输出信号有两个相位信号，用于辨向；一个零标志信号，用于机床回参考点的控制。图 3-4-4 所示为光栅外观示意图，图 3-4-5 所示为光栅在数控车床上的安装示意图。

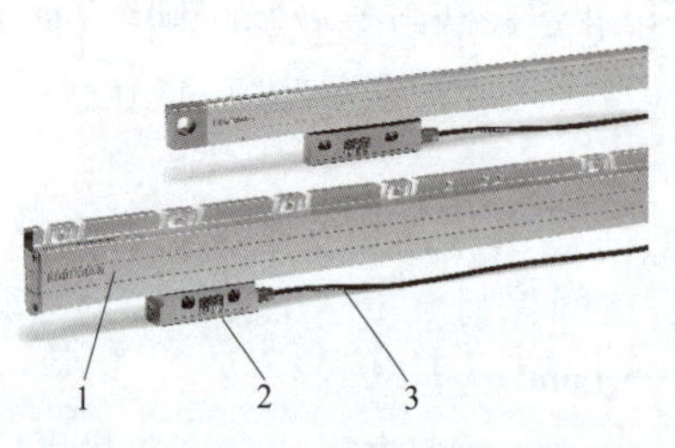

图 3-4-4 光栅外观图

1—光栅尺；2—扫描头；3—电缆

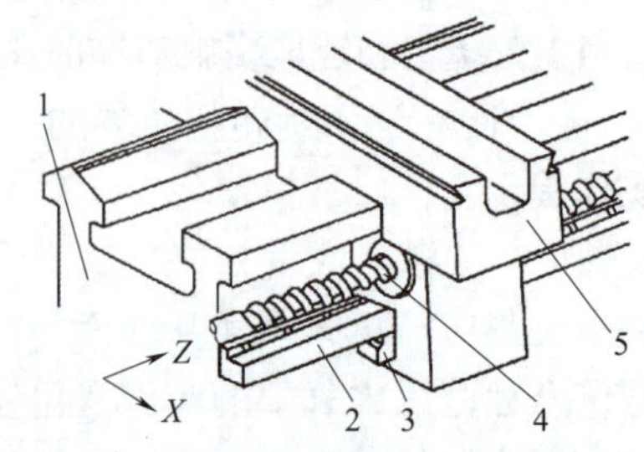

图 3-4-5 光栅在数控车床上的安装示意图

1—床身；2—光栅尺；3—扫描头；4—滚珠丝杠螺母副；5—床鞍

2. 光栅的维护

（1）防污。由于光栅直接安装于工作台和机床床身上，因此极易受到切削液的污染，从而造成信号丢失，影响位置控制精度。

①切削液在使用过程中会产生轻微结晶，这种结晶在扫描头上形成一层薄膜且透光性差，不易清除，故在选用切削液时要慎重。

②在加工过程中，切削液压力不要太大，流量不要过大，以免形成大量的水雾进入光栅。

③光栅最好通入低压压缩空气（10 Pa 左右），以免扫描头运动时形成的负压把污物吸入光栅。压缩空气必须净化，滤芯应保持清洁并定期更换。

④光栅上的污物可以用脱脂棉蘸无水酒精轻轻擦除。

（2）防振。拆装光栅时要用静力，不能用硬物敲击，以免引起光学元件的损坏。

3.4.3 光电脉冲编码器的调试与维护

1. 光电脉冲编码器的维护

（1）防振和防污。由于编码器是精密测量元件，使用中要与光栅一样注意防振和污染问题。污染容易造成信号丢失，振动容易使编码器内的紧固件松动脱落，造成内部电源短路。

（2）防止连接松动。光电脉冲编码器用于位移检测时有两种安装形式：一种是与伺服电动机同轴安装，称为内装式编码器；另一种是编码器安装于传动链末端，称为外装式编码器。当传动链较长时，这种安装方式可以减小传动链累积误差对位移检测精度的影响。不管是哪种安装方式，都要注意编码器连接松动的问题，因为连接松动往往会影响位置控制精度。另外，在有些交流伺服电动机中，内装式编码器除了有位移检测作用外，同时还具有测速和交流伺服电动机转子位置检测的作用，如交流伺服电动机中的编码器。因此，编码器连接松动还会引起进给运动的不稳定，影响交流伺服电动机的换向控制，从而引起机床的振动。

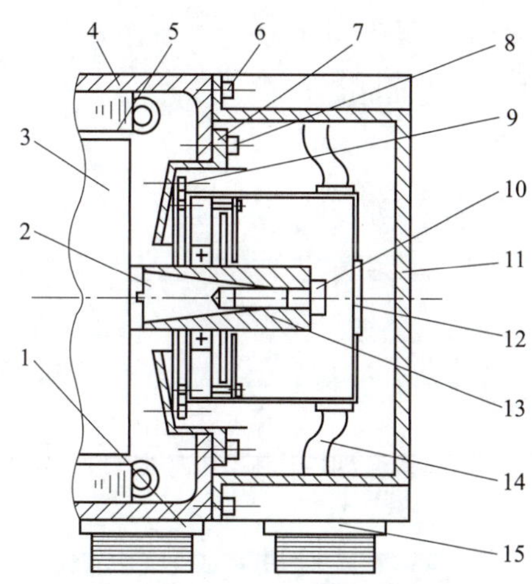

图 3-4-6　伺服电动机结构示意图

1—电枢线插座；2—连接轴；3—转子；4—外壳；5—绕；6—后盖连接螺钉；7—安装座；8—安装座连接螺钉；9—编码器固定螺钉；10—编码器连接螺钉；11—后盖；12—橡胶盖；13—编码器；14—编码器电缆；15—编码器插座

2. 光电脉冲编码器的更换

如果交流伺服电动机的脉冲编码器不良，就应更换脉冲编码器。更换编码器应按规定步骤进行。以 FANUC 系列伺服电动机为例，其结构示意图如图 3-4-6 示，更换编码器的步骤如下：

（1）松开后盖连接螺钉 6，取下后盖 11。

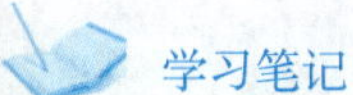

（2）取出橡胶盖 12。

（3）取出编码器连接螺钉 10，脱开编码器与电动机轴之间的连接。

（4）松开编码器固定螺钉 9，取下编码器。

（5）松开安装座连接螺钉 8，取下安装座 7。

编码器维修完成后，再根据图 3-4-6 所示重新安装上安装座 7，并固定编码器连接螺钉 10，使编码器和电动机轴啮合。

操作提示：

由于实际编码器和电动机轴之间是锥度啮合，连接较紧，取编码器时，应使用专门的工具，小心取下。

3. 调整

为了保证编码器安装位置正确，在编码器安装完成后，应对转子的位置进行调整，方法如下：

（1）将电动机电枢线的 V、W 相（电枢插头的 B、C 脚）相连。

（2）将 U 相（电枢插头的 A 脚）和直流调压器的“+”端相连，V、W 和直流调压器的“-”端相连［图 3-4-7（a）］，编码器加入+5 V 电源（编码器插头的 J、N 脚间）。

（3）通过调压器对电动机电枢加励磁电流。这时，因为 $I_u=I_v+I_w$，且 $I_v=I_w$，事实上相当于使电动机工作在图 3-4-7（b）所示的 90°位置，因此，伺服电动机（水磁式）将自动转到 U 相位置进行定位。

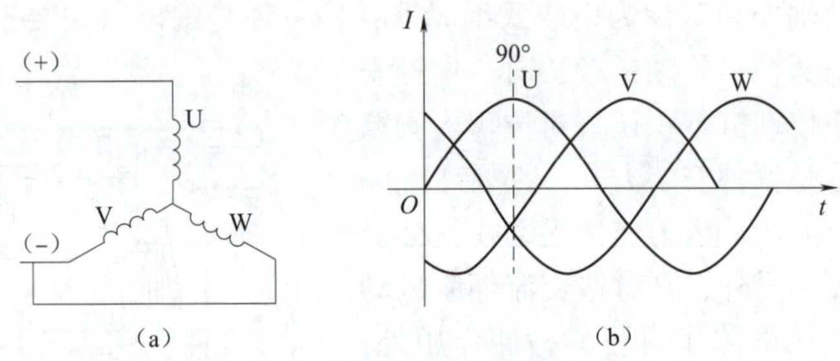

图 3-4-7　转子位置调整示意图

（a）励磁连接图；（b）电动机定位示意图

注意：加的励磁电流不可以太大，只要保证电动机能进行定位即可（实际维修时，调整为 3~5 A）。

（4）在电动机完成 U 相定位后，使编码器的转子位置检测信号 C1、C2、C4、C8（编码器插头的 C、P、L、M 脚）同时为“1”，使转子位置检测信号和电动机实际位置一致。

（5）安装编码器固定螺钉，装上后盖，完成电动机编码器的调整。

3.4.4　检测装置的维护

1. 旋转变压器的维护

接线时，定子上有相等匝数的励磁绕组和补偿绕组，转子上也有相等匝数的正弦绕组和余弦绕组，但转子和定子的绕组匝数组却不同，一般定子电阻值大，有时补偿绕组自身壳体短路或接入一个阻抗。

由于结构上与绕线转子异步电动机相似，因此，电刷磨损到一定程度后要更换。

2. 感应同步器的维护

安装时，必须保持定尺和滑尺相对平行，并且定尺固定螺栓不得超过尺面，调整间隙为 0.09~0.15 mm 为宜。

不要损坏定尺表面的耐切削液涂层和滑尺表面一层带绝缘层的铝箔，否则，会腐蚀厚度较小的电解铜箔。

接线时，要分清滑尺的正弦绕组和余弦绕组，其阻值基本相同，但两个绕组必须分别接入励磁电压。

任务实施

3.4.5 位置检测装置异常实验

（1）将伺服参数 No. 1023 改为 4，关机，再开机，观察系统的变化，注意报警号。

（2）调出诊断号 203 和 280，并记下诊断号的值。

（3）将伺服参数 No. 1023 改回原值，关机，再开机，观察系统是否恢复正常。

（4）调出诊断号 203 和 280，观察有什么变化。

任务报告

按表 3-4-1 格式完成故障诊断报告。

表 3-4-1 故障诊断报告

故障名称	故障原因	相关参数	故障值更改	如何排除故障	相关电路图
1. 超过速度控制范围	1）速度控制单元参数设定不当或设置过低				
	2）检测信号不正确或无速度与位置检测信号				
2. 伺服电动机不转	1）速度、位移控制信号未输出				
	2）使能信号未接通				
	3）伺服电动机故障				

任务 3.5 数控机床返回参考点故障

任务目标

1. 知识目标

（1）了解数控机床返回参考点的作用。

（2）设置数控机床返回参考点动作的参数。

2. 技能目标

（1）能够诊断返回参考点的故障。

（2）能够对数控机床返回参考点动作参数进行设置。

3. 素养目标

（1）培养学生正确认识、分析及解决问题的能力。

（2）培养学生具备工程科学思维、创新思维。

（3）培养学生团结协作、爱岗敬业的精神。

任务准备

1. 实验设备

FANUC 0i Mate-D 系统数控铣床实训台。

2. 实验项目

（1）数控机床返回参考点的动作观察。

（2）减速挡块方式返回参考点相关系统参数设定。

（3）返回参考点故障排除。

知识链接

3.5.1 数控机床返回参考点（REF）动作

要在机床上进行零件的自动加工，必须建立起机床坐标系（MCS），回参考点就是为了建立机床坐标系而进行的操作。图 3-5-1 所示为参考点与机床零点的关系。进行回参考点操作时，需要把机床自动、准确地移动到固定点上，在这个位置上换刀以及进行工件坐标系（WCS）设定。

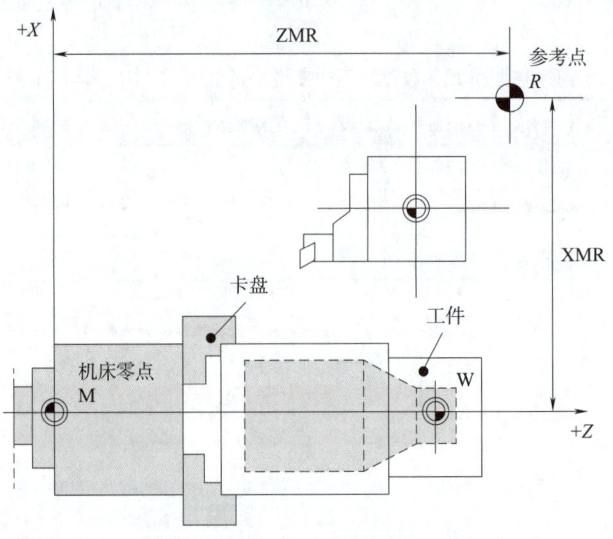

图 3-5-1　参考点与机床零点的关系

普通经济型数控机床大多使用增量值编码器作为位置反馈监测装置，重新开机后的第一件事，就是进行回参考点操作，建立机床坐标系，以避免因此而引起的撞刀现象。机床回参考点操作，一般需有一定的硬件支持，除位置编码器以外，一般还需在坐标轴相应的位置上安装一个硬件挡块与一个行程开关，作为参考点减速开关。安装了绝对值编码器作为位置反馈的机床，由于绝对值编码器具有记忆功能，就无须每次开机都进行回参考点操作。

3.5.2 减速挡块方式返回参考点

数控机床用减速挡块先进行粗略的参考点定位，再用 CNC 内部设计的栅格（每隔一定距离的信号）进行参考点停止的方式，称为减速挡块回参方式，又称为栅格方式。栅格移位功能可进行一个栅格内的微调。用此方式回参考点的示意如图 3-5-2 所示，其动作过程分为两个阶段。

阶段 1：寻找减速挡块。在回参方式 REF 下，按轴移动键，轴快速移动（No. 1420 设定）以寻找减速挡块，当撞上减速挡块后，按设定低速移动（No. 1425 设定），进入阶段 2。

阶段 2：与零脉冲同步。当减速挡块释放后，开始寻找零脉冲，并在栅格位置停止，同时返回参考点结束信号被送出。一个栅格的距离等于检测单位×参考计数器容量。

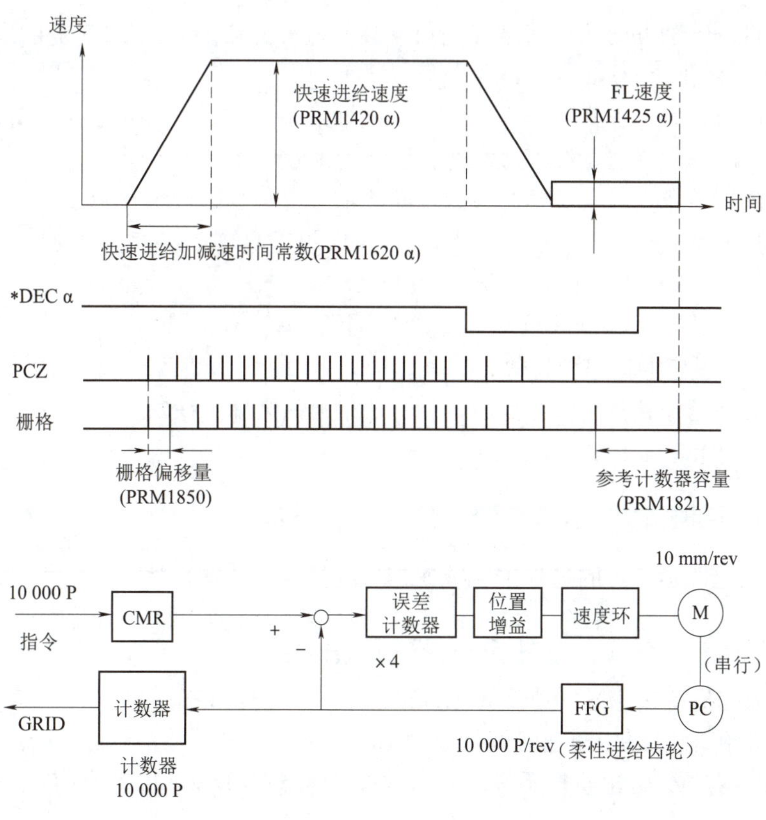

图 3-5-2 回参考点示意图

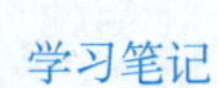
学习笔记

3.5.3 手动方式返回参考点信号与参数

选择数控机床手动运行方式，选择轴进给方向（信号设定为1），每个轴刀具可沿着参数ZMI（No.1006#5）确定的方向移动，并返回到参数（No.1240~No.1243）中设定的坐标值，即参考点。手动返回参考点的相关系统信号见表3-5-1。

表3-5-1 手动返回参考点相关信号

方式选择	MD1，MD2，MD4
参考点返回选择	ZRN
移动轴选择	+J1，-J1，+J2，-J2，…
移动方向的选择	
移动速度的选择	ROV1，ROV2
参考点返回的减速信号	＊DEC1，＊DEC2，＊DEC3
参考点返回完成信号	ZP1，ZP2，ZP3，…
参考点建立信号	ZRF1，ZRF2，ZRF3，…

手动返回参考点动作的步骤如下。

(1) 选择手动连续进给（JOG）方式，将手动参考点返回选择信号ZRN设为1。

(2) 将进给轴方向选择信号（+J1，-J1，+J2，-J2，…）设定为1后，使希望参考点返回的轴向参考点的方向进给。

(3) 进给轴方向选择信号为1期间，该轴以快速移动方式进给。快速移动倍率信号（ROV1，ROV2）有效，通常将其设定为100%。

(4) 到达参考点时，位置开关返回减速信号（＊DEC1，＊DEC2，＊DEC3）成为0。速度暂时减到0，再以参数No.1425所设定的FL速度（低速度）返回参考点。

(5) 离开减速用的位置开关，在参考点返回减速信号成为1时，以FL速度进行进给后，在设定的栅格位置停止。

(6) 确认已经到位后，参考点返回完成信号（ZP1，ZP2，ZP3，…）和参考点建立信号（ZRF1，ZRF2，ZRF3，…）成为1。

3.5.4 减速挡块的长度与栅格微调参考点设定

(1) 在返回参考点的过程中，减速挡块的长度需要进行计算：

$$挡块长度=\frac{快速进给速度\times(30+快速进给加/减速时间常数/2+伺服时间常数)}{60\times1\ 000}\times1.2$$

例：数控机床快速进给速度为12 m/min（12 000 mm/min）；

快速进给直线形加/减速时间常数为100 ms；

伺服时间常数为1/伺服环增益（参数No.1825），1/30=0.033(s)=33 ms。

因此

$$挡块长度=\frac{12\ 000\times(30+100/2+33)}{60\times1\ 000}\times1.2=27(mm)$$

考虑将来可能要加大时间常数，所以确定挡块长度为 30~35 mm。

（2）微调参考点位置也需要根据实际情况进行不同的设定。

作为调整参考点的方法，有基于栅格偏移的方法和基于参考点偏移的方法。若希望使 1 个栅格以内的参考点偏移，则将参数 SFDx（No. 1008#4）设定为 0；若希望使 1 个栅格以上的参考点偏移，则选择参考点偏移调整，将参数 SFDx（No. 1008#4）设定为 1。

选择基于栅格偏移方式返回参考点，可在 1 个栅格的范围内微调参考点位置。通过栅格偏移来使参考点位置错开时，可以使栅格位置只偏移由参数（No. 1850）所设定的量，可以设定的栅格偏移量为参考计数器容量（参数 No. 1821）（栅格间隔）以下的值，从松开减速用的极限开关到最初的栅格点为止的距离，显示在诊断号 302 上，此外，还将被自动保存在参数（No. 1844）中。

3.5.5 返回参考点相关的信号与参数

（1）FANUC 0i Mate-D 数控系统中与返回参考点相关的信号见表 3-5-2。

表 3-5-2 与返回参考点相关的信号

I/O 信号	#7	#6	#5	#4	#3	#2	#1	#0
X009				* DEC5	* DEC4	* DEC3	* DEC2	* DEC1
Gn043	ZRN							
Fn004			MREF					
Fn094				ZPS	ZP4	ZP3	ZP2	ZP1
Fn120				ZRFS	ZRF4	ZRF3	ZRF2	ZRF1

各信号的说明如下。

①手动参考点返回选择信号 ZRN<Gn043. 7>：选择手动参考点返回操作。作为 JOG 进给的一种，当手动参考点返回信号为 1 时，则选择 JOG 进给的方式，同时手动参考点返回选择确认信号 MREF 成为 1。

②手动参考点返回选择确认信号 MREF<Fn004. 5>：选择了手动参考点返回时为 1；结束了手动参考点返回的选择时为 0。

③参考点返回减速信号 * DEC1 ~ * DEC5<X009. 0 ~ X009. 4>：使手动参考点返回的进给减速，以较慢的速度靠近参考点。每个轴都相互独立，末尾数字表示控制轴的编号。

④参考点返回完成信号 ZP1 ~ ZPS<Fn094. 0 ~ Fn094. 4>：信号通知控制轴位于参考点上的事实。

为 1 的条件：手动参考点返回完成且已经到位时；自动参考点返回（G28）完成且已经到位时；参考点返回检测（G27）正常完成且已经到位时。

为 0 的条件：从参考点移动时；处在紧急停止中时；发生伺服报警时。

⑤参考点建立信号 ZRF1~ZRFS<Fn120.0~Fn120.4>：信号用于通知参考点已经建立的事实。当参考点丢失时，成为 0。

为 1 的条件：手动参考点返回完成且已经建立参考点时；通电时已通过绝对位置检测器建立参考点时。

（2）FANUC 0i Mate-D 数控系统中与返回参考点相关的参数见表 3-5-3。

表 3-5-3　与返回参考点相关的参数

参数号	#7	#6	#5	#4	#3	#2	#1	#0
1005					HJZx		DLZx	ZRNx
0002	SJZ							
1002					AZR			JAX
1006			ZMIx					
1007							ALZx	
1008				SFDx				
1201						ZCL		ZPR
1240~1243	第 1~N 参考点在机械坐标系中的坐标值							
1401						JZR		RPD
1425	每个轴的手动参考点返回的 FL							
1428	每个轴的参考点返回速度							
1821	每个轴的参考计数器容量							
1836	视为可以进行参考点返回操作的伺服错误量							
1850	每个轴的栅格偏移量/参考点偏移量							
3003			DEC					
3006								GDC

主要参数的常用设定值见表 3-5-4。

表 3-5-4　主要参数的常用设定值

参数号（#位）	一般设定值	参数含义
1005#0ZRNx	0	使用回参考点功能，未返回参考点，自动运行 G28 以外的移动指令时，发出报警（PS0224），即回零未结束
1005#1DLZx	0	无挡块参考点设定功能设定为无效
1005#3HJZx	0	有减速挡块的参考点返回操作
0002#7SJZ	0	在参考点尚未建立的情况下，执行借助减速挡块的参考点返回操作；在已经建立参考点的情况下，以参数设定的速度定位到参考点而与减速挡块无关
1002#0JAX	0	JOG 进给、手动快速移动以及手动参考点返回的同时控制轴数为 1 轴
1002#3AZR	1	参考点尚未建立时的 G28 指令，显示出报警（PS0304）“未建立零点即指令 G28”

续表

参数号（#位）	一般设定值	参数含义
1006#5ZMIx	0	手动参考点返回的方向设定为正方向
1007#1ALZx	0	自动参考点返回（G28），通过定位（快速移动）返回到参考点。在通电后尚未执行一次参考点返回操作的情况下，以与手动参考点返回操作相同的顺序执行参考点返回操作
1008#4SFDx	0	在基于栅格方式的参考点返回操作中，基于栅格偏移功能有效
1201#0ZPR	1	在进行手动参考点返回操作时，进行自动坐标系设定
1201#2ZCL	1	在进行手动参考点返回操作时，取消局部坐标系
1240~1243	000.00	第 1~N 个参考点在机械坐标系中的坐标值
1401#0RPD	0	上电后参考点返回完成之前，将手动快速移动设定为无效（成为 JOG 进给）
1401#2JZR	1	通过 JOG 进给速度进行手动参考点返回操作
1425		每个轴的手动参考点返回的 FL 速度
1428		每个轴的参考点返回速度
1821		每个轴的参考计数器容量
1836		可以进行参考点返回操作的伺服错误量
1850		每个轴的栅格偏移量/参考点偏移量
3003#5DEC	0	参考点返回减速信号（＊DEC1~＊DEC5）在信号为 0 下减速
3006#0GDC	0	参考点返回减速信号使用<X009>

3.5.6 返回参考点的故障诊断思路

返回参考点故障通常有两类表现：找不到参考点和找不准参考点。诊断思路如图 3-5-3 所示。

故障类型 1：找不到参考点。

由于返回参考点减速开关产生的信号或零标志信号失效所导致。诊断时，先搞清返回参考点方式，再对照故障现象，采用先内后外和信号追踪法查找故障部位。

（1）外：机床外部的挡块和开关，检查 PLC 或接口状态。

（2）内：零标志，示波器检查信号。

故障类型 2：找不准参考点。

由参考点开关挡块位置设置不当引起，重新调整即可。

3.5.7 返回参考点常见故障案例

故障 1：机床返回参考点发生位置偏移。

（1）偏离参考点一个栅格距离。

造成这种故障的原因有 3 种：①减速挡块位置不正确；②减速挡块的长度太短；③参考点用的接近开关的位置不当。该故障一般在机床大修后发生，可通过重新调整挡块位置来解决。

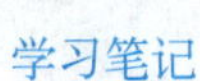

学习笔记

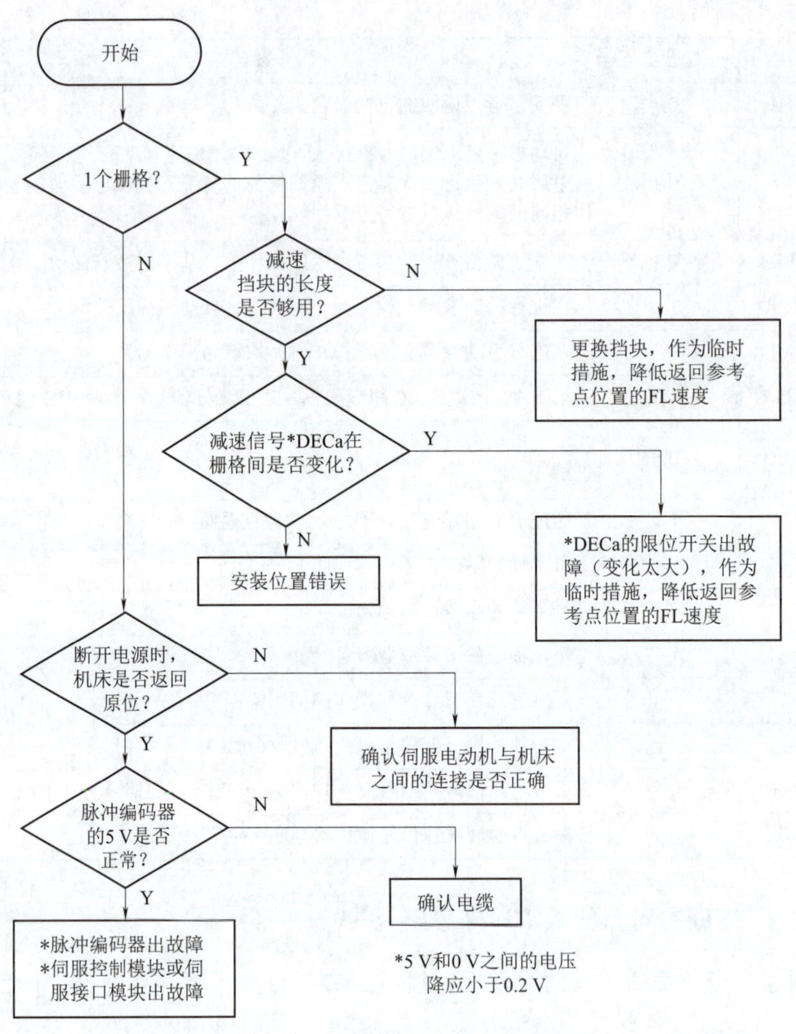

图 3-5-3　回参考点位置不正确故障诊断步骤

(2) 偏离参考点任意位置，即偏离一个随机值。

这种故障与下列因素有关：①外界干扰，如电缆屏蔽层接地不良，脉冲编码器的信号线与强电电缆靠得太近；②脉冲编码器用的电源电压太低（低于 4.75 V）或有故障；③数控系统主控板的位置控制部分不良；④进给轴与伺服电动机之间的联轴器松动。

(3) 微小偏移。

其原因有两个：①电缆连接器接触不良或电缆损坏；②漂移补偿电压变化或主板不良。

故障 2：机床在返回参考点时发出超程报警。

(1) 无减速动作。

无论是发生软件超程还是硬件超程，都不减速，一直移动到触及限位开关再停机。可能是由于返回参考点减速开关失效，开关触点压下后不能复位，或减速挡块

处的减速信号线松动，返回参考点脉冲不起作用，致使减速信号没有输入数控系统。

（2）返回参考点过程中有减速，但以切断速度移动（或改变方向移动）到触及限位开关而停机。可能原因有：减速后，返回参考点标记指定的基准脉冲不出现。其中，一种可能是光栅在返回参考点操作中没有发出返回参考点脉冲信号，或返回参考点标记失效，或由参考点标记选择的返回参考点脉冲信号在传送或处理过程中丢失；或测量系统硬件故障，对返回参考点脉冲信号无识别和处理能力；或减速开关与返回参考点标记位置错位，减速开关复位后，未出现参考点标记。

（3）返回参考点过程有减速，且有返回参考点标记指定的返回基准脉冲出现后的制动到零速时的过程，但未到参考点就触及限位开关而停机。该故障原因可能是返回参考点的返回参考点脉冲被超越后，坐标轴未移动到指定距离就触及限位开关。

任务实施

3.5.8 返回参考点常见故障排查

（1）在回参考点中，栅格偏移的作用是什么？

（2）将参数 No. 1006#5 改变为 1，再重复返回参考点动作，会有什么变化？

（3）如果机床参考点位置变化了（小于一个螺距），检查发现减速开关松动了，用什么方法恢复最简单？

（4）在回参考点过程中，若减速开关出现故障，会有什么危险？

任务报告

1. 在表 3-5-5 中记录数控机床实训台上各轴的返回参考点相关参数值。

表 3-5-5 回参考点位置不正确故障诊断步骤

参数号	参数说明	*X* 轴	*Y* 轴	*Z* 轴
1002#1	返回参考点的方式			
1005#1	返回参考点的方式			
1006#5	返回参考点的方式			
1240	参考点的坐标值			
1420	各轴快速运行速度			
1425	各轴返回参考点的 FL 速度			
1821	各轴的参考计数器容量			
1850	各轴的栅格偏移量			

2. 启动 NC 系统，将机床工作方式置于手动 JOG 方式，将坐标轴移至合适的位置。然后将机床工作方式置于回参考点方式，NC 系统启动完毕后即为回参考点方式。按坐标轴方向键使机床回参考点，如果选择了错误的回参考点方向，则不会产生运动，对每个坐标轴逐一回参考点，并观察轴运行轨迹。根据观察结果，填写表 3-5-6 并描述回参考点过程及信号变化。

表 3-5-6　回参考点诊断报告

项目	X 轴		Y 轴		Z 轴	
	诊断位	诊断结果	诊断位	诊断结果	诊断位	诊断结果
减速信号（DEC）	X16.5		X175		X18.5	
完成信号（ZP）	F148.0		F148.1		F148.2	
参考计数器（REF）						

3. 根据现有资料，根据实验台返回参考点故障现象，诊断故障并排除，再填入表 3-5-7 中。

表 3-5-7　根据故障现象诊断并排除

故障现象	相关参数设定故障	机械故障	排除	备注
参考点找不到				
参考点找不准				
机床停止位置与参考点位置不一致				

4. 分别在各轴相对机床静止的位置上安装一个丝表，慢速移动轴，让丝表指针位于一个合适的位置，然后改变参数 No. 1850 的值，进行回参考点的操作，再回到原来的位置（可参考显示屏上的值），此时观察丝表有什么变化？重复上述步骤多次，得出什么结论？

任务加油站

“高铁琴师”柯晓宾

引导学生立志做有理想、敢担当、能吃苦、肯奋斗的新时代好青年。柯晓宾是一名手工调试继电器技术工人。继电器是高铁的“大脑”和“中枢神经”，看似小小的继电器，想让它安全、稳定运行，需要调试人员无数次用心调试。柯晓宾在19 年里只干一件事——调试继电器，将继电器的触片接点间距误差控制在 0.05～0.1 mm 之间。由于调试精度要求极高，她被亲切地称为“高铁琴师”。下面就让我们来认识这样一位工人。

延伸阅读 3

视频饱览 3

项目4　数控机床主轴系统的调试与维修

项目描述

数控机床主轴伺服系统发生故障时，通常有三种表现形式：一是在CRT或操作面板上显示报警内容或报警信息；二是在主轴驱动装置上用警告灯和数码管显示主轴驱动装置的故障；三是主轴工作不正常，但无任何报警信息。

主轴驱动系统的故障检测通常可以通过驱动器上的指示灯状态进行分析、诊断，以判断故障原因。在主轴系统的调试与维修中，有时会出现由于偶然性干扰或误操作引起驱动器内部参数的混乱或丢失，需要进行参数的重新设定与参数的初始化操作。若主轴电动机在加、减速过程中出现不正常的噪声与振动、出现主轴电动机不转或旋转异常的现象，则需要进行主轴驱动系统的基本连接检查与测试。

任务4.1　模拟主轴系统的调试与维修

任务目标

1. 知识目标

（1）设定三菱FR-S500通用变频器参数。

（2）设定数控系统主轴功能参数。

2. 技能目标

能够根据变频器与主轴参数的设定维修数控机床主轴驱动系统。

3. 素养目标

（1）培养学生正确认识、分析及解决问题的能力。

（2）培养学生具备工程科学思维、创新思维。

（3）培养学生团结协作、爱岗敬业的精神。

任务准备

1. 实验设备

FANUC 0i Mate-D系统数控铣床实训台。

2. 实验项目

（1）数控系统主轴功能参数设定。

（2）数控系统模拟主轴输出设定。

（3）变频器基本功能参数设定。

知识链接

4.1.1 数控机床主轴控制方式

FANUC 0i Mate-D 数控系统提供两种主轴控制方式。

1. 串行接口

它主要用于连接 FANUC 公司主轴伺服电动机/放大器。主轴放大器与 CNC 进行串行通信、交换转速和控制信号等。

2. 模拟接口

它主要用于变频器模拟电压控制主轴异步电动机转速（本任务以此方式为介绍对象）。

4.1.2 数控系统主轴参数设定

FANUC 0i Mate-D 数控系统最多可以控制一个模拟主轴，主轴功能见表 4-1-1。

表 4-1-1 主轴功能

<table>
<tr><th rowspan="2">功能</th><th rowspan="2">主轴</th><th>模拟主轴</th></tr>
<tr><th>第一主轴</th></tr>
<tr><td>螺纹切削/每转进给（同步进给）</td><td colspan="2">○</td></tr>
<tr><td>周速恒定控制</td><td colspan="2">○</td></tr>
<tr><td>主轴速度变动检测（T 系列）</td><td colspan="2">○</td></tr>
<tr><td>实际主轴速度输出（T 系列）</td><td colspan="2">○</td></tr>
<tr><td>主轴定位（T 系列）</td><td colspan="2">○</td></tr>
<tr><td>CS 轮廓控制</td><td colspan="2">×</td></tr>
<tr><td>多主轴</td><td colspan="2">×</td></tr>
<tr><td>刚性攻螺纹</td><td colspan="2">○</td></tr>
<tr><td>主轴同步控制</td><td colspan="2">×</td></tr>
<tr><td>主轴简易同步控制</td><td colspan="2">×</td></tr>
<tr><td>主轴定向、主轴输出切换
其他主轴切换等具有主轴控制单元的功能</td><td colspan="2">○</td></tr>
<tr><td>多边形加工（T 系列）
伺服电动机轴和主轴的多边形加工</td><td colspan="2">○</td></tr>
<tr><td>主轴间多边形加工（T 系列）
其他主轴切换等具有主轴控制单元的功能</td><td colspan="2">×</td></tr>
<tr><td>基于 PMC 的主轴输出控制</td><td colspan="2">○</td></tr>
</table>

FANUC 0i Mate-D 数控系统中与主轴控制相关的基本参数含义与一般设定见表 4-1-2。

学习笔记

表 4-1-2　与主轴控制相关的基本参数含义与一般设定

参数号（#位）	一般设定值	参数含义
3716#0A/Ss	0	主轴电动机的种类为模拟
3720		主轴位置编码器的脉冲数
8133#5SSN	1	是否使用主轴串行输出
3031	4	S 代码的容许位数
3741~3744		第 1~4 挡传动比主轴最高转速
3730		主轴速度指令的增益调整数据
3731		主轴速度指令的漂移补偿值
3735		主轴电动机的最低钳制速度
3736		主轴电动机的最高钳制速度
3772		各主轴的上限转速
3798#0ALM	0	所有主轴的主轴报警（SP＊＊＊＊）是否有效

FANUC 0i Mate-D 数控系统中与主轴控制相关的基本信号见表 4-1-3。

表 4-1-3　与主轴控制相关的基本信号

信号	含义
＊SSTP<Gn029.6>	主轴停止信号
SOV0~SOV7<Gn030>	主轴速度倍率信号
SAR<Gn029.4>	主轴速度到达信号
ENB<Fn001.4>	主轴动作信号
R010~R120<Fn036.0~Fn037.3>	S12 位代码信号

4.1.3　数控系统模拟主轴参数设定

在中、低档的数控机床中，模拟主轴使用非常普遍。现以 YL-569A 实训车床为例进行模拟主轴控制分析，见表 4-1-4。

表 4-1-4　YL-569A 部件及参数

部件	参数	备注
主轴模块：OMRON 变频器 3G3JZ	400 V 0.75 kW	
主轴电动机：YS5014 三相异步电动机	额定电压 380 V，额定电流 0.17 A，额定功率 40 W，额定转速 1 400 r/min	
主轴与主轴电动机连接方式	三角带连接，变速比为 1∶1	
主轴位置编码器	同步带连接，变速比为 1∶1，主轴位置编码器线数为 4096	

步骤 1：模拟主轴的初始设定。

确认在“参数设定支援”页面中的“轴设定”菜单中的主轴组参数设定正确，

如图 4-1-1 所示。主轴初始化参数设定值见表 4-1-5。

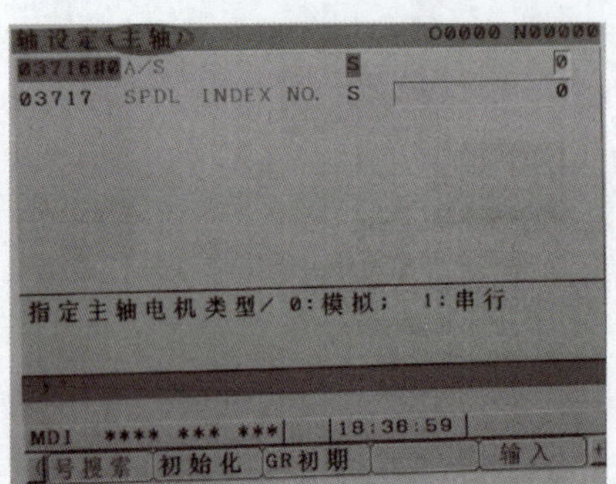

图 4-1-1 主轴设定界面

表 4-1-5 主轴初始化参数设定值

名称	设定值
3716#0	0(模拟主轴)
3717	1(第一主轴)

步骤 2：主轴速度设定。

①主轴速度参数：在 3741 中设定 10 V 对应的主轴速度。

例如：3741 设定为 2000，当程序执行 S1000 时，JA40 上输出电压为 5 V。

最高转速及位置编码器参数设定值见表 4-1-6。

表 4-1-6 最高转速及位置编码器参数设定值

名称	设定值
3741	10 V 电压对应主轴转速 = 主轴电动机转速×变速比，即 1 400×1/1 = 1 400
3720	主轴位置编码器线数：4096

②主轴控制电压极性参数。

系统提供的主轴模拟控制电压必须与连接的变频器的控制极性相匹配。当使用单极性变频器时，可通过参数 3706#7（TCW）、3706#6（CWM）来控制主轴输出时的电压极性（采用默认设置即可）。

步骤 3：主轴转速的验证和调整。

在 MDI 方式下输入主轴运行指令，确认主轴实际转速与 S 指令值一致。如有误差，通过速度误差调整的步骤进行调整。

速度误差调整方法如图 4-1-2 所示。

先将指令转速设为 0，测量 JA40 电压输出端，调整参数 3731（主轴速度偏移补偿值），使得万用表上的显示值为 0 mV。

$$设定值 = -1\ 891 \times 偏置电压(V)/12.5$$

再将指令转速设为主轴最高转速（参数 3741 设定的值），测量 JA40 电压输出端，调整参数 3730（主轴速度增益），使得万用表上的显示值为 10 V。

参数 3730 的设定值计算方法如下：先设定参数 3730 为 1 000，并测量输出电压，则设定值 = 10 V×1 000/测定的电压值。然后将实际设定值输入参数 3730 中，使得万用表上的显示值为 10 V。

再次执行 S 指令，确认输出电压是否正确。

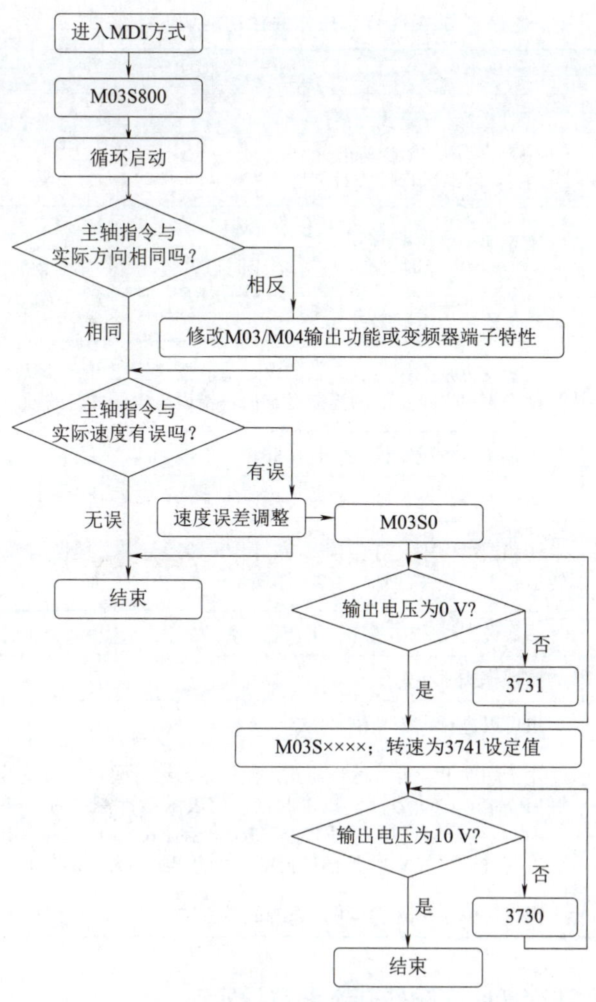

图 4-1-2　速度误差调整方法

4.1.4　三菱 FR-S500 变频器操作面板操作

三菱 FR-S500 变频器操作面板按钮分布如图 4-1-3 所示，表 4-1-7 列出了操作面板的功能说明。

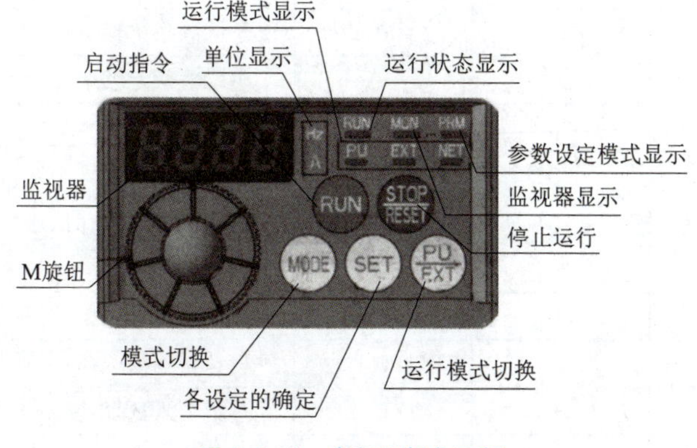

图 4-1-3　变频器操作面板

表 4-1-7 操作面板功能说明

面板项目	说明
运行模式显示	PU：PU 运行模式时亮灯 EXT：外部运行模式时亮灯 NET：网络运行模式时亮灯
单位显示	Hz：显示频率时亮灯 A：显示电流时灯亮；显示电压时灯灭；设定频率监视时闪烁
监视器（4 位 LED）	显示频率、参数编号等
M 旋钮	用于变更频率设定、参数的设定值。按该按钮可显示以下内容：监视模式时的设定频率；校正时的当前设定值；错误历史模式时的顺序
模式切换	用于切换各设定模式，长按此键（2 s）可以锁定操作
各设定的确定	运行中按此键，则监视器出现以下显示：运行频率→输出电流→输出电压
运行状态显示	变频器动作中亮灯/闪烁。亮灯：正转运行中，缓慢闪烁（1.4 s 循环）；反转运行中，快速闪烁（0.2 s 循环）
参数设定模式显示	参数设定模式时亮灯
监视器显示	监视模式时亮灯
停止运行	也可以进行报警复位
运行模式切换	用于切换 PU/外部运行模式。使用外部运行模式（通过另接的频率设定旋钮和启动信号启动运行）时按此键，使表示运行模式的“EXT”处于亮灯状态（切换至组合模式时，可同时按 MODE 键（0.5 s）或者变更参数 Pr. 79）。PU：PU 运行模式；EXT：外部运行模式，也可以解除 PU 停止
启动指令	通过 Pr. 40 的设定，可以选择旋转方向

4.1.5 三菱 FR-S500 变频器基本参数设定

三菱 FR-S500 变频器主要参数设置见表 4-1-8。

表 4-1-8 FR-S500 变频器主要参数设置

序号	参数代号	初始值	设置值	功能说明
1	P1	120	可调	上限频率（Hz）
2	P2	0	0	下限频率（Hz）
3	P3	50	50	电动机额定频率
4	P4	50	50	多段速度设定（高速）
5	P5	30	30	多段速度设定（中速）
6	P6	10	10	多段速度设定（低速）
7	P7	5	2	加速时间
8	P8	5	0	减速时间
9	P73	1	0	模拟量输入选择
10	P77	0	0	参数写入选择
11	P79	0	2	运行模式选择

4.1.6 主轴驱动系统常见故障

数控机床主轴驱动系统发生故障时，通常有3种表现形式。

（1）在CRT或操作面板上显示报警内容或报警信息。

（2）在主轴驱动装置上用警告灯或数码管显示故障。

（3）无任何故障报警信息。

主轴驱动系统常见故障见表4-1-9。

表4-1-9 主轴驱动系统常见故障

故障表现	原因
外界干扰	屏蔽和接地措施不良时，主轴转速或反馈信号受电磁干扰，使主轴驱动出现随机和无规律的波动。判别方法：使主轴转速指令为零，再看主轴状态
过载	切削用量过大，频繁正、反转等均可引起过载报警。具体表现为电动机过热、主轴驱动装置显示过电流报警等
主轴定位抖动	主轴准停用于刀具交换、精镗退刀及齿轮换挡等场合，有3种实现形式：①机械准停控制（V形槽和定位液压缸）；②磁性传感器的电气准停控制；③编码器型的准停控制（准停角度可任意） 上述准停均要经减速，减速或增益等参数设置不当、限位开关失灵、磁性传感器间隙变化或失灵都会引起定位抖动
主轴转速与进给不匹配	当进行螺纹切削或用每转进给指令切削时，会出现停止进给，主轴仍然运转的故障。主轴有每转一个脉冲的反馈信号，一般是主轴编码器有问题。可查CRT报警、I/O编码器状态或用每分钟进给指令代替
转速偏离指令值	主轴实际转速超过所规定的范围时，要考虑电动机过载、CNC输出没有达到与转速指令对应值、测速装置有故障、主轴驱动装置故障
主轴异常噪声及振动	电气驱动（在减速过程中发生，振动周期与转速无关）；主轴机械（恒转速自由停车、振动周期与转速有关）
主轴电动机不转	CNC是否有速度信号输出；使能信号是否接通、CTR观察I/O状态、分析PLC梯形图以确定主轴的启动条件（润滑、冷却）；主轴驱动故障；主轴电动机故障

4.1.7 变频器的常见故障

常见的变频器故障如下。

（1）变频器频率达不到正常工作的频率（40 Hz）。

原因：参数故障；变频器元器件故障。

（2）变频器频繁过电流报警。

①由参数设置不正确引起。

②输出负载发生短路。

③检测电路的损坏也会显示过度报警。

④负载过大也可能引起。

变频器加速时间设置过短，导致输出频率的变化远远超过电动机频率的变化，变频器启动时将因过电流而跳闸。依据不同的负载情况相应地调整加速时间，就能消除此故障。启动就跳闸则检查其输出侧接触器电缆头部分是否锈蚀、松动，使得开机时发生电弧，导致保护动作发生。霍尔传感器受温度、湿度等环境因素的影响，工作点也会发生漂移。

学习笔记

4.1.8 主轴电动机常见故障

1. 主轴电动机不转动故障

可能的故障原因有：

①CNC 速度信号输出故障，测量主轴系统模拟量输出、使能信号。

②电源故障，检测主轴变频器工作电源回路、电动机电源回路。

③数控系统参数设定故障，检测主轴驱动相关参数。

2. 主轴不能反转故障

可能的故障原因有：

①电气线路故障，检测正转、反转控制回路。

②变频器参数设定故障，检测控制单元正转、反转设定参数。

3. 主轴转速不正常故障

可能的故障原因有：

①系统电源故障，电源断相或相序不对。

②变频器参数设定故障，检测变频器电源频率开关设定和主轴电动机最高旋转速度。

③数控系统参数设定故障，检测数控系统主轴控制增益参数。

任务实施

4.1.9 主轴参数设置

（1）设定数控系统主轴功能参数。

（2）设定变频器基本功能参数。

（3）查看实训数控机床主轴驱动系统中有哪些输入/输出开关量，分别起到的作用是什么？

任务报告

在实训数控机床上，根据故障分析提示，按表 4-1-10 完成故障诊断报告。

表 4-1-10 故障诊断报告

故障名称	故障原因	相关参数	故障值	更改值	相关电路图
主轴电动机不转动故障	1）CNC 信号故障				
	2）控制回路电气故障				
	3）数控系统参数故障				
主轴不能反转故障	1）电气线路故障				
	2）变频器参数设定故障				
主轴转速不正常故障	1）系统电源故障				
	2）变频器参数设定故障				
	3）数控系统参数设定故障				

学习笔记

任务4.2 串行主轴的伺服系统硬件连接

任务目标

1. 知识目标

(1) 主轴伺服系统的连接与调试。

(2) 掌握数控系统主轴控制方式。

2. 技能目标

能够正确连接和调试主轴伺服系统。

3. 素养目标

(1) 培养学生正确认识、分析及解决问题的能力。

(2) 培养学生具备工程科学思维、创新思维。

(3) 培养学生团结协作、爱岗敬业的精神。

任务准备

1. 实验设备

FANUC 0i Mate-D 系统数控铣床实训台。

2. 实验项目

(1) 主轴伺服系统的连接与调试。

(2) 调整数控主轴伺服系统参数。

(3) 绘制串行主轴硬件连接电气线路图。

知识链接

4.2.1 FANUC 系统主轴电动机介绍

常用的 FANUC 0i Mate-D 数控系统主轴电动机有两个系列，分别为 αi 和 βi 系列。αi 主轴电动机是具有高速输出、高加速度控制的电动机，具有主轴高响应矢量（High Response Vector，HRV）控制；βi 主轴电动机通过高速的速度环运算周期和高分辨率检测回路实现高响应、高精度主轴控制。虽然 αi 和 βi 主轴电动机与相应的主轴放大器连接位置不同，但却有共同的特性。FANUC 系统主轴电动机必顺与主轴放大器配套使用。

βiI 系列主轴电动机内配装的速度传感器有两种类型：一种是不带电动机一转信号的速度传感器 Mi 系列；另一种是带电动机一转信号的速度传感器 MZi/BZi/CZi 系列。若需要实现主轴准停功能，可以采用内装 Mi 系列速度传感器的电动机，外装一个主轴一转信号装置（接近开关）来实现；也可以采用内装 MZi 系列速度传感器的电动机实现。

βiI 主轴电动机与编码器的外形如图 4-2-1 所示。βiI 主轴电动机接口功能如

图 4-2-2 所示。电动机冷却风扇的作用是为电动机散热。主轴电动机采用变频调速，当电动机速度改变时，要求电动机散热条件不变，所以电动机的风扇是单独供电的。

图 4-2-1　主轴电动机与编码器的外形

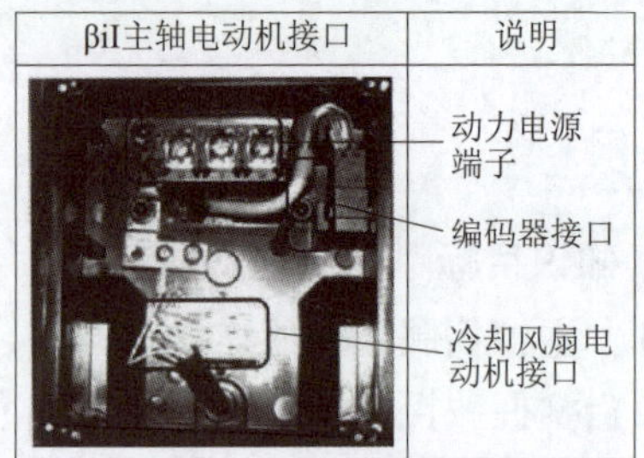

图 4-2-2　βiI 主轴电动机接口功能

选择主轴电动机时，需要进行严密的计算，然后查找电动机参数表，主要内容如下：

（1）根据实际机床主轴的功能要求和切削力要求，选择电动机的型号及电动机的输出功率。

（2）根据主轴定向功能的情况选择电动机内装编码器的类型，即是否选择带电动机一转信号的内装速度传感器。

（3）根据电动机的冷却方式、输出轴的类型和安装方法进行选择。

4.2.2　FANUC 串行主轴硬件连接

1. 电源模块与主轴放大器模块的连接

在需要主轴伺服电动机的场合，伺服单元中主轴放大器模块（Spindle Amplifier Module，SPM）是必不可少的。电源模块与主轴放大器模块的连接图如图 4-2-3 所示。

（1）主轴放大器模块的直流 300 V 动力电源也来自电源模块的直流电源，主轴放大器模块处理动力后将其输出至主轴电动机，没有直流动力电源，主轴电动机就不能工作。如果主轴出现过电流或过电压报警，可以把主轴电动机的动力电缆从主轴放大器模块拆下，测量 3 根动力线的对地电阻。如果对地短路，表示主轴电动机或主轴电动机的动力电缆损坏。

（2）主轴放大器模块中，CXA2B 接口所需直流 24 V 电源和急停信号的功能与伺服放大器模块一样。如果没有直流 24 V 控制电源，主轴放大器模块也不能显示。

（3）主轴放大器模块控制信号来自 CVC，与 CNC 之间是串行通信。CNC 控制主轴电动机，同时把主轴放大器模块和主轴电动机信息反馈给 CNC。

（4）主轴电动机内置传感器将速度反馈信号送至 JYA2。如果传感器损坏或传感器电缆破损导致通信故障，系统会出现 SP9073 等报警，主轴放大器七段 LED 数码管上显示“73”。若有主轴位置信号，物理电缆连接于 JYA3。

2. αi 主轴放大器模块与外围设备的连接

αi 主轴放大器模块如图 4-2-4 所示，各部件功能见表 4-2-1。αi 主轴放大器模块与外围设备的连接框图如图 4-2-5 所示。

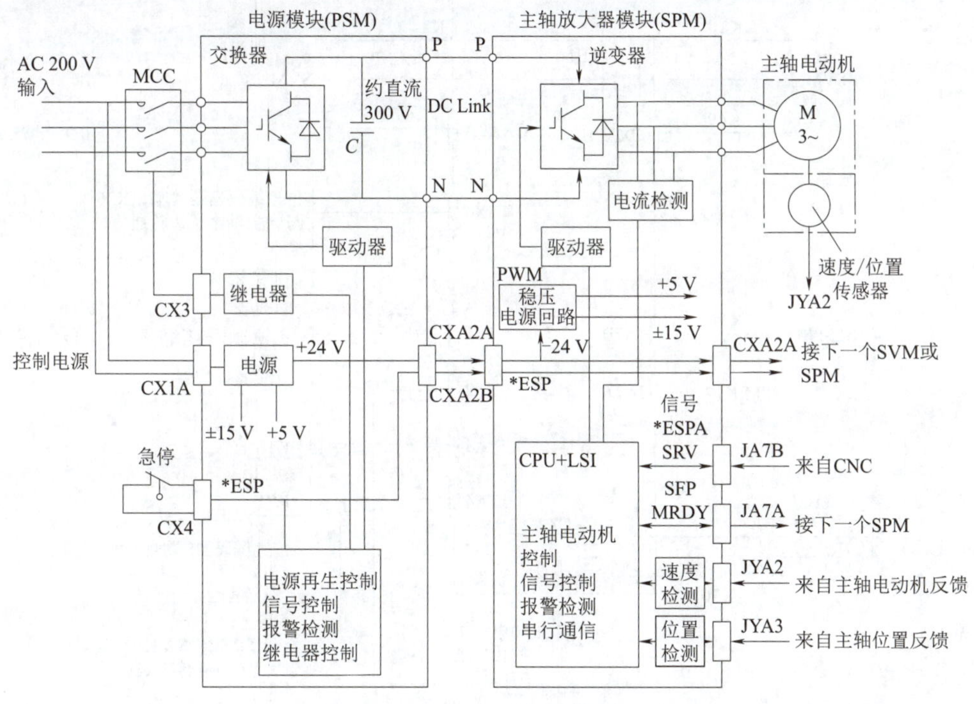

图 4-2-3　电源模块与主轴放大器模块的连接图

要理解图 4-2-5 所示的连接电路，必须结合图 4-2-3 所示电源模块与主轴放大器模块的连接图，图 4-2-5 中用 K 开头的标号都是连接电缆的标号。

（1）K2 来自图 4-2-3 所示的电源模块产生的直流电源。从图 4-2-5 可以看出，电源模块产生的直流电源同时送给主轴放大器模块 SPM 和伺服放大器模块 SVM。

图 4-2-4　αi 主轴放大器模块

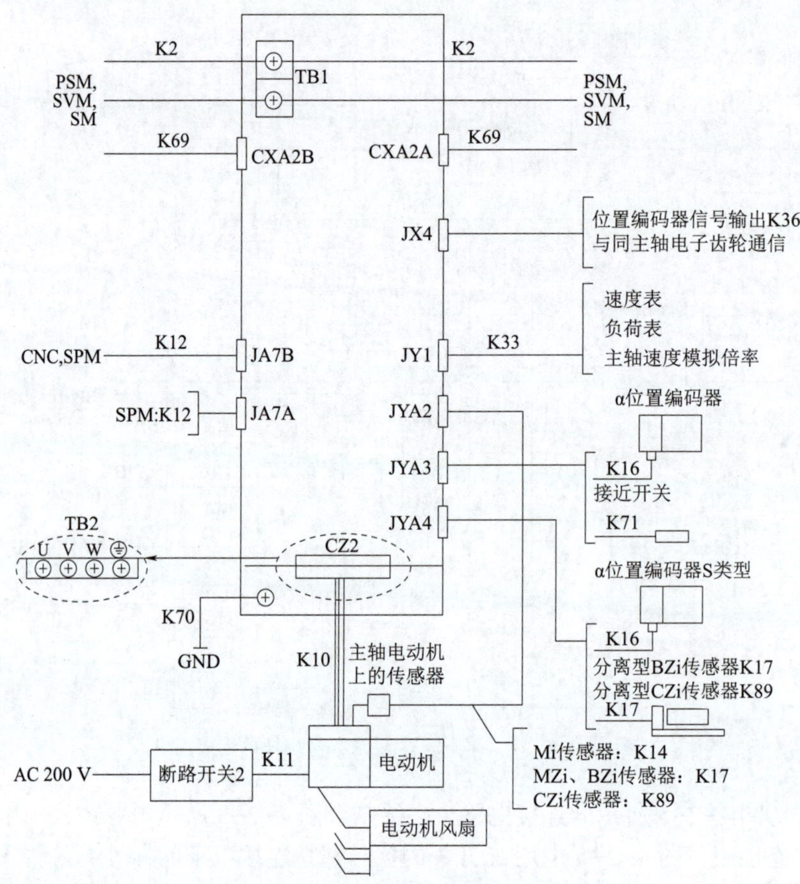

图 4-2-5　αi 主轴放大器模块与外围设备的连接框图

表 4-2-1　αi 主轴放大器模块各部件功能

标注名称	标注含义	备注
TB1	直流母线	
STATUS	七段 LED 数码管状态显示	
CXA2B	直流 24 V 电源输入接口	
CXA2A	直流 24 V 电源输出接口	
JX4	主轴检测板输出接口	
JY1	负载表和速度仪输出接口	
JA7B	串行主轴输入接口	
JA7A	串行主轴输出接口	
JYA2	主轴电动机内置传感器反馈接口	
JYA3	外置主轴位置一转信号或主轴独立编码器插接器接口	仅适用于 B 型控制
JYA4	外置主轴位置信号接口	
TB2	电动机连接线	
⏚	接地位置	

（2）K69 来自电源模块，是电源模块、主轴放大器模块、伺服放大器模块之间的串行通信电缆，主要由电源模块产生直流 24 V 电压，提供给主轴放大器模块的 CXA2B，因为主轴放大器模块中有控制印制电路板，需要工作电压。若后面还需要直流 24 V 电压，可以从 CXA2A 输出。串行电缆中还有急停、电池、报警信息等功能线。

（3）K2 来自 CNC 或上一个主轴放大器模块（SPM）的 JA7A，接到 JA7B 上，若还有一个主轴放大器模块，则从该主轴放大器模块的 JA7A 输出至下一个主轴放大器模块的 JA7B。

（4）K70 为主轴放大器模块接地导线的标号；TB2 是主轴放大器模块输出到主轴电动机的连接端子（U、V、W、⏚），电缆标号为 K10。

（5）FANUC 主轴放大器模块根据主轴电动机规格和主轴控制功能的不同，采用不同的反馈接法。

①仅需要速度控制，则主轴电动机传感器反馈采用 Mi 传感器；需要主轴位置控制功能，则主轴电动机传感器反馈采用 MZi 或 BZi 或 CZi 传感器。Mi 传感器是主轴电动机的速度传感器，采用 MZi 或 BZi 传感器作为主轴电动机的速度/位置传感器时，具体的电缆连接方法是不同的。主轴电动机上的传感器信号线接至 JYA2，Mi 传感器的电缆标号为 K14，MZi、BZi 传感器的电缆标号为 K17。若希望主轴电动机的定位精度更高一点，就选择 CZi 传感器，传感器信号线仍接至 JYA2，但电缆标号为 K89。

②主轴放大器模块类型是 B 型（双传感器输入），主轴位置传感器还可以选用 α 位置编码器 S 类型（正弦波信号），必须把电缆信号接至 JYA4，电缆标号是 K16；若选用分离型 BZi 传感器或 CZi 传感器作为主轴电动机的位置传感器，也必须接至 JYA4，但电缆标号分别是 K17 和 K89，其具体电缆接法不同。

③若是 A 型主轴放大器模块（单传感器输入），则没有 JYA4 的电缆连接。对于 A 型主轴放大器模块，若主轴电动机没有内置位置传感器，可以外接位置传感器。位置传感器主要有两种：一种是 α 位置编码器（方波信号），信号线接至 JYA3，电缆标号是 K16；另一种是用一个接近开关产生一转信号，信号线也接至 JYA3，电缆标号是 K71。

（6）JY1 是主轴放大器模块输出的主轴电动机速度和负载电压信号的输入接口，可以接收主轴速度模拟倍率等信号，即可以把输出信号外接至速度表和负载表，通过接收速度模拟电压进行调速。JY1 的电缆标号是 K33。

3. βi 主轴放大器与周围设备的连接

βi 主轴放大器与 βi 伺服服放大器是一体化设计的，称为一体型放大器（SVSP），其总体连接图如图 4-2-6 所示。从图中可以看出，涉及主轴的接口代号、功能、接线、电缆代号与 α 主轴放大器模块都是相同的。βiSV 伺服放大器和 βiSVSP 伺服放大器各部件的名称与功能见表 4-2-2。

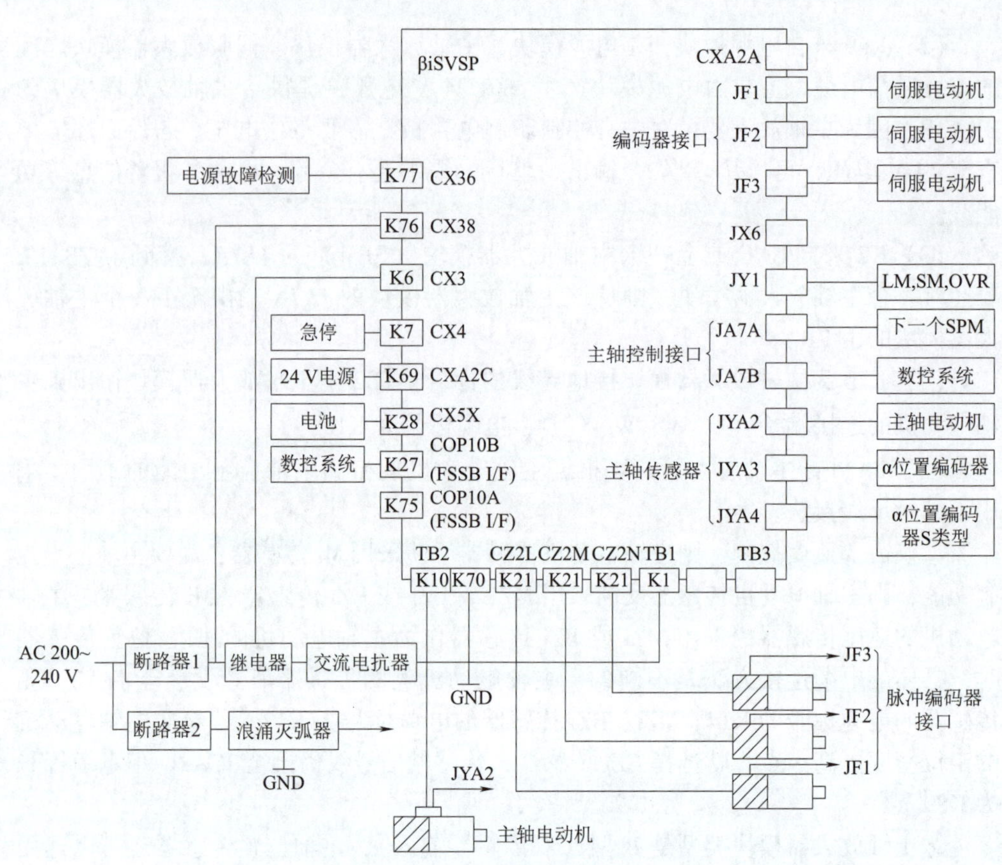

图 4-2-6 βiSVSP 伺服放大器总体连接图

表 4-2-2 βiSV 伺服放大器和 βiSVSP 伺服放大器各部件的名称与功能

标注名称		功能
βiSV	βiSVSP	
CZ7-1	TB1	主电源输入
CZ7-2	无（内置）	外置放电电阻
CZ7-3	CZ2L/CZ2M/CZ2N	连接伺服电动机
CX29	CX3	主电源控制内部继电器触点 MCC
CX30	CX4	外部控制伺服急停
CXA20	无（内置）	外置放电电阻温度检测报警
CXA19A/CXA19B	CXA2A/CXA2C	控制电源直流 24 V 接口
COP10A/COP10B	COP10A/COP10B	FSSB 光缆接口
JF1	JF1/JF2/JF3	脉冲编码器反馈接口
CX5X	CX5X	绝对式编码器电池接口
无	CX38	断电检测输出接口
无	JX6	断电后备模块

4.2.3 主轴的控制与连接

主轴的控制方法主要有三种，见表4-2-3，其控制的主轴转速基本相同。

表4-2-3 主轴的控制方法

名称	功能
串行接口	用于连接FANUC公司的主轴放大器，在主轴放大器和CNC之间进行串行通信，交换转速和控制信号
模拟接口	用模拟电压通过变频器控制主轴电动机的转速
12位二进制	用12位二进制代码控制主轴电动机的转速

1）主轴串行接口控制

主轴串行输出的最大轴数：FANUC 0i-ID系统可以控制最多3根（每条路径2根）串行主轴；FANUC 0i-MD系统可以控制最多2根串行主轴；FANUC 0i Mate-TD/0i Mate-MD系统只能控制单根串行主轴。在使用串行主轴时，需设置相关参数，参数SSN（8133#5）设定为0，参数A/S（3716#0）设定为1，参数3717设定为1。

2）主轴模拟接口控制

主轴模拟输出可以控制最多1根模拟主轴。使用模拟主轴时，将参数A/S（3716#0）设定为0，参数3717设定为1。

3）位置编码器

要进行每转进给和螺纹切削，需要连接主轴位置编码器。通过主轴位置编码器进行实际主轴旋转速度以及一转信号的检测（螺纹切削中用来检测主轴上的固定点）。位置编码器的脉冲数可以任意选择，在参数372中进行设定。当位置编码器与主轴之间插入齿轮比时，分别在参数3721和3722中设定位置编码器侧和主轴侧的齿轮比。采用主轴串行接口控制时，位置编码器接到主轴伺服放大器中，由主轴伺服放大器通过通信电缆将位置编码信号送至CNC系统中进行处理。采用主轴模拟接口控制时，位置编码器直接接到CNC系统的专用接口。

任务实施

4.2.4 主轴的电路连接

（1）绘制FANUC串行主轴硬件连接图。

（2）识别FANUC主轴放大器模块和设备的连接电气线路图。

（3）查看实训数控机床αi主轴放大器模块接口端子功能、βiSVSP伺服放大器各部件的名称与功能。

任务报告

在实训数控机床上，根据βiSVSP伺服放大器总体连接图，绘制主轴硬件连接示意图。

学习笔记

任务4.3　主轴单元数控系统参数设定

任务目标

1. 知识目标

（1）主轴单元数控系统的调试与维修。

（2）FANUC 串行主轴参数的设定与调整。

（3）FANUC 模拟主轴参数的设定与调整。

2. 技能目标

能够正确调试与维修主轴单元数控系统。

3. 素养目标

（1）培养学生正确认识、分析及解决问题的能力。

（2）培养学生具备工程科学思维、创新思维。

（3）培养学生团结协作、爱岗敬业的精神。

任务准备

1. 实验设备

FANUC 0i Mate-D 系统数控铣床实训台。

2. 实验项目

（1）主轴单元数控系统的调试与维修。

（2）串行主轴参数的设定与调整。

（3）模拟主轴参数的设定与调整。

知识链接

4.3.1　FANUC 串行主轴参数的设定与调整

1. FANUC 0i-D 数控系统串行主轴参数初始化

（1）在紧急停止状态下，给实验设备正常通电。在 MDI 方式下，检查主轴参数设置是否如下：参数 3716#0=1，参数 8133#5=0。

（2）在 MDI 方式下，按多次功能键 OFFSET SETTING，出现设定页面，使“写参数=1”。

（3）在 MDI 方式下，按多次功能键 SYSTEM，单击“参数”按钮，输入“4019”，再单击“搜索”按钮，进入参数 4019 页面。

（4）移动光标至参数 4019#7 位置，输入“1”，再单击“确定”按钮，将参数 LDSP（参数 4019#7）设定为 1，进入串行接口主轴参数的自动设定界面。

（5）设定电动机型号代码。输入“4133”，再单击“搜索”按钮，进入参数 4133 页面。设定此参数前，需查看主轴电动机标签上的电动机规格，根据表 4-3-1 查找主轴电动机代码，如标签上标 βiI3/10000（2 000/10 000 min^{-1}），在伺服放大器上查找标签，查到伺服放大器规格为 βiSVSP-7.5，对照表 4-3-1 可知，实验电动机代码为 332。

表 4-3-1　主轴电动机代码表

型号	βiI3/10000	βiI6/10000	βiI8/10000	βiI2/10000		αic15/6000
代码	332	333	334	335		246
型号	αic1/6000	αic2/6000	αic3/6000	αic6/6000	αic8/6000	αic12/6000
代码	240	241	242	243	244	245
型号	αi5/10000	αi1/10000	αi1.5/10000	αi2/10000	αi3/10000	αi6/10000
代码	301	302	304	306	308	310
型号	αiI8/8000	αiI12/7000	αiI15/7000	αiI8/7000	αiI22/7000	αiI30/6000
代码	312	314	316	318	320	322
型号	αiI40/600	αiI50/4500	αiI1.5/1500	αiI2/1500	αiI3/2000	αiI6/12000
代码	323	324	305	307	309	401

（6）断开 CNC 电源，再正常通电，与代码相关的标准初始值参数就装载到 CNC 系统 SRAM 中。

（7）可以再根据主轴电动机和主轴的连接关系设置与调整部分参数，如主轴最大速度参数 3741。

（8）FANUC 数控系统也提供了主轴设置菜单，同步进行主轴参数初始化、主轴参数设定、主轴参数调整以及主轴参数监控。

2. FANUC 0i-D 数控系统主轴参数的设定与调整

（1）画出系统与主轴放大器以及主轴电动机的连接示意图。注意主轴及主轴电动机速度和位置反馈检测连接关系。

（2）在实验设备正常通电和工作的情况下，按“急停”按钮，使系统处于紧急停止状态。

（3）在 MDI 方式下，使系统参数 3111#1=1，通过设定使系统显示主轴页面。

（4）多按几次功能键 SYSTEM，出现参数等页面，依次单击“+”→“SP 设定”按钮，现如图 4-3-1 所示页面，记下页面设定值并检查以下项目。

①电动机代码与电动机名称是否与实物对应。

②主轴最高转速和主轴电动机最高速度是否与实物对应。

③主轴传感器和电动机传感器类别是否与实物一致。

④主轴电动机、主轴和编码器三者的旋转方向是否符合参数设定。

（5）进入参数页面。

（6）多按几次功能键 SYSTEM，出现参数等页面，依次单击“+”→“SP 调整”按钮，出现如图 4-3-2 所示页面。

（7）松开急停按钮，实验设备处于正常运行状态，在 MDI 方式下编制程序：

N10 M03 S200；

N20 M05；M02。

(8) 选择单段方式，按循环启动功能按键，参考步骤（6），进入主轴调整页面，观察主轴电动机以及主轴转速监视的显示情况。

(9) 若能正确显示主轴电动机和主轴当前速度，说明主轴电动机在速度控制方式下，参数设定是正确的。

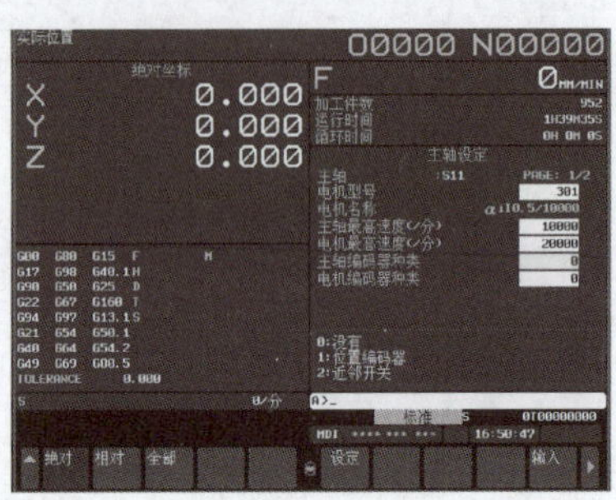

图 4-3-1　参数设定页面

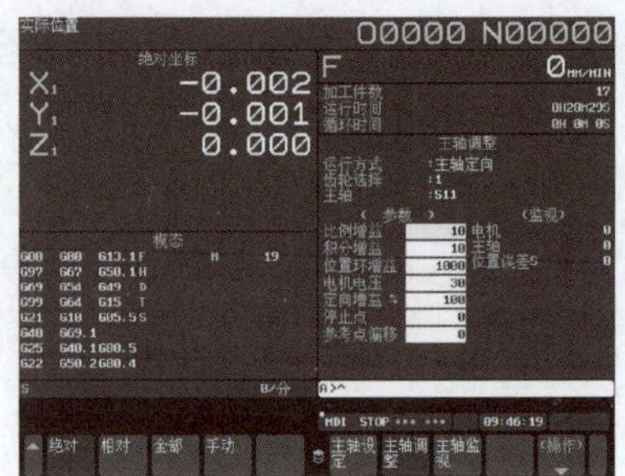

图 4-3-2　主轴调整页面

任务实施

4.3.2　主轴参数的设定

1. 串行主轴的初始化设定步骤

1）准备

在急停状态下，进入“参数设定支援”页面，单击“操作”按钮，将光标移动至“主轴设定”处，单击“选择”按钮，出现参数设定页面，此后的参数设定就在该页面中进行，如图 4-3-2 所示。

2）操作

(1) 电动机型号的输入。可以在“主轴设定”页面下的“电动机型号”栏中输入电动机型号。单击“代码”按钮，显示电动机型号代码页面，在光标位于“电动机型号”项目时显示代码。要从电动机型号代码页面返回到上一页面，单击“返回”按钮。

切换到电动机型号代码页面时，显示电动机型号代码所对应的电动机名称和放大器名称。将光标移动到希望设定的代码编号处，单击“选择”按钮，输入完成。希望输入表中没有的电动机型号时，直接输入电动机代码。

(2) 数据的设定。在所有项目中输入数据后，单击“设定”按钮，CNC 即设定启动主轴所需的参数值。

正常完成参数的设定后，“设定”按钮将被隐藏起来，并且控制主轴参数自动设定的参数 SPLD（4019#7）置为 1。改变数据时，再次显示“设定”按钮，控制主轴参数自动设定的参数 SPLD（4019#7）置为 0。

在项目中尚未输入数据的状态下单击“设定”按钮时，将光标移动到未输入数据的项目处，会提示“请输入数据”，输入数据后单击“设定”按钮即可。

(3) 数据的传输（重新启动 CNC）。若只是单击“设定”按钮，则并未完成启动主轴所需的参数设定。只有在“设定”按钮隐藏的状态下将 CNC 断电重启后，

学习笔记

CNC 才完成启动主轴所需参数值的设定。

“主轴设定”页面中需要进行设定的项目见表 4-3-2。

表 4-3-2 “主轴设定”页面中需要进行设定的项目

项目名称	参数号	简要说明	备注
电动机型号	4133	设定电动机型号参数	参数也可通过查阅主轴电动机代码直接输入
电动机名称			根据所设定的电动机型号显示电动机名称
主轴最高速度/(r·min^{-1})	3741	设定主轴的最高速度	该参数设定主轴第 1 挡的最高转速，而非主轴的限制速度参数（参数 3736）
电动机最高速度/(r·min^{-1})	4020	主轴速度最高时的电动机速度，设定为电动机规格最高速度以下	
主轴编码器种类	4002#3 4002#2 4002#1 4002#0		主轴编码器种类为位置编码器时显示该项目
编码器旋转方向	4001#4	0：与主轴相同的方向 1：与主轴相反的方向	
电动机编码器种类	4010#2 4010#1 4010#0		下列情况下显示该项目： 1）主轴编码器种类为位置编码器或接近开关 2）没有主轴编码器种类，且电动机编码器种类为 MZ 传感器
电动机旋转方向	4000#0	0：与主轴相同的方向 1：与主轴相反的方向	
接近开关检出脉冲	4004#3 4004#2		
主轴侧齿轮齿数	4171	设定主轴传动中主轴侧齿轮的齿数	
电动机侧齿轮齿数	4172	设定主轴传动中电动机侧齿轮的齿数	

可在“参数设定支援”页面的“主轴设定”菜单中单击“代码”按钮，显示主轴电动机代码进行设定，也可查表后输入主轴电动机代码。

2. 模拟主轴设定与调整

当使用模拟主轴时，系统可以提供-10~10 V 的电压，由系统中 JA40 的 5/7 脚引出。

1）在使用模拟主轴时要注意的问题

在 PMC 中，主轴急停信号/主轴停止信号/主轴倍率需要处理。

主轴急停信号：*ESPA，G71.1=1；

主轴停止信号：*SSTP，G29.6=1；

主轴倍率：在 PMC 地址 G30 中处理主轴倍率，倍率范围为 0~254%。

2）设置主轴参数

（1）主轴速度参数。在 3741 中设定 10 V 对应的主轴速度。

例如：3741 设定为 2000，当程序执行 S1000 时，JA40 上的输出电压为 5 V。

（2）主轴控制电压极性参数。系统提供的主轴模拟控制电压必须与连接的变频器的控制极性相匹配。当使用单极性变频器时，可通过参数 3706#7（TCW）和 3706#6（CWM）来控制主轴输出时的电压极性（采用默认设置即可）。

（3）速度误差调整。主轴的实际速度和理论速度存在误差往往是由于主轴倍率不正确或输出电压存在零点漂移引起的。如果是后者，可通过相关参数进行调整，具体如下：

先将指令转速设为 0，测量 JA40 电压输出端，调整参数 3731（主轴速度偏移补偿值），使万用表上的显示值为 0 mV。设定值=-1 891×偏置电压(V)/12. 5。

再将指令转速设为主轴最高转速参数 3741 设定的值，测量 JA40 电压输出端，调整参数 3730（主轴速度增益），使万用表上的显示值为 10 V。参数 3730 设定值的计算方法：先设定参数 3730 为 1 000，并测量输出电压，则设定值为 10 V×1 000/测定的电压值。然后将实际设定值输入参数 3730 中，使万用表上的显示值为 10 V。

再次执行 S 指令，确认输出电压是否正确。

（4）主轴的正反转控制。在梯形图中处理主轴的正反转输出信号，通过 PMC 的输出点控制变频器的正反转输入端子来实现。

（5）主轴速度到达检测。当使用模拟主轴时，无主轴速度到达信号。注意：3708#0（SAR）信号需为 1。

（6）主轴速度检测。

3. 案例分析

以 850 型数控加工中心上采用的串行主轴为例进行主轴设定分析，该加工中心的主轴结构参数见表 4-3-3，其串行主轴结构如图 4-3-3 所示。

表 4-3-3　850 型数控加工中心的主轴结构参数

部件	参数
主轴模块：SPAISP Ⅱ	
主轴电动机：αiI12/7000	12 kW，7 000 r/min，带 MZi 传感器
主轴与主轴电动机的连接方式	采用同步带连接，变速比为 1∶1

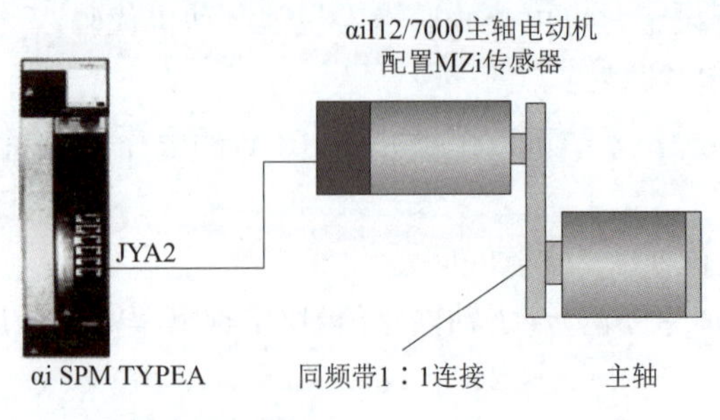

图 4-3-3　串行主轴结构

学习笔记

步骤1：分析加工中心主轴需要完成的功能。

（1）速度控制。

（2）主轴定向。

（3）刚性攻螺纹。

步骤2：设定主轴参数的初始化。

确认在“参数设定支援”页面“轴设定”菜单中的主轴组参数设定正确。主轴初始化参数设定值见表4-3-4。

表4-3-4　主轴初始化参数设定值

名称	设定值
3716#0	1（串行主轴）
3717	1（第一主轴）

在“参数设定支援”页面中进入“主轴设定”页面，如图4-3-4所示。

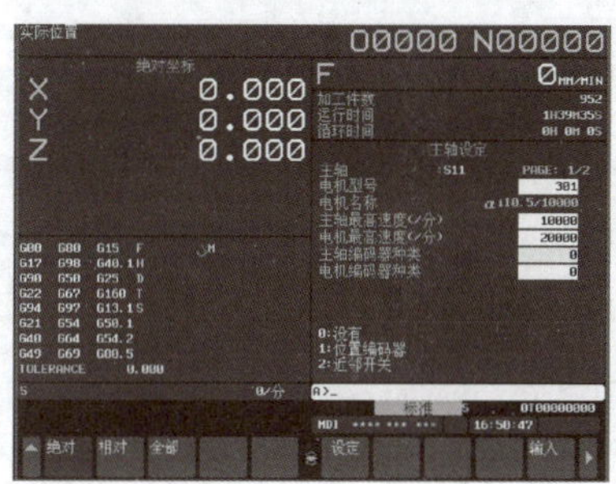

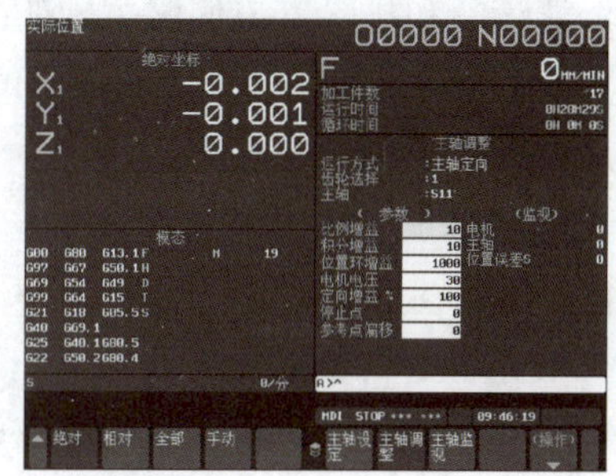

图4-3-4　主轴组参数设定

（1）选择电动机型号。查表4-3-1可知，αiI12/7000的电动机代码为314，将其填入对应项目中。此时主轴设定项目内容将发生变化。数据发生改变后，多了“设定”按钮。

（2）根据主轴的结构特点，得到主轴最高速度=电动机最高速度=7 000 r/min，将其填入对应项目中。

（3）主轴不带编码器，设定为0。

（4）根据主轴电动机型号特点，主轴电动机编码器带MZi传感器，设定为1。

（5）电动机旋转方向为同向。

（6）单击“设定”按钮，CNC即设定启动主轴所需的参数值。确认“设定”按钮已隐藏，则系统及主轴放大器断电重启。注意：主轴参数一般放在主轴放大器中，故断电时也需要把主轴放大器断电重启。

（7）系统重新启动后，CNC完成启动主轴所需参数值的设定，即可在速度控制模式下运转主轴。

刚性攻螺纹和主轴定位功能则需经过PMC和系统参数的设定后才可执行，详见功能手册。

学习笔记

任务报告

查阅资料，完成汇总报告：阐述串行主轴相关参数的设定及调试。

任务 4.4　主轴系统的故障诊断与维修

任务目标

1. 知识目标

(1) 熟悉直流伺服主轴的故障诊断及排除方法。

(2) 掌握交流伺服主轴的故障诊断及排除方法。

(3) 熟悉主轴伺服系统的维护方法。

2. 技能目标

(1) 能诊断和排除直流伺服主轴的故障。

(2) 能诊断和排除交流伺服主轴的故障。

(3) 会维护主轴伺服系统。

3. 素养目标

(1) 培养学生正确认识、分析及解决问题的能力。

(2) 培养学生具备工程科学思维、创新思维。

(3) 培养学生团结协作、爱岗敬业的精神。

任务准备

1. 实验设备

FANUC 0i Mate-D 系统数控铣床实训台。

2. 实验项目

(1) 诊断和排除直流伺服主轴的故障。

(2) 诊断和排除交流伺服主轴的故障。

(3) 维护主轴伺服系统。

知识链接

4.4.1　数控机床主轴维修概述

当主轴伺服系统发生故障时，通常有三种表现形式：一是在 CRT 或操作面板上显示报警内容或报警信息；二是在主轴驱动装置上用警告灯或数码管显示主轴驱动装置的故障；三是主轴工作不正常，但无任何报警信息。

主轴伺服系统常见的故障有以下几种。

1. 外界干扰

由于受到电磁干扰、屏蔽和接地措施不良的影响，主轴转速指令信号或反馈信号受到干扰，使主轴驱动出现随机和无规律性的波动。判别有无干扰的方法是当主轴转速指令为零时，主轴仍往复转动，调整零速平衡和漂移补偿也不能消除故障。

2. 过载

切削用量过大，或频繁地正、反转变速等均可引起过载报警，具体表现为主轴电动机过热、主轴驱动装置显示过电流报警等。

3. 主轴定位抖动

主轴的定向控制（也称主轴定位控制）是将主轴准确停在某一固定位置上，以便在该位置进行刀具交换、精镗退刀及齿轮换挡等动作。

1）可实现主轴准停定向的方式

（1）机械准停控制。由带 V 形槽的定位盘和定位用的液压缸配合动作。

（2）磁性传感器的电气准停控制。发磁体安装在主轴后端，磁传感器安装在主轴箱上，其安装位置决定了主轴的准停点，发磁体和磁传感器间的间隙为（1.5±0.5）mm。

（3）编码器型的电气准停控制。通过在主轴电动机内安装或在机床主轴上直接安装一个光电编码器来实现准停控制，准停角度可任意设定。

2）产生主轴定位抖动故障的原因

（1）准停均要经过减速的过程，减速或增益等参数设置不当，均可引起定位抖动。

（2）采用位置编码器作为位置检测元件的准停方式时，定位液压缸活塞移动的限位开关失灵，引起定位抖动。

（3）采用磁性传感头作为位置检测元件时，发磁体和磁传感器之间的间隙发生变化或磁传感器失灵，引起定位抖动。

4. 主轴转速与进给不匹配

当进行螺纹切削或用每转进给指令切削时，可能出现停止进给但主轴仍继续转动的故障。系统要执行每转进给的指令，主轴每转必须由主轴编码器发出一个脉冲反馈信号。主轴转速与进给不匹配故障一般是由于主轴编码器有问题，可用以下方法来确定。

（1）CRT 界面有报警显示。

（2）通过 CRT 调用机床数据或 I/O 状态，观察编码器的信号状态。

（3）用每分钟进给指令代替每转进给指令来执行程序，观察故障是否消失。

5. 转速偏离指令值

当主轴转速超过技术要求规定的范围时，要考虑的因素如下：

（1）电动机过载。

（2）CNC 系统输出的主轴转速模拟量（通常为 0～10 V）没有达到与转速指令对应的值。

（3）测速装置有故障或速度反馈信号断线。

（4）主轴驱动装置故障。

6. 主轴异常噪声及振动

首先要区别异常噪声及振动是发生在主轴机械部分还是电气驱动部分。

学习笔记

（1）在减速过程中发生异常噪声，一般是由驱动装置造成的，如交流驱动中的再生回路故障。

（2）在恒转速时产生异常噪声，可通过观察主轴电动机自由停车过程中是否有噪声和振动来区别。如果有，则是主轴机械部分有问题。

（3）检查振动周期是否与转速有关。如果无关，一般是主轴驱动装置未调整好；如果有关，应检查主轴机械部分是否良好，测速装置是否不良。

7. 主轴电动机故障

目前多用交流主轴，下面就以交流主轴电动机为例介绍其故障。直流电动机故障报警内容与之基本相同，故下面所述的分析方法也适用于直流主轴伺服单元。

（1）主轴电动机不转。CNC 系统至主轴驱动装置除了转速模拟量控制信号外，还有使能控制信号，一般为 DC 24 V 继电器线圈电压。

①检查 CNC 系统是否有速度控制信号输出。

②检查使能信号是否接通。通过 CRT 观察 I/O 状态，分析机床 PLC 梯形图（或流程图），以确定主轴的启动条件，如润滑、冷却等条件是否满足。

③主轴驱动装置故障。

④主轴电动机故障。

（2）电动机过热的原因。电动机负载太大；电动机冷却系统太脏；电动机内部风扇损坏；主轴电动机与伺服单元间连线断线或接触不良。

（3）电动机速度偏离指令值的原因。

①电动机过载。有时转速限值设定太小，也会造成电动机过载。

②如果报警是在减速时发生的，则故障多发生在再生回路，可能是再生控制不良或再生用晶体管模块损坏。如果只是再生回路的熔丝烧断，则大多数是因为加速/减速频率太高所致。

③如果报警是在电动机正常旋转时产生的，可在急停后用手转动主轴，用示波器观察脉冲发生器的信号。如果波形不变，则说明脉冲发生器有故障或速度反馈断线；如果波形有变化，则可能是印制电路板不良或速度反馈信号有问题。

（4）电动机速度超过最大额定速度值。引起此报警的原因可能是印制电路板设定有误或调整不良；印制电路板上的 ROM 存储器不对；印制电路板有故障。

（5）电动机速度超过最大额定速度（当采用数字检测系统时）。原因同上。

（6）交流主轴电动机旋转时出现异常噪声与振动。对这类故障，可按下述方法进行检查和判断。

①检查异常噪声和振动是在什么情况下发生的。如果是在减速过程中发生的，则再生回路可能有故障，此时应着重检查再生回路的晶体管模块及熔丝是否已烧断；如果是在稳速旋转时发生的，则应确认反馈电压是否正常。如果反馈电压正常，可在电动机旋转时拔下指令信号插头，观察电动机停转过程中是否有异常噪声。如果有噪声，说明机械部分有问题；如果无噪声，说明印制电路板有故障。

②如果反馈电压不正常，则应检查振动周期是否与速度有关。如果与速度无关，则可能是调整不好或机械问题或印制电路板不良。

③如果振动周期与速度有关，则应检查主轴与主轴电动机的齿数比是否合适，

主轴的脉冲发生器是否良好。

（7）交流主轴电动机不转或达不到正常转速。其检查步骤和可能的原因如下：

①观察 NC 给出速度指令后，警告灯是否亮。如果警告灯亮，则按显示的报警号处理，如果报警灯不亮，则检查速度指令 VCMD 是否正常。如果 VCMD 不正常，则应检查指令是否为模拟信号。如果是模拟信号，则 NC 系统内部有问题；如果不是，则是 D/A 转换器有故障。如果 VCMD 指令正常，应观察是否有准停信号输入。如果有这个信号输入，则应解除这个信号，否则，可能是设定错误，或是印制电路板调整不良或印制电路板不良。

②主轴不能启动还可能是传感器安装不良，而磁性传感器没有发出检测信号。

③电缆连接不好也会引起此故障。

4.4.2 FANUC 串行主轴的维修

为了维护和维修方便，提供了多方面的 FANUC 串行主轴维护和维修手段，从系统诊断 400 开始就提供了与主轴有关的诊断信息；在主轴放大器七段 LED 数码管上也显示了运行状态。主轴监控页面如图 4-4-1 所示。

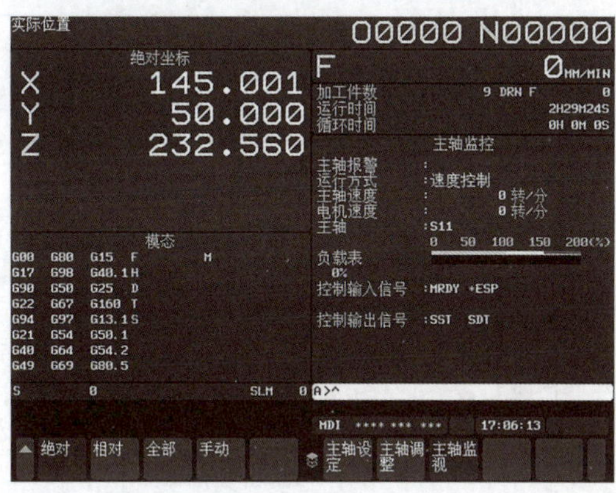

图 4-4-1　主轴监控页面

在图 4-4-1 所示的页面中，可以选择主轴设定页面、主轴调整页面和主轴监视页面。主轴监视页面提供了丰富的维护和维修信息，为维护和维修带来了极大的方便。现代数控机床要充分利用数控系统提供的丰富信息进行故障诊断和维修。

在 FANUC 主轴监控页面中有监控信息，如图 4-4-1 所示，不同的运行方式有不同的参数调整和不同的监视内容。

（1）“主轴报警”信息栏提供了当主轴报警时即时显示的主轴以及主轴电动机等的主轴报警信息。主轴报警信息达 63 种，部分主轴报警信息见表 4-4-1。

表 4-4-1　部分主轴报警信息

报警号	报警信息	报警号	报警信息	报警号	报警信息
1	电动机过热	29	短暂过载	61	半侧和全侧位置返回误差报警

续表

报警号	报警信息	报警号	报警信息	报警号	报警信息
2	速度偏差过大	30	输入电路过电流	65	磁极确定动作时的移动量异常
3	直流电路熔断器熔断	31	电动机受限制	66	主轴放大器间通信报警
4	输入熔断器熔断	32	用于传输的 RAM 异常	72	电动机速度判定不一致
6	温度传感器断线	33	直流电路充电异常	73	电动机传感器断线
7	超速	34	参数设定异常	80	主轴放大器异常
9	主回路过载	41	位置编码器一转信号检测错误	82	尚未检测出电动机传感器一转信号
11	直流电路过电压	42	尚未检测出电动机传感器一转信号	83	电动机传感器信号异常
12	直流电路过电流	43	差速控制用位置编码器信号断线	84	主轴传感器断线
15	输出切换报警	46	螺纹切削用位置传感器转信号检测错误	85	主轴传感器一转信号检测错误
16	RAM 异常	47	位置编码器信号异常	87	主轴传感器信号异常
19	U 相电流偏置过大	51	变频器直流链路过电压	110	放大器间通信异常
20	V 相电流偏置过大	52	ITP 信号异常	111	变频器控制电源低电压
21	位置传感器极性设定错误	56	内部散热风扇停止	112	变频器再生电流过大
24	传输数据异常或停止	57	变频器减速电力过大	120	通信数据报警
27	位置编码器断线	58	变频器主回路过载	137	设备通信异常

在维修当中，通过主轴参数调整监控页面，可以很直观地了解主轴放大器、主轴电动机、主轴传感器反馈等相关故障诊断信息。要充分利用主轴监控页面提供的故障诊断信息。

（2）“运行方式”信息栏提供了当前主轴的运行方式。FANUC 主轴运行方式比较丰富和灵活，主要有速度控制、主轴定向、同步控制、刚性攻螺纹、主轴轮廓（Contour Control，CS）控制和主轴定位控制（T 系列）。不是每种主轴都有 6 种运行方式，主要取决于机床制造厂家是否二次开发了用户需要的运行方式，而且有的运行方式还需要数控系统具备相应的软件选项，以及主轴电动机具备实现功能的硬件。

（3）主轴控制输入信号。编制 PMC 程序使主轴实现相关功能时，经常把逻辑处理结果输出到 PMC 的 G 地址，最终实现主轴功能。例如，要使第 1 主轴正转，需要编制包含 M03 的加工程序，经过梯形图逻辑处理输出到 G70. 5，而 FANUC 公司规定 G70. 5 地址信号用符号表示就是 SFRA，即只要第 1 主轴处于正转状态，就能在“控制输入信号”栏看到“SFR”，在“主轴”栏看到“SI”常用的主轴控制输入信号，见表 4-4-2。

表 4-4-2 常用的主轴控制输入信号

信号符号	信号含义	信号符号	信号含义
TLML	转矩限制信号（低）	* ESP	急停（负逻辑）信号
TLMH	转矩限制信号（高）	SOCN	软启动/停止信号
CTH1	齿轮信号 1	RSL	输出切换请求信号
CTH2	齿轮信号 2	RCH	动力线状态确认信号
SRV	主轴反转信号	INDX	定向停止位置变更信号
SFR	主轴正转信号	ROTA	定向停止位置旋转方向信号
ORCM	主轴定向信号	NRRO	定向停止位置快捷信号
MRDY	机械准备就绪信号	INTC	速度积分控制信号
ARST	报警复位信号	DEFM	差速方式指令信号

（4）主轴控制输出信号。主轴控制输出信号的理解思路与主轴控制输入信号一样。当主轴控制处于某个状态时，由 CNC 把相关的状态输出至 PMC 的 F 存储区，使维修人员很直观地了解主轴目前所处的控制状态。例如，当第 1 主轴速度达到运行转速时，CNC 就输出速度到达信号，信号地址是 F45.3，FANUC 定义的符号是 SARA，在“控制输出信号”栏可看到“SAR”，在“主轴”栏看到“S1”。常用的主轴控制输出信号见表 4-4-3。

表 4-4-3 常用的主轴控制输出信号

信号符号	信号含义	信号符号	信号含义
ALM	报警信号	LDT2	负载检测信号 2
SST	速度零信号	TLM5	转矩限制中信号
SDT	速度检测信号	ORAR	定向结束信号
SAR	速度到达信号	SRCHP	输出切换信号
LDT1	负载检测信号 1	RCFN	输出切换结束信号

任务实施

4.4.3 直流主轴伺服系统故障

1. 直流主轴伺服系统发生故障的原因（表 4-4-4）

表 4-4-4 直流主轴伺服系统发生故障的原因

直流主轴伺服系统故障	发生故障的可能原因
主轴不转	①印制电路板太脏 ②触发脉冲电路故障，没有脉冲产生 ③高/低挡齿轮切换用的离合器切换不好 ④主轴电动机动力线断线或与主轴控制单元连接不良 ⑤机床负载太大 ⑥机床未给出主轴旋转信号

续表

直流主轴伺服系统故障	发生故障的可能原因
电动机转速异常或转速不稳定	①D/A 转换器故障 ②测速发电机断线 ③速度指令错误 ④电动机失效（包括励磁丧失） ⑤过载 ⑥印制电路板故障
主轴电动机振动或噪声太大	①电源断相或电源电压不正常 ②控制单元上的电源开关设定（50 Hz/60 Hz 切换）错误 ③伺服单元上的增益电路和颤抖电路调整不好 ④电流反馈回路未调整好 ⑤三相输入的相序不对 ⑥电动机轴承故障 ⑦主轴齿轮啮合不好或主轴负载太大
发生过电流报警	①电流极限设定错误 ②同步脉冲紊乱 ③主轴电动机电枢线圈内部短路 ④15 V 电源异常
速度偏差过大	①负载太大 ②电流零信号没有输出 ③主轴被制动
熔丝熔断	①印制电路板不良（LED1 灯亮） ②电动机不良 ③测速发电机不良（LED2 灯亮） ④输入电源反相（LED3 灯亮） ⑤输入电源断相
热继电器跳闸	LED4 灯亮，表示过载
电动机过热	LED4 灯亮，表示过载
过电压吸收器烧坏	由外加电压过高或干扰引起
运转停止	LED5 灯亮，表示电源电压太低，控制电源混乱
LED2 灯亮	励磁丧失
速度达不到最高转速	①励磁电流太大 ②励磁控制回路不动作 ③晶闸管整流部分太脏，造成绝缘能力降低
主轴在加、减速时工作不正常	①减速极限电路调整不良 ②电流反馈回路不良 ③加减速回路时间常数设定和负载惯量不匹配 ④传动带连接不良
电动机电刷磨损严重，或电刷上有火花痕迹，或电刷滑动面上有深沟	①过载 ②换向器表面太脏或有伤痕 ③电刷上粘有大量的切削液 ④驱动回路给定不正确

2. 直流伺服主轴故障诊断及排除实例分析

故障现象 1：某加工中心主轴在运转时抖动，主轴箱噪声增大，影响加工质量。

故障处理：经检查，主轴箱和直流主轴电动机正常，因此转而检查主轴电动机的控制系统。经测试，速度指令信号正常，而速度反馈信号出现不应有的脉冲信号，问题出在速度检测元件即测速发电机上。当主轴电动机运转时，带动测速发电机转子一起运转，使测速发电机的输出正比于主轴电动机转速的直流反馈电压。经检查，测速发电机电刷完好，但换向器因炭粉堵塞而造成一绕组断路，使得测速反馈信号出现规律性的脉冲，导致速度调节系统调节不平稳，使驱动系统输出的电流忽大忽小，从而造成电动机轴的抖动。

故障排除：用酒精清洗换向器，彻底清除炭粉，故障即排除。

故障现象 2：某加工中心采用直流主轴电动机逻辑无环流可逆调速系统，当用 M03 指令启动时，有“咔、咔”的冲击声，电动机换向片上有轻微的火花，启动后无明显的异常现象；用 M05 指令使主轴停止运转时，换向片上出现强烈的火花，同时伴有“叭、叭”的放电声，随即交流回路的熔丝熔断。火花的强烈程度与电动机的转速有关，转速越高，火花越大，启动时的冲击声也越明显。用急停方式停止主轴，换向片上没有任何火花。

故障处理：该机床的主轴电动机有两种制动方式：①电阻能耗制动，只用于急停。②回馈制动，用于正常停机（M05）。主轴直流电动机驱动系统是一个逻辑无环流可逆控制系统，任何时候不允许正、反两组晶闸管同时工作，制动过程为“本桥逆变—电流为零—他桥逆变制动”。根据故障特点，急停时无火花，而使用 M05 指令停机时有火花，说明故障与逆变电路有关。他桥逆变时，电动机运行在发电机状态，导通的晶闸管始终承受着正向电压，这时晶闸管触发控制电路必须在适当时刻使导通的晶闸管受到反压而被迫关断。若是漏发或延迟了触发脉冲，已导通的晶闸管就会因得不到反压而继续导通，并逐渐进入整流状态，其输出电压与电动势呈顺极性串联，造成短路，使换向片上出现火花、熔丝熔断。同理，启动过程的整流状态中，若漏发触发脉冲，已导通的晶闸管会在经过自然换向点后自行关断，这将导致晶闸管输出断续，造成电动机启动时的冲击。因此，本故障是由晶闸管的触发电路故障引起的。

故障排除：更换晶闸管。

故障现象 3：某数控车床 FANUC 0-TC 系统，主轴转速不稳。在机床切削加工过程中，主轴转速不稳定。

故障处理：利用 MDI 方式启动主轴时，发现主轴稳定旋转没有问题；而进行自动切削加工时，经常出现转速不稳的问题。在加工时仔细观察屏幕，除了主轴实际转速变化外，主轴速度的倍率数值也在变化。检查主轴转速倍率设定开关，没有问题；对电气连线进行检查，发现主轴倍率开关的电源连线开焊，由于加工振动，导致电源线接触不良，有时能够接触上，有时接触不上，造成主轴转速不稳；而在 MDI 方式下没有进行加工，没有振动，所以电源线连接上了，倍率没有变化，主轴转速也就是稳定的。

故障排除：将该开关上的电源线焊好后，主轴转速恢复稳定。

4.4.4 交流伺服主轴驱动系统常见故障的诊断与排除

交流主轴驱动系统按信号形式，可分为交流模拟型主轴驱动单元和交流数字型主轴驱动单元。交流主轴驱动除了有与直流主轴驱动同样的过热、过载、转速不正常报警或故障外，还有其他的故障。

1. 主轴不能转动，且无任何报警显示

产生主轴不能转动，且无任何报警显示故障的可能原因及排除方法见表4-4-5。

表4-4-5 主轴不能转动，且无任何报警显示的故障原因及排除方法

可能原因	检查步骤	排除方法
机械负载过大	在停机的状态下，查看传动带的松紧程度	尽量减轻机械负载
连接主轴与电动机的传动带过松		调整传动带
主轴中的拉杆未拉紧夹持具的拉钉	（在车床上就是卡盘主轴中未夹紧工件）	重新装夹好刀具或工件
系统处在急停状态	检查主轴单元的主交流接触器是否吸合	根据实际情况松开急停开关
机械“准备好”信号断路		排查机械“准备”信号电路
主轴动力线断线	用万用表测量动力线电压	确保电源输入正常
电源断相		
正反转信号同时输入	利用PLC监查功能查看相应信号	一般为数控装置的输出有问题
无正反转信号	通过PLC监视画面，观察正反转指示信号是否发出	
没有速度控制信号输出	测量输出的信号是否正常	排查系统的主轴信号输出端子
使能信号没有接通	通过CRT观察I/O状态，分析机床PLC梯形图（或流程图），以确定主轴的启动条件，如润滑、冷却等条件是否满足	检查外部启动的条件是否符合
主轴驱动装置故障	有条件的话，利用交换法确定是否有故障	更换主轴驱动装置
主轴电动机故障		更换电动机

2. 速度指令无效，转速仅有1~2 r/min

主轴速度指令无效，转速仅有1~2 r/min故障的可能原因及排除方法见表4-4-6。

表4-4-6 主轴速度指令无效，转速仅有1~2 r/min故障的可能原因及排除方法

可能原因	检查步骤	排除方法
动力线接线错误	检查主轴伺服与电动机之间的U、V、W连线	确保连线对应
CNC模拟量输出D/A转换电路故障	用交换法判断是否有故障	更换相应电路板

续表

可能原因	检查步骤	排除方法
CNC 速度输出模拟量与驱动器连接不良或断线	测量相应信号，是否有输出且是否正常	更换指令发送口或更换数控装置
主轴驱动器参数设定不当	查看驱动器参数是否正常	依照说明书正确设置参数
反馈线连接不正常	查看反馈连线	确保反馈连线正常
反馈信号不正常	检查反馈信号的波形	调整波形至正确或更换编码器

3. 速度偏差过大

速度偏差过大指主轴电动机的实际速度与指令速度的误差值超过允许值，一般是启动时电动机没有转动或速度上不去。速度偏差过大报警的可能原因及故障排除方法见表 4-4-7。

表 4-4-7　速度偏差过大报警的可能原因及故障排除方法

可能原因	检查步骤	故障排除方法
反馈连线不良	不启动主轴，用手盘动主轴使主轴电动机以较快的速度转起来，估计电动机的实际速度监视反馈的实际转速	确保反馈连线正确
反馈装置故障		更换反馈装置
动力线连接不正常	用万用表或兆欧表检查电动机或动力线是否正常（包括相序不正常）	确保动力线连接正常
动力电压不正常		确保动力线电压正常
机床切削负载太大，切削条件恶劣		重新考虑负载条件，减轻负载，调整切削参数
机械传动系统不良		改善机械传动系统的工作条件
制动器未松开	查明制动器未松开的原因	确保制动电路正常
驱动器故障	利用交换法判断是否有故障	更换出错单元
电流调节器控制板故障		
电动机故障		

4. 过载报警

切削用量过大，频繁正、反转等均可引起过载报警，具体表现为主轴过热、主轴驱动装置显示过电流报警等。造成此故障的可能原因及排除方法见表 4-4-8。

表 4-4-8　过载报警故障的可能原因及排除方法

出现故障的时间	可能原因	检查步骤	排除方法
长时间开机后再出现此故障	负载太大	检查机械负载	调整切削参数，根据切削条件减轻负载
	热控开关坏了	频繁正、反转	更换热控开关
开机后即出现此报警	控制板有故障	用万用表测量相应引脚	更换热控开关
		用交换法判断是否有故障	如有故障，更换控制板

5. 主轴振动或噪声过大

首先要区别异常噪声及振动是发生在主轴机械部分还是电气驱动部分。检查方法如下。

（1）若在减速过程中发生异常噪声，一般是由驱动装置造成的，如交流驱动中的再生回路故障。

（2）若在恒转速时产生异常噪声，可通过观察主轴停车过程中是否有噪声和振动来区别，如果有，则主轴机械部分有问题。

（3）检查振动周期是否与转速有关。如果无关，一般是主轴驱动装置未调整好；如果有关，应检查主轴机械部分是否良好，测速装置是否不良。

主轴振动或噪声过大故障的可能原因及排除方法见表 4-4-9。

表 4-4-9　主轴振动或噪声过大故障的可能原因及排除方法

故障部位	可能原因	检查步骤	排除方法
电气部分故障	系统电源断相、相序不正确或电压不正常	测量输入的系统电源	确保电源正确
	反馈不正确	测量反馈信号	确保接线正确，且反馈装置正常
	驱动器异常。例如增益调整电路或颤动调整电路的调整不当		根据参数说明书设置好相关参数
	三相输入的相序不对	用万用表测量输入电源	确保电源正确
机械部分故障	主轴负载过大		重新考虑负载条件，减轻负载
	润滑不良	是否缺润滑油	加注润滑油
		是否为润滑电路或电动机故障	检修润滑电路
		是否漏润滑油	更换润滑油管
	连接主轴与主轴电动机的传动带过紧	在停机的情况下检查传动带的松紧程度	调整传动带
	轴承故障、主轴和主轴电动机之间离合器故障	目测判断此机械连接是否正常	调整轴承
	轴承拉毛或损坏	可拆开相关机械结构后目测判断	更换轴承
	齿轮有严重损伤		更换齿轮
	主轴部件动平衡不好（从最高速度向下时发生此故障）	当主轴电动机处于最高速度时，关掉电源，看惯性运转时是否仍有声音	校核主轴部件的动平衡条件，调整机械部分
	轴承预紧力不够或预紧螺钉松动		调紧预紧螺钉
	游隙过大或齿轮啮合间隙过大		调整机床间隙

6. 交流伺服主轴故障诊断及排除实例分析

故障现象1：在FANUC 0i数控系统正常使用的过程中，CNC上显示P9024，主轴放大器模块七段LED数码管上显示24。

故障诊断：

（1）CNC上显示的报警号是SP9024，显示信息内容为“SSPA：串行传送错误（AL-24）”。该报警信息说明CNC主轴串行通信时发生故障。观察到主轴放大器模块上七段LED数码管显示24，且七段LED数码管旁边的红色指示灯亮，说明目前七段LED数码管显示的是故障报警代码，不是错误代码。

（2）根据主轴放大器模块常见故障报警（表4-4-10）进行故障分析。

表4-4-10 主轴放大器模块常见故障报警

报警号	七段LED数码管显示	报警原因	故障分析及处理方法
SP9024	24	串行传输数据异常	1. CNC与主轴放大器模块之间电缆的噪声导致通信数据发生异常，应确认有关最大配线长度的条件 2. 通信电缆与动力线绑扎到一起时产生噪声，应分别绑扎 3. 电缆故障应更换电缆。使用光缆I/O连接适配器时，有可能是光缆I/O连接适配器或光缆故障 4. SPM故障。应更换SPM或SPM控制印制电路板 5. CNC故障。应更换与串行主轴相关的板或模块

①检查CNC与主轴放大器模块之间的电缆，若平时一直在使用此电缆，说明电缆长度没有问题。

②检查设备周围有无大的干扰源引起数据通信异常。

③若设备一直在使用，说明导线走线问题不大，可以暂不考虑。

④检查CNC与主轴放大器模块之间的通信电缆，有条件的可以直接更换一根好的电缆，或者用万用表检查导线连接情况，观察导线连接是否有虚焊情况或其他原因导致导线断开。

⑤若上述①~④都没有问题，可以考虑主轴放大器模块（SPM）故障，包括控制印制电路板故障和主电路故障。

在断电情况下，拔出主轴放大器模块的控制印制电路板，找出控制印制电路板上的订货号，更换相同规格的备件。

再正常通电，观察有无报警，若没有报警，说明故障就在控制印制电路板上，问题解决。

（3）故障依旧，再在断电情况下拆下原来主轴放大器模块上的电缆。

（4）把拆下来的电缆恢复到新换的主轴放大器模块上，并检查有无连接错误。

（5）正常通电，观察是否有故障。若还有故障，按照表4-4-10提示，故障可能在CNC上。

故障排除：在断电情况下，找出涉及主轴串口功能的电路板进行更换，故障排除。

故障现象2：某台配套数控系统、交流伺服驱动的卧式加工中心出现调节器模块不良引起的故障。

故障诊断：加工中心开机后，在机床手动回参考点时，系统出现 ALM1120 报警。系统出现 ALM1120 报警的含义是 X 轴移动过程中的误差过大。引起该故障的原因较多，但实质是 X 轴实际位置在运动过程中不能及时跟踪指令位置，使误差超过了系统允许的参数设置范围。

观察机床在 X 轴手动时，电动机未旋转，检查驱动器也无报警，且系统的位置显示值与位置跟随误差同时变化，初步判定 CNC 与驱动器均无故障。

进一步检查位置控制模块至 X 轴驱动器之间的连接，发现 X 轴驱动器上来自 CNC 的速度给定有电压输入，驱动器使能信号正常，但实际电动机不转，驱动器无报警。

因此，可以基本判定故障是由驱动器本身不良引起的。通过互换驱动器调节器模块，确认故障在调节器模块上。

故障排除：更换驱动器调节器模块后故障排除，机床恢复正常工作。

故障现象 3：某数控机床，驱动器是额定功率为 33 kW 的主轴驱动，无线路图。该驱动器无输出且有电压不正常的故障提示（F2）。

故障诊断：送上三相交流电，检查中间有无直流电压，发现无直流电压，说明整流滤波环节有故障。断电，进一步检查主回路，发现熔丝及阻容滤波的电阻都已损坏，换上相应的元器件，中间直流电压正常。但此时切勿急于通电，应再检查逆变主回路（如要测试整流、滤波环节是否正常，最好断开点 A 或点 B 后再进行测量）。检查逆变器主回路，发现有一组功率模块的 C、E 之间已击穿短路。

故障排除：换上功率模块后，逆变主回路已正常。凡是有模块损坏的情况，必须检查相应的前置放大回路。

4.4.5 其他主轴故障的维修

故障现象 1：某配套 FANUC 0－TC 的进口数控车床，开机后 CNC 显示“NOTREADY”，伺服驱动器无法启动。

故障诊断：由机床的电气原理图可以查得该机床急停输入信号，包括紧急按钮、机床 X/Z 轴的“超程保护”开关以及中间继电器 KA10 的常开触点等。检查急停按钮、“超程保护”开关均已满足条件，但中间继电器 KA10 未吸合。进一步检查 KA10 线圈，发现该信号由内部 PLC 控制，对应的 PLC 输出信号为 Y53.1。根据以上情况，通过 PLC 程序检查 Y53.1 的逻辑条件，确认故障是由机床主轴驱动器报警引起的。通过排除主轴报警，确认 Y53.1 输出为“1”，在 KA10 吸合后，再次启动机床，故障排除，机床恢复正常工作。

故障排除：更换轴承，重新安装好后，用声级计检测，主轴噪声降到 73.5 dB。

故障现象 2：CK6140 运行 1 200 r/min 时，主轴噪声变大。

故障诊断：CK6140 车床采用的是齿轮变速传动。一般来讲，主轴噪声主要有齿轮在啮合时的冲击和摩擦产生的噪声；主轴润滑油箱的油不到位产生的噪声；主轴轴承不良引起的噪声。

将主轴箱上盖的固定螺钉松开，卸下上盖，发现油箱的油在正常水平。检查该挡位的齿轮及变速用的拨叉，查看齿轮有没有毛刺及啮合硬点，结果正常，拨叉上的铜块没有摩擦痕迹，且移动灵活。在排除以上故障后，卸下带轮及卡盘，松开前、后锁紧螺母，卸下主轴，检查主轴轴承，发现轴承的外环滚道表面上有一个细小的凹坑碰伤。

故障排除：更换轴承。

任务报告

查阅资料，完成汇总报告：分别阐述直流主轴伺服系统的故障诊断与排除、交流主轴伺服系统的故障诊断与排除。

任务加油站

点亮万家的蓝领工匠——张黎明

二十大报告中指出，加快建设国家战略人才力量，努力培养造就更多大师、战略科学家、一流科技领军人才和创新团队、青年科技人才、卓越工程师、大国工匠、高技能人才。张黎明以“工匠精神”自勉，不忘根本，坚守“初心”，30 年扎根一线，是配电抢修一线的“活地图”和“急先锋”；作为“蓝领创客”，他精益求精，执着创新，一刻不懈怠地创新攻坚，持续将机器人迭代升级，目前已实现产业化，在全国 20 个省份推广应用，产值超过 7 亿元，累计代替人工作业超过 1.7 万次。《配网带电作业机器人导则》成功立项该领域首个 IEEE 国际标准，填补了配网带电作业领域国际标准的空白。张黎明还牵头研发了国内首个乘用车领域多工位自动充电机器人，在全国首个近零碳充电站——津门湖新能源车综合服务中心实践应用。下面就让我们来认识这样一位工人。

延伸阅读 4

视频饱览 4

项目5　数控机床 PMC 调试与维护

项目描述

可编程序机床控制器用于实现数控系统与机床本体之间的信息交换，如机床主轴的正/反转与启停、工件的夹紧与松开、液压与气动、切削液开关、润滑等辅助工作的顺序控制。本项目教学包括 FANUC 数控系统 PMC 的系统配置、各种 I/O 单元及模块的地址分配方法、机床操作面板强电柜和 PMC 之间的信号连接、PMC 和 CNC 之间的信号连接、PMC 的参数梯形图编辑软件、CRT 上显示信号 ON/OFF 状态的时序图的方法以及外部 I/O 设备输入/输出 PMC 参数的方法。

任务 5.1　认识可编程序机床控制器

任务目标

1. 知识目标

(1) 掌握可编程序机床控制器的工作原理。

(2) 掌握数控系统结构和安装形式，以及相关基础知识等。

(3) 了解各控制系统的特点和应用领域。

2. 技能目标

(1) 能够认知数控机床常用接口部件。

(2) 能够完成数控机床常用电路的连接。

3. 素养目标

(1) 具备收集和处理信息的能力。

(2) 能够独立学习新知识、新技术，具有终身学习的能力。

(3) 遵守机床电气安全操作规范。

任务准备

1. 实验设备

亚龙 569A FANUC 数控系统实训台。

2. 实验项目

(1) 熟悉数控机床故障维修所需的技术资料。

(2) 学习与交流所掌握的数控机床维修技术资料。

知识链接

5.1.1 可编程序机床控制器

数控机床作为自动化控制设备，是在自动化控制下进行工作的，数控机床所受控制可分为两类：一类是实现各坐标轴运动的“数字控制”，例如，对 CNC 车床 *X* 轴和 *Z* 轴，CNC 铣床 *X* 轴、*Y* 轴和 *Z* 轴的移动距离、插补等控制，即为“数字控制”；另一类是“顺序控制”，对数控机床来说，“顺序控制”是在数控机床运行过程中，以 CNC 内部和机床各行程开关、传感器、按钮、继电器等的开关量信号状态为条件，并按照预先规定的逻辑顺序对诸如主轴的启停、换向，刀具的更换，工件的夹紧、松开，液压、冷却、润滑系统的运行等进行的控制。与“数字控制”比较，“顺序控制”的信息主要是开关量信号。数控系统对信号的控制任务可以由独立的或内置式可编程序控制器来完成。因为专用于机床，所以这种可编程序控制器也称为可编程序机床控制器（Programmable Machine Controller，PMC）。PMC 与传统的 PLC 非常相似，但它更适合机床。PMC 的优点有：时间响应快，控制精度高，可靠性好，控制程序可随应用场合的不同而改变，与计算机的接口维修方便。但是，PMC 这一概念往往只被日本学者和日资企业工程人员应用，其他学者和工程人员在数控机床中仍然应用 PLC 的概念。

5.1.2 可编程序机床控制器的控制对象

在研究数控系统和机床各机械部件、机床辅助装置、强电线路之间的关系时，常把数控机床分为“NC 侧”和“MT 侧”两大部分。“NC 侧”即数控侧，包括 CNC 系统的硬件和软件、与 CNC 系统连接的外部设备。“MT 侧”即机床侧，包括机床机械部分及其液压、气压、冷却、润滑、排屑等辅助装置，以及机床操作面板、继电器线路、机床强电线路等。PMC 处于 NC 与 MT 之间，对 NC 和 MT 的输入、输出信号进行处理。MT 侧顺序控制的最终对象随数控机床的类型、结构、辅助装置等的不同而有很大差别。机床结构越复杂，辅助装置越多，最终受控对象也越多。一般来说，最终受控对象的数量和控制顺序的复杂程度是依 CNC 车床、CNC 铣床、加工中心、FMC、FMS 的顺序递增的。PMC 的控制对象是数控机床。它的输入/输出信号是面向数控侧和机床侧的，如图 5-1-1 所示。

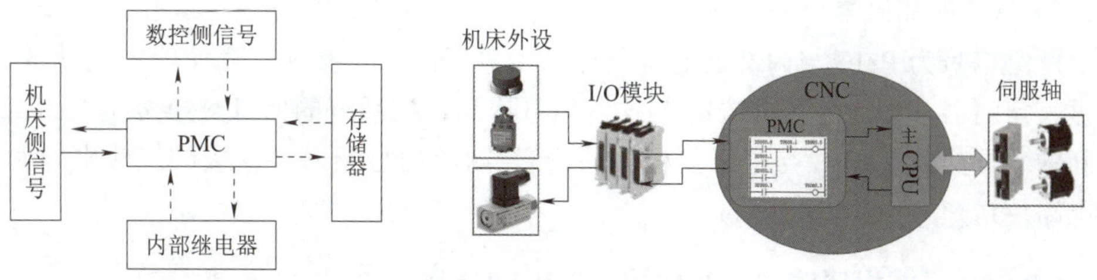

图 5-1-1 PMC 的控制对象

1. 由机床侧至 PMC 的输入信号（MT→PMC）

此类信号在 SIEMENS 系统中用“I”表示；在 FANUC 系统和华中系统中用“X”表示。该信号一般由操作者在机床侧的操作信号和机床现场信号组成。

（1）指令按钮：急停、手动/自动、高挡/低挡和启动/停止等各类按钮以及机床操作面板上各类操作按钮。

（2）行程开关：各坐标轴的极限位置行程开关、原点位置行程开关、防护门开关和液位行程开关等。

（3）传感器信号：温度传感器信号、压力传感器信号、电动机过载信号和刀具计数信号等。

2. 由 PMC 至机床侧的输出信号（PMC→MT）

此类信号在 SIEMENS 系统中用“Q”表示；在 FANUC 系统和华中系统中用“Y”表示。该信号一般为某一动作的执行信号。由于受 PMC 驱动能力的限制，执行信号往往需要通过若干继电器和接触器才能驱动真实的负载。为保护 PMC，在继电器和接触器线圈上须并联续流二极管或 RC 放电器。

电动机：排屑电动机、冷却液电动机、润滑电动机、刀库旋转轴电动机等。

电磁阀：换刀/抓刀机构、液压阀/气动阀等。

指示信号：指示灯、蜂鸣器等。

3. 由数控侧至 PMC 的输入信号（CNC→PMC）

此类信号在 SIEMENS 系统中用“V”表示；在 FANUC 系统和华中系统中用“F”表示。该信号一般为 CNC 对 PMC 所发出的指令信号。

M 代码指令：M05、M08、M30 等指令。

使能信号：主轴旋转、固定循环等。

T 代码指令：刀具的选择、刀库的旋转等。

4. 由 PMC 至数控侧的输出信号（PMC→CNC）

此类信号在 SIEMENS 系统中依然用“V”表示；在 FANUC 系统和华中系统中用“G”表示。该信号一般为 PMC 对 CNC 所发出的应答和控制信号。

选择信号：控制轴的选择、挡位的选择、循环的选择等。

刀具信号：刀具位置、检测信号、复位信号等。

控制反馈信号：急停信号、超程信号等。

5. 系统内部信号

此类信号为 PMC 与内部继电器及存储器进行的信息交换。存储器包括计数器、数据表定时器、程序号等。PMC 与这些信号连同数控系统的信息交换实质上是寄存器间的数据交换。PMC 与机床侧相关的输入/输出信号经由 I/O 板的接收电路和驱动电路传送。

5.1.3 可编程序控制器在数控机床中的分类

PLC 的产品很多，型号规格也不统一，可以从结构、原理、规模等方面分类。从数控机床应用的角度分，可编程序控制器可分为两类：一类是 CNC 的生产厂家将数控装置（CNC）和 PLC 综合起来而设计的“内装型”（Build-in Type）PLC；另一类是专业的 PLC 生产厂家的产品，它们的输入/输出信号接口技术规范，输入/输出点数、程序存储容量以及运算和控制功能均能满足数控机床的控制要求，称为“独立型”（Sand-alone Type）PLC。

1. 内装型 PLC

内装型 PLC 从属于 CNC 装置，PLC 与 CNC 装置之间的信号传送在 CNC 装置内部即可实现。PLC 与数控机床之间则通过 CNC 输入/输出接口电路实现信号传送，如图 5-1-2 所示。内装型 PLC 具有如下特点：

（1）内装型 PLC 实际上是 CNC 装置带有的 PLC 功能。一般作为 CNC 装置的基本功能提供给用户。

（2）内装型 PLC 系统的硬件和软件整体结构十分紧凑，且 PLC 所具有的功能针对性强，技术指标合理、实用，尤其适用于单机数控设备的应用场合。

（3）内装型 PLC 可与 CNC 共用 CPU，也可以单独使用一个 CPU；硬件控制电路可与 CNC 装置的其他电路制作在同一块印刷电路板上，也可以单独制成一块附加电路板；内装型 PLC 一般不单独配置输入/输出接口电路，而是使用 CNC 系统本身的输入/输出电路；PLC 所用电源由 CNC 装置提供，不需要另备电源。

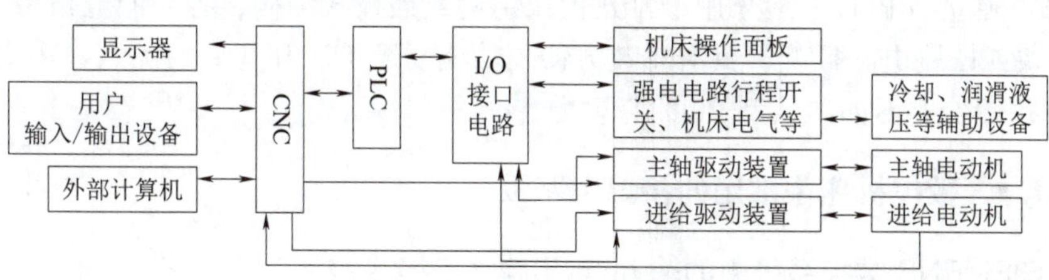

图 5-1-2　内装型 PLC 的 CNC 系统框图

（4）采用内装型 PLC 结构，CNC 系统可以具有某些高级控制功能。如梯形图编辑和传送功能、在 CNC 内部直接处理大量信息等。世界著名的 CNC 系统厂家在其生产的 CNC 产品中，大多开发了内装型 PLC 功能。

2. 独立型 PLC

独立型 PLC 又称外装型 PLC 或通用型 PLC。对数控机床而言，独立型 PLC 独立于 CNC 装置，具有完备的硬件结构和软件功能，能够独立完成规定的控制任务。采用独立型 PLC 的数控系统框图如图 5-1-3 所示。独立型 PLC 具有如下特点；

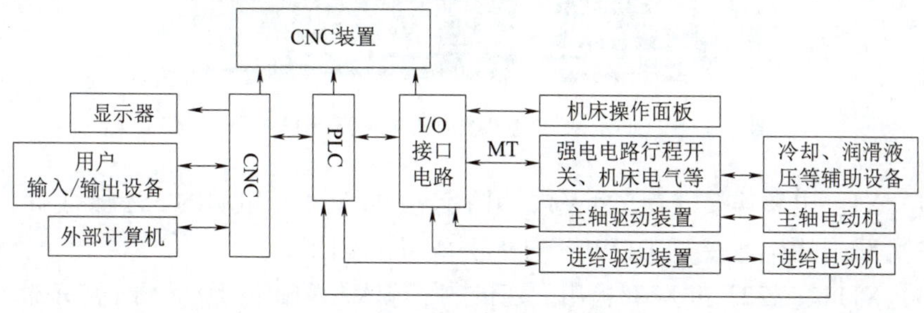

图 5-1-3　独立型 PLC 的 CNC 系统框图

(1) 独立型 PLC 具有 CPU 及其控制电路、系统程序存储器、用户程序存储器、输入/输出接口电路、与编程器等外部设备通信的接口和电源等基本功能结构，如图 5-1-4 所示。

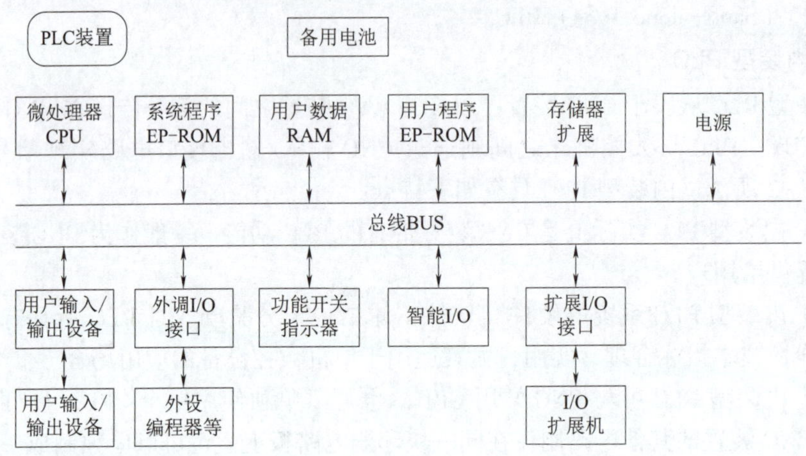

图 5-1-4 独立型 PLC 功能结构

(2) 独立型 PLC 一般采用积木式模块结构或插板式结构，各功能电路多做成独立的模块或印刷电路插板，具有安装方便、功能易于扩展和变更的优点。

(3) 性价比不如内装型 PLC。

5.1.4 数控机床中常用的接口电路板

1. SIEMENS 数控系统中的输入/输出模块 PP72/48

输入/输出模块 PP72/48 可提供 72 个数字输入和 48 个数字输出。每个模块具有 3 个独立的 50 芯插槽，每个插槽中包括了 24 位数字量输入和 16 位数字量输出（输出的驱动能力为 0.2 A）。802D 系统最多可配置两块 PP72/48 模块。

PP72/48 上的接口位置、控制器及显示如图 5-1-5 所示。

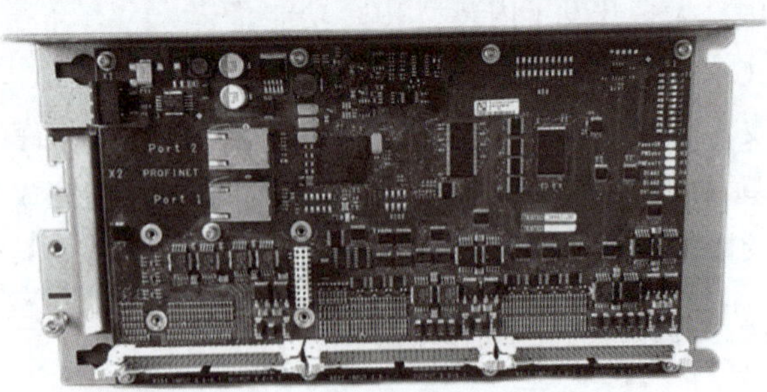

图 5-1-5 SIEMENS 数控系统中的输入/输出模块 PP72/48

(1) X1：电源连接（DC 24 V），用于连接 24 V 负载电源的 3 芯螺钉端子。

(2) X2：用于连接 PROFIBUS 的 9 芯 D 型孔型插头。

(3) X111、X222 和 X333：用于连接数字输入和输出的 50 芯扁平电缆插头。

(4) 显示 PP72/48 状态的 4 个发光二极管：

POWER（绿色）：电源指示。

2READY（红色）：PP72/48 就绪；但无数据交换。

3EXCHANGE（绿色）：PP72/48 就绪；PROFIBUS 数据交换。

4OVTEMP（红色）：超温指示。

（5）PP72/48 模块的外部供电：

输入信号的公共端可由 PP72/48 任意接口的第 2 脚供电，也可由为系统供电的 24 V DC 电源提供（该 24 V 电源的 0 V 应连接到 PP72/48 每个接口的第 1 脚）。

输出信号的驱动电流由 PP72/48 各接口的公共端（X111/X222/X333 的端子 47/48/49/50）提供。输出公共端也可由为系统供电的 DC 24 V 电源提供，还可采用单独的电源；如果采用独立电源为输出公共端供电，该电源的 0 V 应与系统 24 V 电源的 0 V 连接。

（6）机床操作面板 MCP 上的接口 X1201 和 X1202 需用于连接 PP72/48 的 50 芯扁平 X111/X222/X333 任意两个电缆插头。

2. FANUC 数控系统

I/O 分为内置 I/O 板和通过 I/O Link 连接的 I/O 卡或单元，包括机床操作面板用的 I/O 卡、分布式 I/O 单元、手摇轮、PMM 等。

（1）内置式输入/输出板卡。FANUC 数控系统有内置的输入/输出板卡用于机床输入/输出接口。内置输入/输出板卡的输入和输出接点数是固定的，分别为 96 点和 64 点。

（2）I/O Link 的连接。有的系统没有内置式输入/输出板卡，可以使用操作面板输入/输出模块作为机床输入/输出接口。操作主面板的规格为 A02B-0236-C231，操作子面板的规格为 A02B-0236-C235。即使有内置式输入/输出板卡，如果输入/输出的点数不够用，也可通过 FANUC I/O Link 使用电缆扩展输入/输出单元。分布式输入/输出模块的规格为 A20B-2002-0521，其带有 48 个输入接点、32 个输出接点并支持手摇脉冲发生器接口。

I/O Link 分为主单元和子单元。主单元可与若干组子单元连接。每组子单元的输入和输出点数最多可分别达 256 点和 256 点。用来连接 I/O Link，最多可连接 16 组子单元，但总的输入和输出点数分别不超过 1 024 点和 1 024 点。PMC 程序可以对输入/输出信号的分配和地址进行设定。

任务实施

5.1.5 信号的连接

1. 输入信号的连接

输入信号有漏型和源型两种。

（1）漏型输入接收器的输入侧有下拉电阻。开关的接点闭合时，电流将流入接收器。因为电流是流入的，所以称为漏（sink）型，如图 5-1-6 所示。

（2）源型输入接收器的输入侧有上拉电阻。开关的接点闭合时，电流将从接收器流出。因为电流是流出的，所以称为源（source）型，如图 5-1-7 所示。

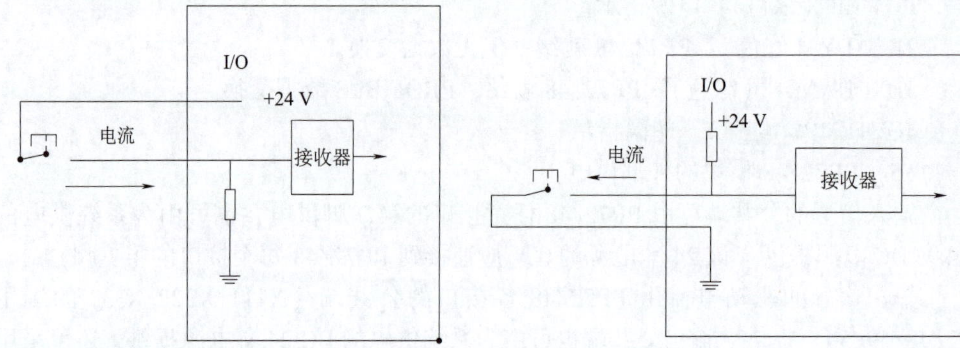

图 5-1-6　漏型输入电路　　　图 5-1-7　源型输入电路

（3）漏型和源型的切换。在分线盘 I/O 模块等部分印制电路板上可切换使用漏型和源型。

源型接口电路作漏型输入使用时，把 DICOM 端子与 0 V 端子相连接，如图 5-1-8 所示。

漏型接口电路作源型输入使用时，把 DICOM 端子与 +24 V 端子相连接，如图 5-1-9 所示。

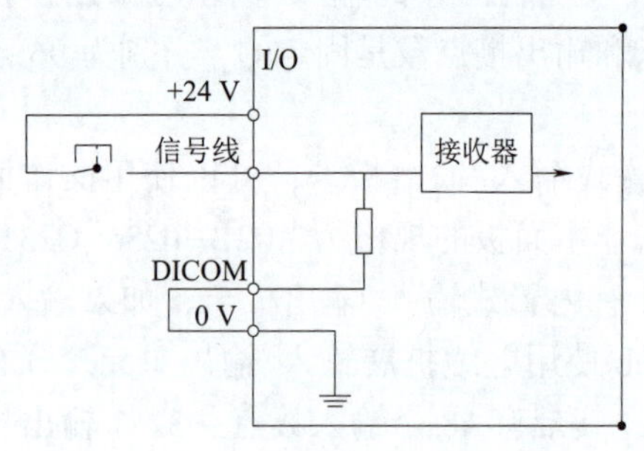

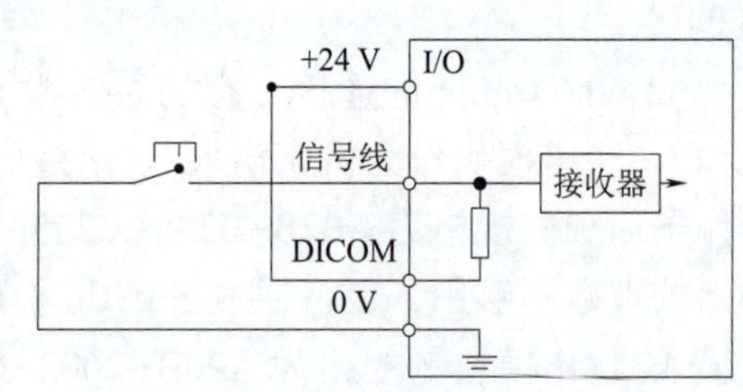

图 5-1-8　源型接口电路作漏型输入　　　图 5-1-9　漏型接口电路作源型输入

2. 输出信号的连接

（1）源型输出。把驱动负载的电源接在印制电路板的 DOCOM。PMC 接通输出信号（Y）时，印制电路板内的驱动回路即动作，输出端子有施加电压。因为电流是从印制电路板上流出的，所以称为源型，如图 5-1-10 所示。

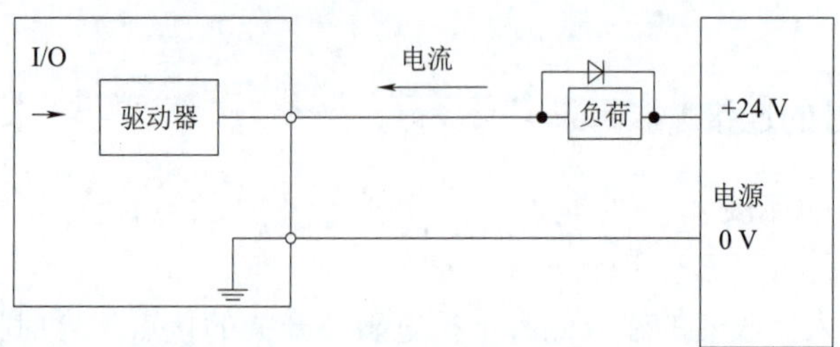

图 5-1-10　源型驱动元件

（2）漏型输出。PMC 接通输出信号（Y）时，印制电路板内的驱动回路即动作，输出端子变为 0 V。因为电流是流入印制电路板的，所以称为漏型，如图 5-1-11 所示。

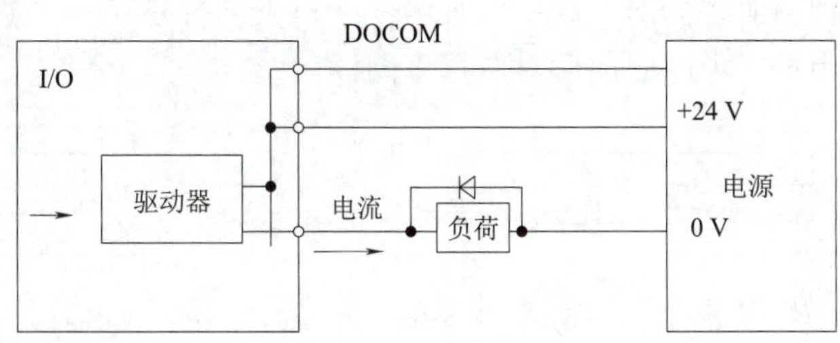

图 5-1-11　漏型驱动元件

3. 输出信号的驱动能力

输出驱动器的容量在接通时的最大负载电流应小于 200 mA，包括瞬间的浪涌。另外，电源的 DOCOM 引脚的最大电流小于 0.7 A。显然，PMC 输出不能直接带动负载，必须在外部采用驱动电路。在无特殊响应要求的情况下，自然首选继电器型输出模块，因其优点是不同公共点之间可带不同的交、直流负载，且电压也可不同，带负载电流可达 2 A/点，另外，每路有发光二极管指示运行状况。

直流中间继电器的电器寿命在几十万次至几百万次之间，响应时间为 10 ms，但其寿命会随所带负载电流的增加而减少。为此，对直流感性负载，可在其旁边并联续流二极管，从而有效地保护 PMC，如图 5-1-12（a）所示。这些继电器的容量也比较小，往往不能直接驱动大容量负载，而需要交流接触器来控制负载。对于接触器线圈这类交流感性负载，在线圈旁并联吸收浪涌的 RC 电路，如图 5-1-12（b）所示。

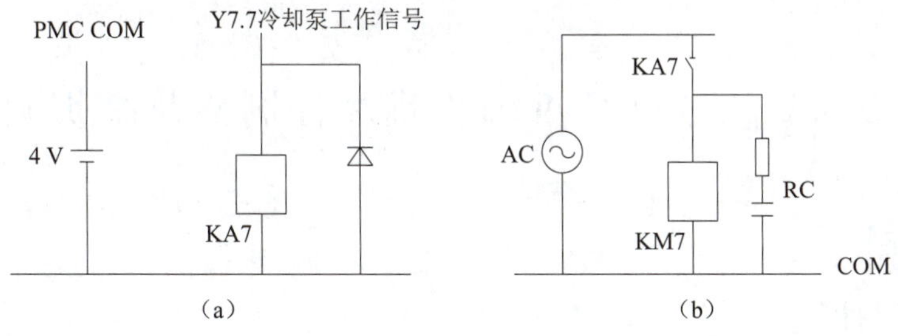

图 5-1-12　输出信号连接
（a）直流中间继电器回路；（b）交流接触器线圈回路

PMC 对外部驱动两个相反动作的电路时，除在 PMC 内部进行软件互锁外，在 PMC 的外部也进行互锁，以加强系统的可靠性。这是因为 PMC 扫描周期一般短于接触器的动作时间。当需要反向动作时，PMC 内部的软件互锁会在一个扫描周期内解除，而接触器则需要更长的动作时间。在正向的接触器还没有完全释放的时候，如果反向的接触器吸合了，那么就会造成短路故障。

任务报告

阅读电气原理图册，如图 5-1-13 所示，分析工艺要求。一台数控机床的电气原理图册往往几十页，需耐心前后对照仔细阅读。

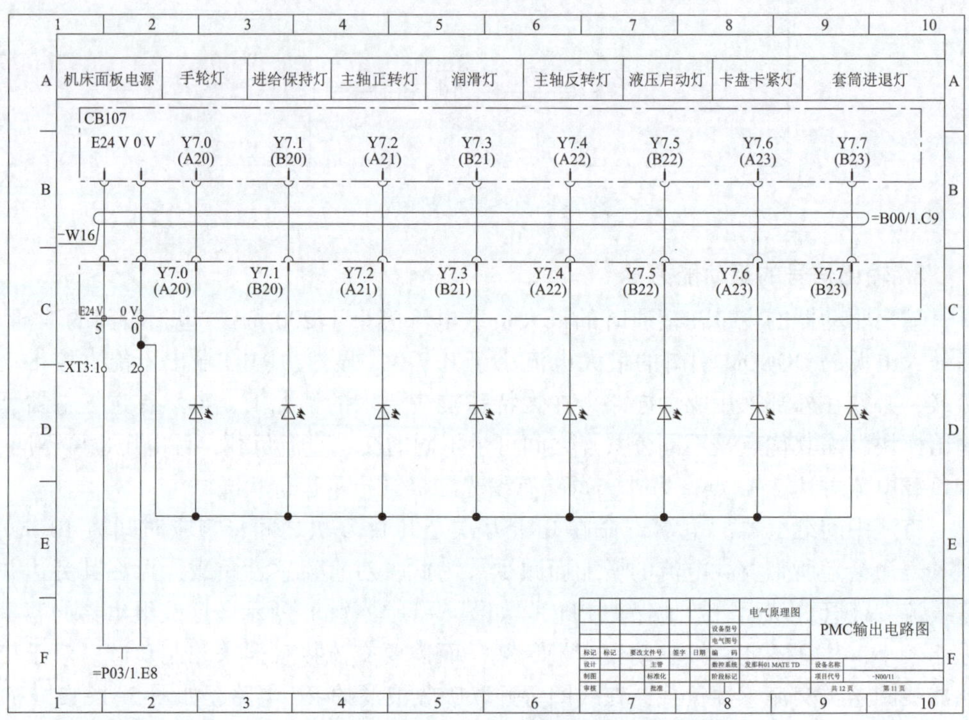

图 5-1-13　PMC 输出电路图

任务 5.2　FANUC 可编程机床控制器及维护画面

任务目标

1. 知识目标

（1）掌握 FANUC 可编程机床控制器的基础知识。

（2）掌握 FANUC 可编程机床控制器的信号分配。

2. 技能目标

（1）能够根据需要查找 FANUC PMC 的相关画面。

（2）能够独立完成 FANUC 的 I/O 地址分配。

3. 素养目标

（1）具备收集和处理信息的能力。

（2）能够独立学习新知识、新技术，具有终身学习的能力。

学习笔记

任务准备

1. 实验设备

亚龙 569A FANUC 0i Mate-TD 数控系统实训台。

2. 实验项目

FANUC PMC 诊断与维护画面的操作。

知识链接

5.2.1 FANUC PMC 的概念

PMC 就是内置于 CNC，用来执行数控机床顺序控制操作的可编程机床控制器。

5.2.2 FANUC PMC 的功能

PMC 的功能是对数控机床进行顺序控制。所谓顺序控制，就是按照事先确定的顺序或逻辑，对控制的每一个阶段依次进行的控制。对数控机床来说，“顺序控制”是在数控机床运行过程中，以 CNC 内部和机床各行程开关、传感器、按钮、继电器等的开关量信号状态为条件，并按照预先规定的逻辑顺序对诸如主轴的启停与换向，刀具的更换，工件的夹紧与松开，液压、冷却、润滑系统的运行等进行的控制。“顺序控制”的信息主要是开关量信号。PMC 在数控机床上实现的功能主要包括工作方式控制、速度倍率控制、自动运行控制、手动运行控制、主轴控制、机床锁住控制、程序校验控制、硬件超程和急停控制、辅助电动机控制、外部报警和操作信息控制等。

5.2.3 FANUC PMC 的信号

常把数控机床分为“NC 侧”和“MT 侧”（即机床侧）两大部分。“NC 侧”包括 CNC 系统的硬件和软件，如与 CNC 系统连接的外围设备（如显示器、MDI 面板等）。“MT 侧”则包括机床机械部分及其液压、气压、冷却、润滑、排屑等辅助装置，机床操作面板，继电器线路，机床强电线路等。PMC 的信息交换是以 PMC 为中心，在 CNC、PMC 和 MT 三者之间进行信息交换，如图 5-2-1 所示。

1. G 信号

G 信号为 PMC 输出到 CNC 的信号，主要是使 CNC 改变或执行某一种运行的控制信号。所有 G 信号的含义和地址都是 FANUC CNC 事先定义好的，PMC 编程人员只能使用。

2. F 信号

F 信号为 CNC 输出到 PMC 的信号，主要是反映 CNC 运行状态或运行结果的信号。

所有 F 信号的含义和地址都是 FANUC CNC 事先定义好的，PMC 编程人员只能使用。

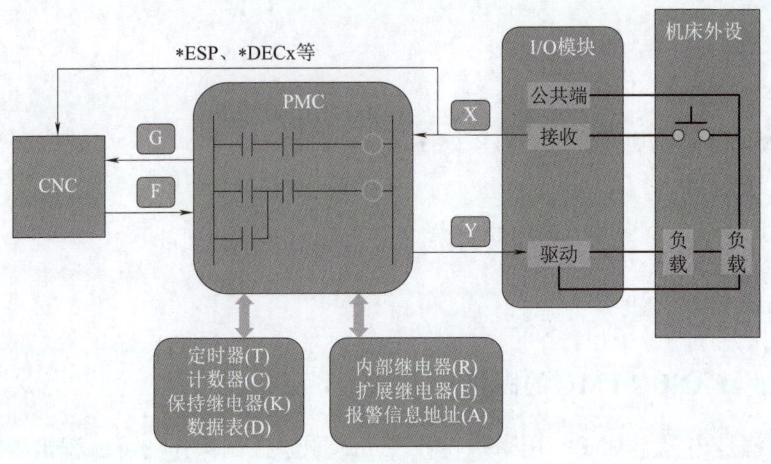

图 5-2-1 PMC 信号地址

3. X 信号

X 信号为 MT 输出到 PMC 的信号，主要是机床操作面板的按键、按钮和其他各种开关的输入信号。个别 X 信号的含义和地址是 FANUC CNC 事先定义好的，用来作为高速信号由 CNC 直接读取，可以不经过 PMC 的处理，见表 5-2-1。其余大部分 X 信号的含义和地址需由 PMC 编程人员定义。

表 5-2-1 FANUC PMC 高速信号表

信号地址	X4.7	X4.6	X4.2	X4.1	X4.0	X8.4	X9.3	X9.2	X9.1	X9.0
信号名	SKIP	ESKIP	ZAE	YAE	XAE	* ESP	* DEC4	* DEC3	* DEC2	* DEC1
信号含义	跳转信号	PMC 轴跳转信号	测量位置到达信号			急停信号	返回参考点减速输入信号			

4. Y 信号

Y 信号为 PMC 输出到 MT 的信号，主要是机床执行元件的控制信号，以及状态和报警指示等。所有的 Y 信号的含义和地址需由 PMC 编程人员定义。

5. 内部继电器（R）和扩展继电器（E）

内部继电器（R）和扩展继电器（E）可暂时存储运算结果，用于 PMC 内部信号和扩展信号的定义。

内部继电器中还包含 PMC 系统软件所使用的系统继电器，PMC 程序可读入其状态，但不能写入。常用系统继电器见表 5-2-2。

6. 非易失性存储器

非易失性存储器中所存储的内容，在切断电源的情况下也不会丢失。非易失性存储器中所存储的这些数据叫作 PMC 参数，包括可变定时器（T）、计数器（C）、保持继电器（K）、数据表（D）。

表 5-2-2 常用系统继电器

地址	R9000	R9002、R9003、R9004、R9005	R9091
含义	执行功能指令 ADDB、SUBB、MULB、DIVB、COMPB 的运算结果输出寄存器，其中，R9000.0 表示运算结果为零；R9000.1 表示运算结果为负；R9000.2 表示运算结果溢出	执行功能指令 DIVB 的余数输出寄存器	系统定时器，其中，R9091.0 表示常 0 信号（始终为 0）；R9091.1 表示常 1 信号（始终为 1）；R9091.5 表示 200 ms 周期循环信号（104 ms 为 1，96 ms 为 0）；R9091.6 表示 1 s 周期循环信号（504 ms 为 1，496 ms 为 0）

5.2.4 FANUC PMC 的基本规格

FANUC 0i-D/0i Mate-D PMC 的基本规格见表 5-2-3。

表 5-2-3 FANUC PMC 的基本规格

PMC 规格	0i-D PMC	0i-D PMC/L	0i Mate-D PMC/L
编程语言	梯形图	梯形图	梯形图
梯形图级别数	3	2	2
第一级程序执行周期	8 ms	8 ms	8 ms
基本指令执行速度	25 ns/步	1 μs/步	1 μs/步
梯形图程序容量	最大约 32 000 步	最大约 8 000 步	最大约 8 000 步
基本指令数	14	14	14
功能指令数	93	92	92
CNC 接口-输入 F	768 B×2	768 B	768 B
CNC 接口-输出 G	768 B×2	768 B	768 B
DI/DO I/O Link-输入（X）	最大 2 048 点	最大 1 024 点	最大 256 点
DI/DO I/O Link-输出（Y）	最大 2 048 点	最大 1 024 点	最大 256 点
程序保存区（FLASH ROM）	最大 384 KB	128 KB	128 KB
内部继电器（R）	8 000 B	1 500 B	1 500 B
系统继电器（R9000）	500 B	500 B	500 B
扩展继电器（E）	10 000 B	10 000 B	10 000 B
信息显示（A）请求	2 000 点	2 000 点	2 000 点
可变定时器（TMR）	500 B（250 个）	80 B（40 个）	80 B（40 个）
可变计数器（CTR）	400 B（100 个）	80 B（20 个）	80 B（20 个）
固定计数器（CTRB）	200 B（100 个）	40 B（20 个）	40 B（20 个）
保持继电器（K）-用户区域	100 B	20 B	20 B
保持继电器（K）-系统区域	100 B	100 B	100 B
数据表（D）	10 000 B	3 000 B	3 000 B
固定定时器（TMRB）	500 个	100 个	100 个
上升沿/下降沿检测（DIFU/DIFD）	1 000 个	256 个	256 个
标签（LBL）	9 999 个	9 999 个	9 999 个
子程序（SP）	5 000 个	512 个	512 个

学习笔记

5.2.5 FANUC PMC 的地址分配

FANUC 0i-D/0i Mate-D PMC 的地址分配见表 5-2-4。

表 5-2-4 FANUC PMC 地址分配表

信号种类	PMC 类型		
	0i-D PMC	0i-D PMC/L	0i Mate-D PMC/L
F	F0~F767 F1000~F1767	F0~F767	F0~F767
G	G0~G767 G1000~G1767	G0~G767	G0~G767
X	X0~X127 X200~X327	X0~X127	X0~X127
Y	Y0~Y127 Y200~Y327	Y0~Y127	Y0~Y127
内部继电器（R）	R0~R7999	R0~R1499	R0~R1499
系统继电器（R9000）	R9000~R9499	R9000~R9499	R9000~R9499
扩展继电器（E）	E0~E9999	E0~E9999	E0~E9999
信息显示（A）请求	A0~A249	A0~A249	A0~A249
可变定时器（TMR）	T0~T499	T0~T79	T0~T79
可变计数器（CTR）	C0~C399	C0~C79	C0~C79
固定计数器（CTRB）	C5000~C5199	C5000~C5039	C5000~C5039
保持继电器（K）-用户区域	K0~K99	K0~K19	K0~K19
保持继电器（K）-系统区域	K900~K999	K900~K999	K900~K999
数据表（D）	D0~D9999	D0~D2999	D0~D2999
标签（LBL）	L1~L9999	L1~L9999	L1~L9999
子程序（SP）	P1~P5000	P1~P512	P1~P512

注：表中的分配地址均为 PMC 编程人员可使用的区域。

5.2.6 FANUC PMC 程序执行

1. PMC 程序结构

PMC 程序主要由两部分构成：第一级程序和第二级程序。

第一级程序每隔 8 ms 执行一次，主要编写急停、进给暂停等紧急动作控制程序，其程序编写不宜过长，否则会延长整个 PMC 程序执行时间。第一级程序必须以 END1 指令结束。即使不使用第一级程序，也必须编写 END1 指令，否则 PMC 程序无法正常执行。

第二级程序每隔 8×n ms 执行一次，n 为第二级程序的分割数。主要编写工作方式控制、速度倍率控制、自动运行控制、手动运行控制、主轴控制、机床锁住控制、程序校验控制、辅助电动机控制、外部报警和操作信息控制等普通程序，其程序步数较多，PMC 程序执行时间也较长。第二级程序必须以 END2 指令结束。

2. PMC 程序执行

第二级程序一般较长，为了执行第一级程序，将根据第一级程序的执行时间，把第二级程序分割为 n 部分，分别用分割 1、分割 2、…、分割 n 表示。

系统启动后，CNC 与 PMC 同时运行，两者执行的时序图如图 5-2-2 所示。在 8 ms 的工作周期内，前 1.25 ms 执行 PMC 程序，首先执行全部的第一级程序，1.25 ms 内剩下的时间执行第二级程序的一部分。执行完 PMC 程序后 8 ms 的剩余时间，为 CNC 的处理时间。在随后的各周期内，每个周期的开始均执行一次全部的第一级程序，因此，在宏观上，紧急动作控制是立即反应的。执行完第一级程序后，在各周期内均执行第二级程序的一部分，一直至第二级程序最后分割 n 部分执行完毕。然后又重新执行 PMC 程序，周而复始。

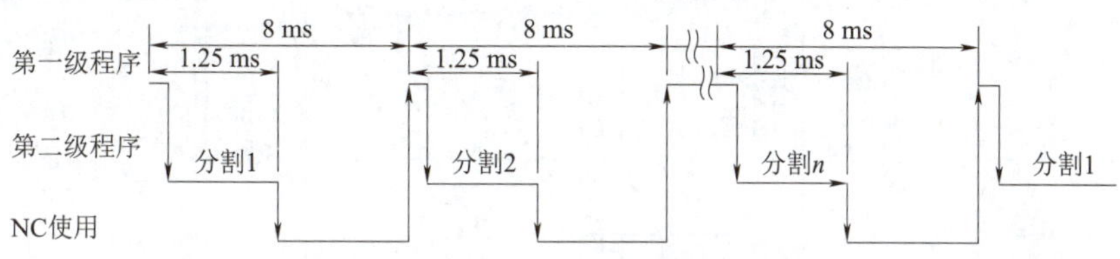

图 5-2-2 CNC 与 PMC 程序的执行时序

因此，第一级程序每隔 8 ms 执行一次，第二级程序每隔 8×n ms 执行一次。第一级程序编写不宜过长。如果程序步数过多，会增加第一级程序的执行时间，1.25 ms 内第二级程序的执行时间将减少，程序的分割数 n 将增加，从而延长整个第二级程序的执行时间。

5.2.7 FANUC PMC

1. FANUC I/O 单元的连接

I/O Link 的地址分配 PMC 中的 X 信号和 Y 信号，也称作外部 I/O 信号，在 FANUC 系统中是通过各 I/O 单元以 Link 串行总线的方式与系统通信的。在 Link 串行总线上，CNC 是主控端，各 I/O 单元是从控端，各 I/O 单元相对于主控端来说是以组的形式来定义的，离主控端最近的为第 0 组，依此类推。

FANUC I/O Link 是一个串行接口，将 CNC、单元控制器、分布式 I/O、机床操作面板或 Power Mate 连接起来，并在各设备间高速传送 I/O 信号（位数据）。当连接多个设备时，FANUC I/O Link 将一个设备认作主单元，其他设备作为子单元。子单元的输入信号每隔一定周期送到主单元，主单元的输出信号也每隔一定周期送至子单元。0i-D 系列和 0i Mate-D 系列中，JD51A 插座位于主板上。I/O Link 分为主单元和子单元。作为主单元的 0i/0i Mate 系列控制单元与作为子单元的分布式 I/O 相连接。子单元分为若干个组，一个 I/O Link 最多可连接 16 组子单元（0i Mate 系统中 I/O 的点数有所限制）。根据单元的类型以及 I/O 点数的不同，I/O Link 有多种连接方式。PMC 程序可以对 I/O 信号的分配和地址进行设定，用来连接 I/O Link。

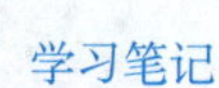

学习笔记

I/O 点数最多可达 1 024/1 024 点。I/O Link 的两个插座分别叫作 JD1A 和 JD1B。对所有单元（具有 I/O Link 功能）来说是通用的。电缆总是从一个单元的 JD1A 连接到下一单元的 JD1B。尽管最后一个单元是空着的，也无须连接一个终端插头。对于 I/O Link 中的所有单元来说，JD1A 和 JD1B 的引脚分配都是一致的，不管单元的类型如何，均可按照图 5-2-3 来连接 I/O Link。

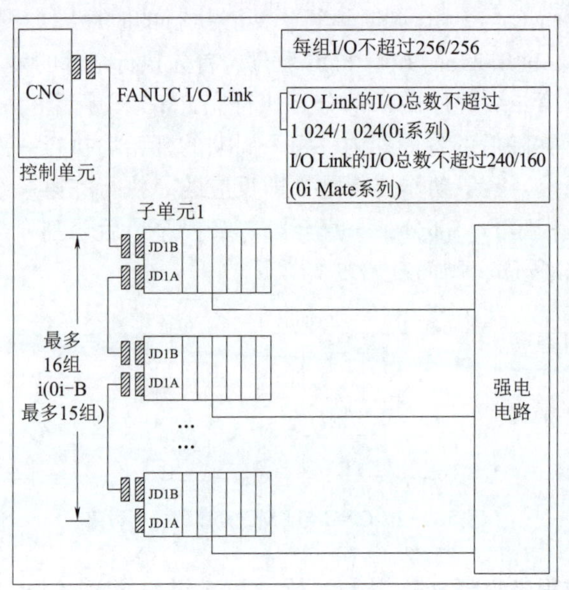

图 5-2-3　I/O Link 连接图

2. PMC 地址的分配

由于 FANUC 0i-D/0i Mate-D 系统的 I/O 点、手轮脉冲信号都连在 I/O Link 上，在 PMC 梯形图编辑之前，都要进行 I/O 模块的设置（地址分配），同时也要考虑到手轮的连接位置。当使用 0i 用 I/O 模块且不连接其他模块时，可以设置如下：X 从 X0 开始设置为 0. 0. 1. OC02I，Y 从 Y0 开始为 0. 0. 1/8，如图 5-2-4 所示，具体设置说明如下：

（1）0i-D 系统的 I/O 模块的分配很自由，但有一个规则，即，连接手轮的手轮模块必须为 16 字节，且手轮连在离系统最近的一个 16 字节大小的模块的 JA3 接口上。对于此 16 字节模块，Xm+0～Xm+11 用于输入点，即使实际上没有那么多点，但为了连接手轮，也需要如此分配。Xm+12～Xm+14 用于三个手轮的输入信号。只连接一个手轮时，旋转手轮可以看到 Xm+12 中的信号在变化。Xm+15 用于输入信号的报警。

（2）各 I/O Link 模块都有一个独立的名字，在进行地址设定时，不仅需要指定地址，还需要指定硬件模块的名字，OC02I 为模块的名字，它表示该模块的大小为 16 字节，OC01I 表示该模块的大小为 12 字节，/8 表示该模块有 8 字节，在模块名称前的 0. 0. 1 表示硬件连接的组、基板、槽的位置。从一个 JD1A 引出来的模块算是一组，在连接的过程中，要改变的仅仅是组号，数字从靠近系统的模块从 0 开始逐渐递增。

（3）梯形图统一管理，最好按照以上推荐的标准定义。原则上，I/O 模块的地址可以在规定范围内任意定义，但是为了机床的梯形图统一管理，最好按照以上推荐的标准定义。需要注意的是，一旦定义了起始地址（m），该模块的内部地址就分配完毕了。

（4）在模块分配完毕后，要注意保存。然后机床断电再上电，分配的地址才能生效。同时，注意模块要优先于系统上电，否则，系统上电时无法检测到该模块。

（5）地址设定的操作可以在系统画面上完成，如图 5-2-5 所示，也可以在 FANUC LADDER-Ⅲ软件中完成。0i-D 的梯形图编辑必须在 FANUC LADDER-Ⅲ 5.7 版本或以上版本上才可以编辑。

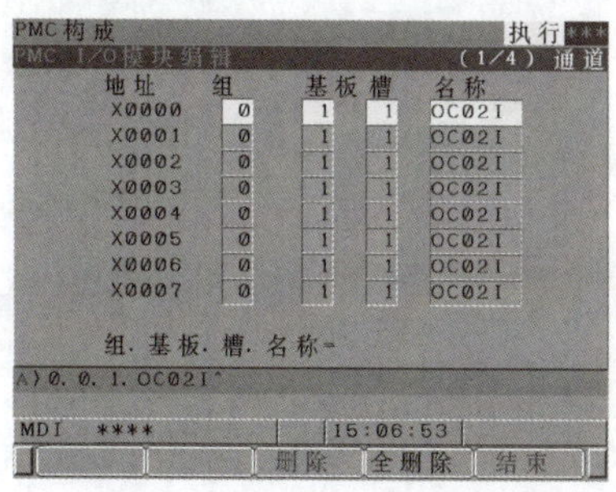

图 5-2-4　PMC 地址分配

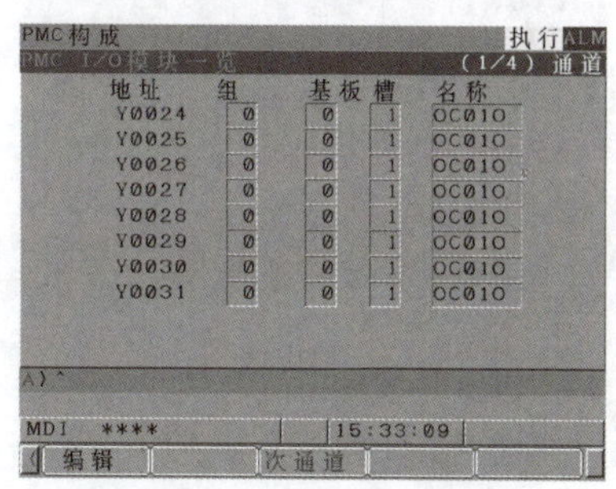

图 5-2-5　系统侧地址设定画面

任务实施

5.2.8　FANUC PMC 画面操作

通过查看 FANUC PMC 操作画面，可以对梯形图进行监控、查看各地址状态、地址状态跟踪、参数（T/C/K/D）设定等操作。FANUC PMC 诊断与维护画面可以进行监控 PMC 的信号状态、确认 PMC 的报警、设定和显示可变定时器与计数器值、输入/输出数据显示等操作。

1. PMC 切换操作条件

按 FANUC 0i Mate-D 中的“SYSTEM”键，进入系统参数画面，连续按向右扩展菜单 3 次，进入图 5-2-6 所示的 PMC 操作切换条。

PMCMNT	PMCLAD	PMCCNF	PM. MGR	（操作）	+

图 5-2-6　PMC 操作切换条

1）按“PMCMNT”键进入监控 PMC 的信号监控状态

PMC 的信号监控画面如图 5-2-7 所示。在信号状态显示区中，显示程序中指定的地址内容。地址的内容以位模式 0 或 1 显示，最右边每个字节以十六进制或十进制数字显示。在画面下部的附加信息行中，显示光标所在地址的符号和注释。光标对准在字节单位上时，显示字节符号和注释。在画面中按操作软键，输入希望显示的地址后，按搜索软键，再按十六进制软键进行十六进制与十进制转换。要改变信

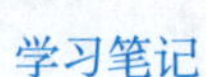
学习笔记

息显示状态时，按下强制软键，进入强制开/关画面。

2）显示 I/O Link 连接状态画面

I/O Link 显示画面如图 5-2-8 所示，按照组的顺序显示 I/O Link 上所连接的 I/O 单元种类和 ID 代码。按操作软键，再按前通道软键，显示上一个通道的连接状态，按次通道软键显示下一个通道的连接状态。

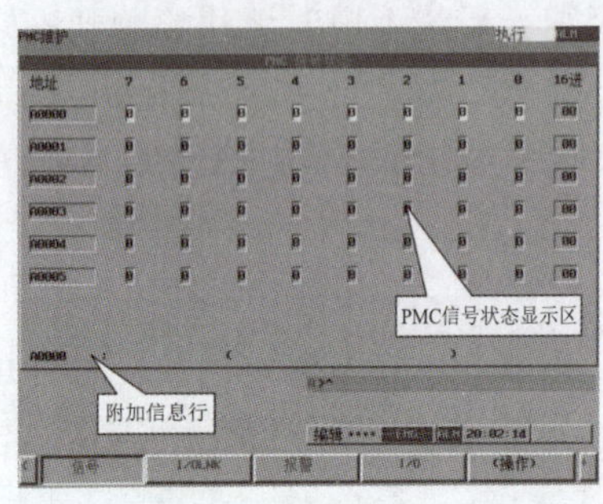

图 5-2-7　PMC 信号监控画面

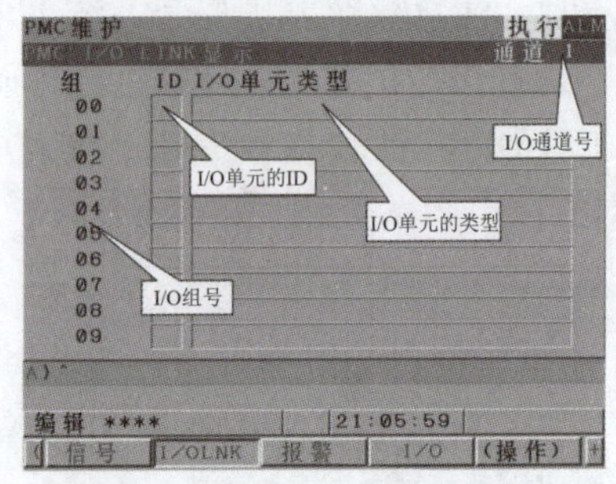

图 5-2-8　I/O Link 显示画面

3）PMC 报警画面

PMC 报警画面如图 5-2-9 所示。主显示区显示在 PMC 中发生的报警信息。当报警信息较多时，会显示多页，这时需要用翻页键来翻到下一页。

4）输入与输出数据画面

输入与输出数据画面如图 5-2-10 所示。在该画面上，顺序程序、PMC 参数以及各种语言信息数据可被写入指定的装置内，并可以从指定的装置内读出和核对。可以输入/输出的设备有存储卡、FLASH ROM、软驱、其他。

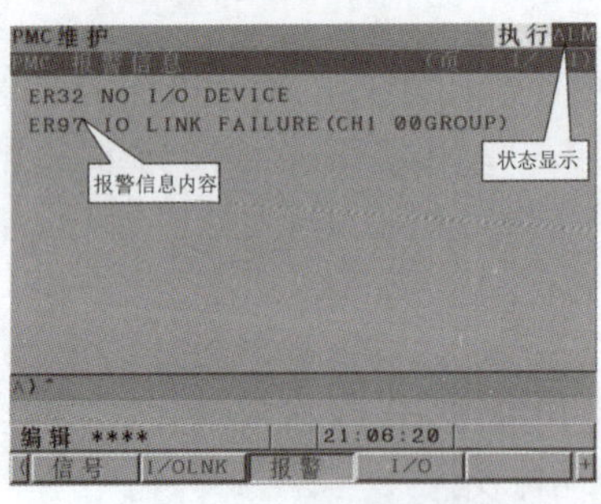

图 5-2-9　PMC 报警画面

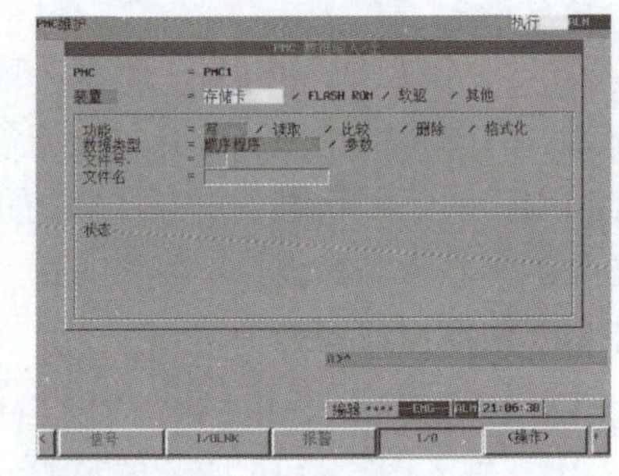
图 5-2-10　输入与输出数据画面

存储卡：与存储卡之间进行数据的输入/输出。

- FLASH ROM：与 FLASH ROM 之间进行数据的输入/输出。
- 软驱：与便携式软磁盘机（Handy File）、软盘之间进行数据的输入/输出。
- 其他：与其他通用 RS232 输入/输出设备之间进行数据的输入/输出。

在画面的状态中显示执行内容的细节和执行状态。此外，在执行写、读取、比较中，作为执行结果显示已经传输完成的数据容量。

5）定时器显示画面

定时器显示画面如图 5-2-11 所示。其下属菜单功能如下。

定时器内容号：用功能指令时指定的定时器号。

地址：由顺序程序参照的地址。

设定时间：设定定时器的时间。

精度：设定定时器的精度。

6）计数器显示画面

计数器显示画面如图 5-2-12 所示。计数器设定的内容如下。

号：用功能指令时指定的计数器号。

地址：由顺序程序参照的地址。

设定值：计数器的最大值。

现在值：计数器的现在值。

注释：设定值的 C 地址注释。

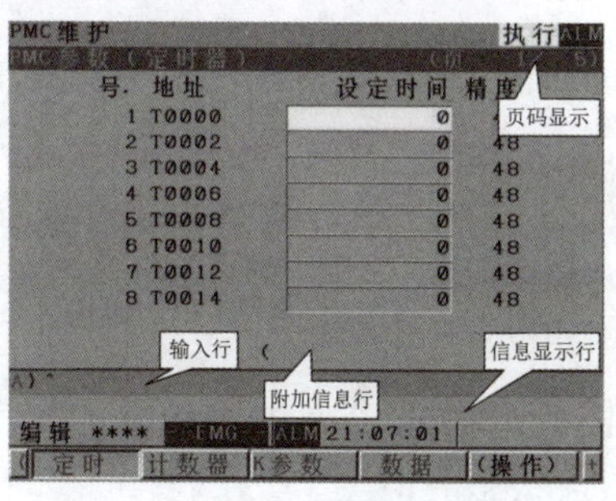

图 5-2-11　定时器显示画面

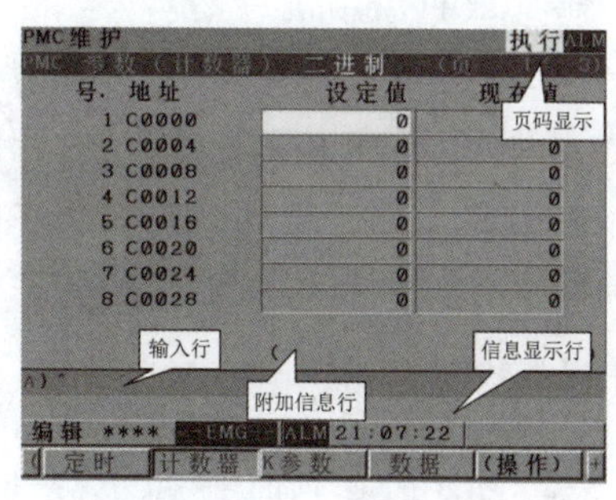

图 5-2-12　计数器显示画面

7）K 参数显示画面

K 参数显示画面如图 5-2-13 所示。K 参数内容如下。

地址：由顺序程序参照的地址。

0~7：每一位的内容。

16 进：以十六进制显示的内容。

8）D 参数显示画面

D 参数显示画面如图 5-2-14 所示。D 参数内容如下。

组数：数据表的数据数。

号：组号。

地址：数据表的开头地址。

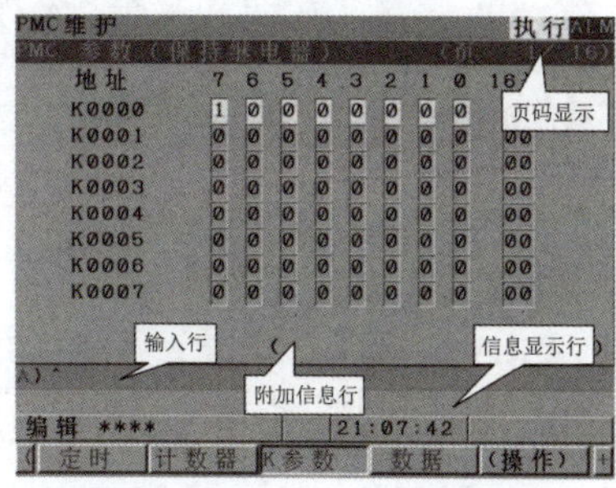

图 5-2-13　K 参数显示画面

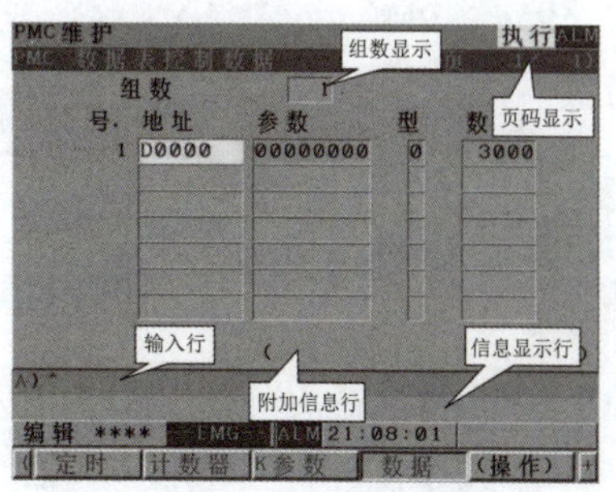

图 5-2-14　D 参数显示画面

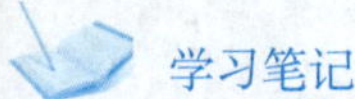
学习笔记

参数：数据表的控制参数内容。

型：数据长度。

数据：数据表的数据数。

注释：各组的开头 D 地址的注释。

2. 梯形图监控与编辑画面

要进入梯形图监控与编辑画面，可以通过按“PMCLAD”键，如图 5-2-15 所示，在该画面下可以进行梯形图的编辑与监控，以及梯形图双线圈的检查等操作。

PMCMNT	PMCLAD	PMCCNF	PM. MGR	（操 作）	+

图 5-2-15　进入梯形图监控与编辑画面

1）梯形图状态画面

按“PMCLAD”键进入 PMC 梯形图状态画面，该画面主要是显示梯形图的结构等内容，如图 5-2-16 所示。在 PMC 程序列表一览中，带有“锁”标记的为不可以查看且不可以修改的；带有“放大镜“标记的为可以查看，但不可以编辑的；带有“铅笔”标记的表示既可以查看，也可以修改的。

2）梯形图监控画面

在 SP 区选择梯形图文件后，进入梯形图画面就可以显示梯形图的监控画面，如图 5-2-17 所示，在画面中可以观察梯形图各状态的情况。

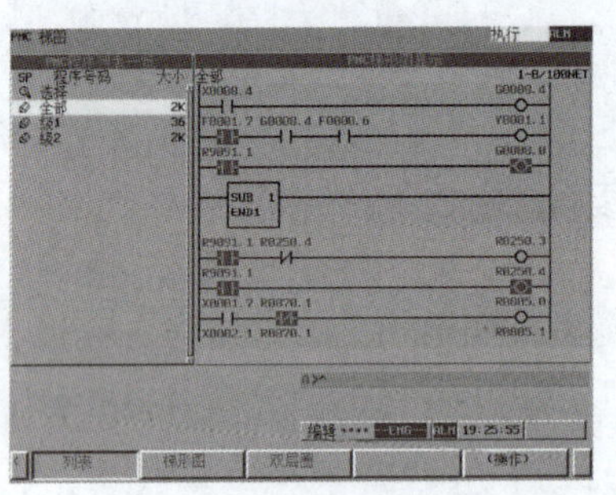
图 5-2-16　梯形图状态画面

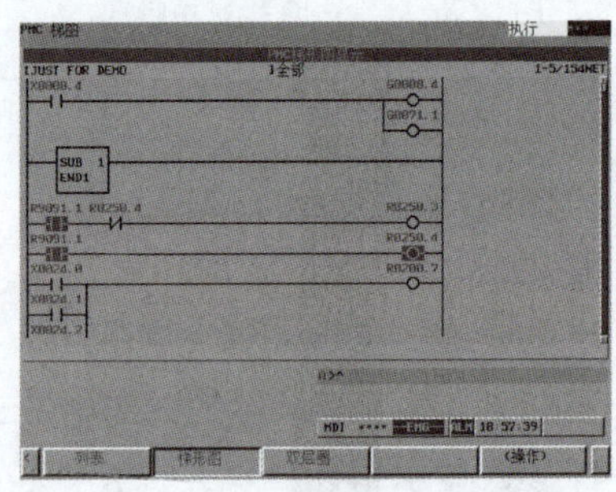
图 5-2-17　梯形图监控画面

3. 进入梯形图配置画面

梯形图配置画面可通过按“PMC CNF”键进入，如图 5-2-18 所示，该画面分为标头、设定、PMC 状态、SYS 参数、模块、符号、信息、在线和一个操作软键。

PMCMNT	PMCLAD	PMCCNF	PM. MGR	（操 作）	+

图 5-2-18　梯形图配置画面

1）PMC 标头数据画面

PMC 标头数据画面如图 5-2-19 所示，显示 PMC 程序的信息。

2）PMC 设定画面

PMC 设定画面如图 5-2-20 所示，显示 PMC 程序一些设定的内容。

PMC 设定画面用于调试、编辑、保护 PMC 程序，调试人员可以通过设置来保证 PMC 梯形图的正常运转。

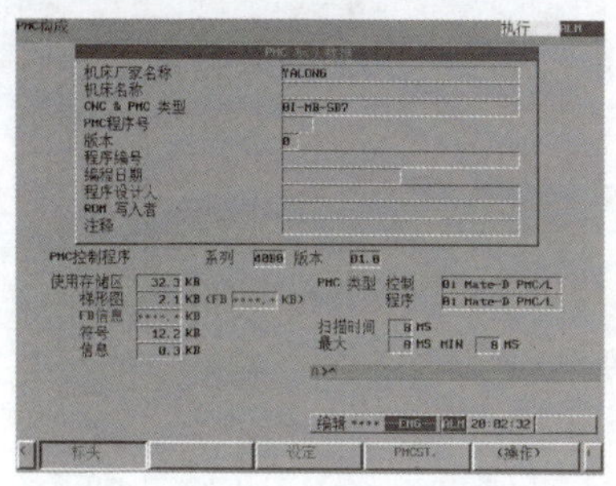

图 5-2-19　PMC 标头数据画面

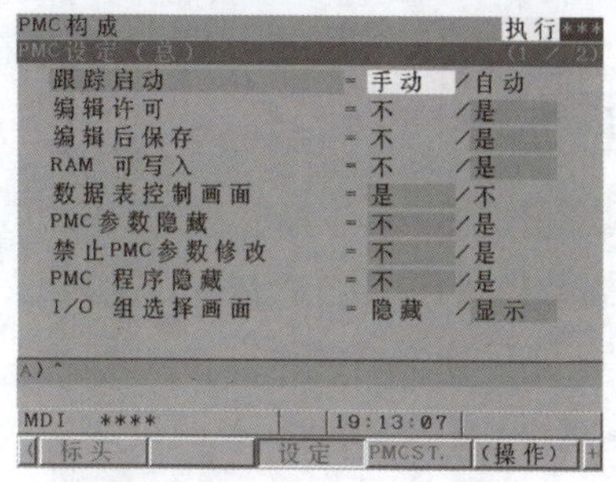

图 5-2-20　PMC 设定画面

3）地址模块画面

地址模块画面（图 5-2-21）显示和编辑 I/O 模块的地址表等内容。

I/O Link 模块设置画面用于设置 I/O 模块的地址分配，以及手摇脉冲器的地址分配及连接。

4）符号画面

符号画面（图 5-2-22）显示和编辑 PMC 程序中用到的符号的地址与注释等信息。

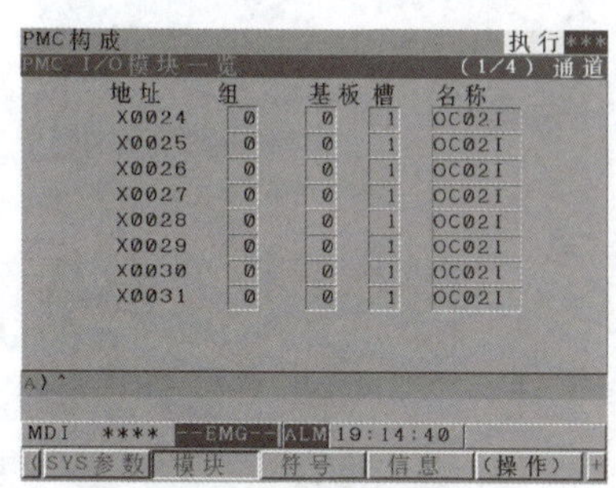

图 5-2-21　地址模块画面

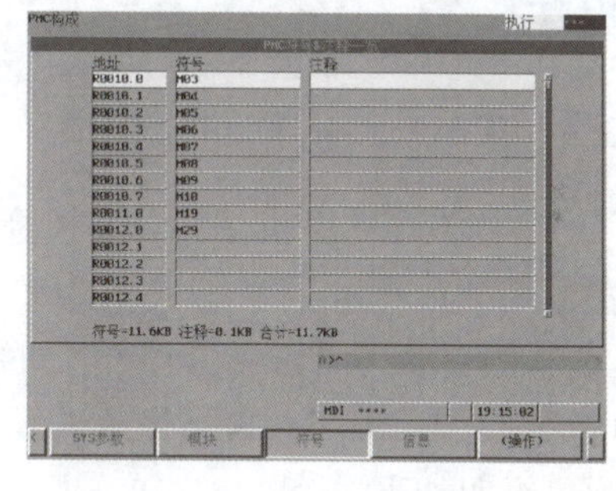

图 5-2-22　符号画面

5）在线参数画面

在线参数画面（图 5-2-23）用于在线监控的参数设定的画面。

在线监控设定画面用于设定数控系统与 PC 端梯形图软件的在线传输，完成梯形图的在线监控、调试与上传/下载。

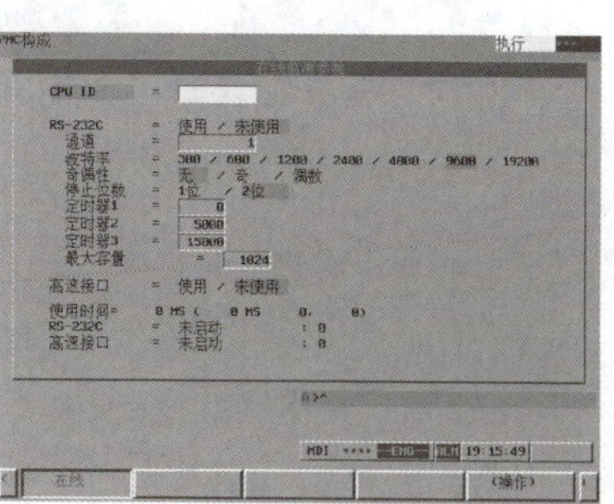

图 5-2-23　在线参数画面

任务报告

在实训数控机床上使用和操作 FANUC PMC 画面。

学习笔记

任务 5.3　FANUC 数控系统 PMC 参数设定

任务目标

1. 知识目标

掌握数控机床系统 PMC 参数的含义和设定方法。

2. 技能目标

能够自行完成 PMC 参数的设定。

3. 素养目标

具备对 PMC 参数进行设定和修改的能力。

任务准备

1. 实验设备

FANUC 0i Mate-D 数控系统实训台。

2. 实验项目

FANUC 数控系统 PMC 参数的设定。

知识链接

5.3.1　PMC 诊断画面参数设定

FANUC 数控系统提供 PMC 诊断画面设定功能，如图 5-3-1 所示，维修人员灵活使用内置 PMC 编程器的各项功能，既可用于调试 PMC 程序，又可保护 PMC 程序不易被修改。

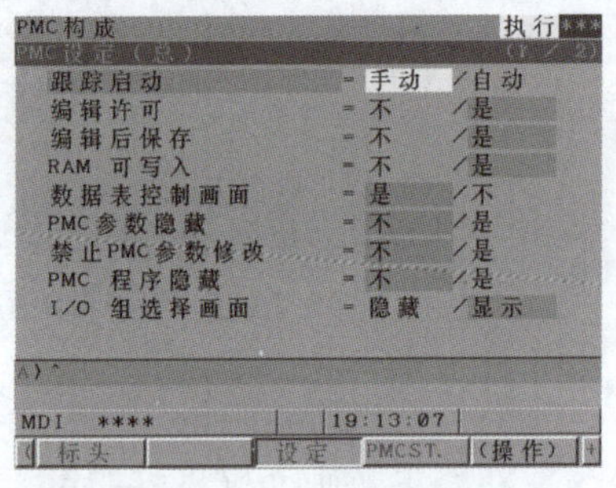

图 5-3-1　PMC 参数设定画面

各项目说明如下。

1. 跟踪启动

手动：按下“EXEC”软键执行追踪功能。

自动：系统通电后自动执行追踪功能。

2. 编辑许可

不：禁止编辑顺序程序。

是：允许编辑顺序程序。

3. 编辑后保存

不：编辑顺序程序后不会自动写入 FLASH ROM。

是：编辑顺序程序后自动写入 FLASH ROM。

4. RAM 可写入

不：禁止强制功能。

是：允许强制功能。

5. 数据表控制画面

是：显示 PMC 数据表管理画面。

不：不显示 PMC 数据表管理画面。

6. PMC 参数隐藏

不：允许显示 PMC 参数（仅当 EDITENABLE=0 时有效）。

是：禁止显示 PMC 参数（仅当 EDITENABLE=0 时有效）。

7. 禁止 PMC 参数修改

不：允许 PMC 参数修改（仅当 EDITENABLE=0 时有效）。

是：禁止 PMC 参数修改（仅当 EDITENABLE=0 时有效）。

8. PMC 程序隐藏

不：允许显示梯形图。

是：禁止显示梯形图。

9. I/O 组选择画面

隐藏：不显示 I/O 组画面。

显示：显示 I/O 组画面。

10. 梯形图开始

自动：系统通电后自动执行顺序程序。

手动：按“RUN”软键后执行顺序程序。

11. 允许 PMC 停止

不：禁止对 PMC 程序进行 RUN/STOP 操作。

是：允许对 PMC 程序进行 RUN/STOP 操作。

12. 编程功能使能

不：禁止内置编程功能。

是：允许内置编程功能。

对于以上功能的设置案例如下：

(1) 如果要完全禁止操作者处理梯形图，可设置如下。

编程器有效：　NO

隐藏 PMC 程序：YES

编辑有效：　NO

允许 PMC 停止：NO

(2) 如果允许操作者在需要停止梯形图下监控和编辑梯形图，可设置如下。

编程器有效：　NO

隐藏 PMC 程序：NO

编辑有效：　YES

允许 PMC 停止：YES

5.3.2 PMC 梯形图监控画面设定

梯形图监控画面如图 5-3-2 所示，可显示触点和线圈的 ON/OFF 状态，以及功

学习笔记

能指令的参数所定义的地址的内容。

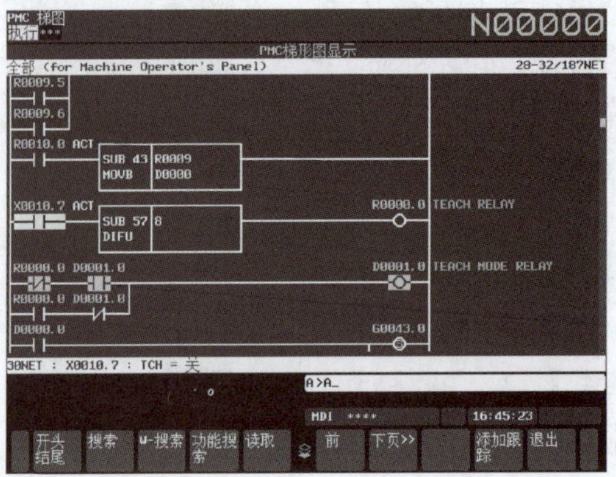

图 5-3-2　梯形图监控画面

梯形图监控参数设定画面如图 5-3-3 所示，包括的设定项目如下。

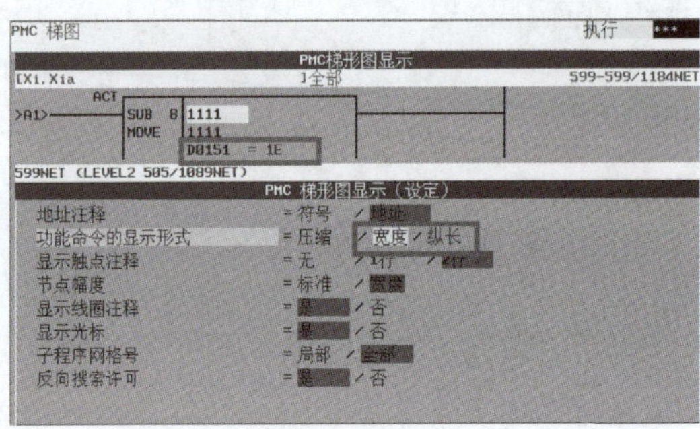

图 5-3-3　梯形图参数设定画面

1. ADDRESSNOTATION（地址符号）

用于指定梯形图中的位地址和字节地址是使用与之对应的符号显示，还是由它们本身来显示。

SYMBOL（符号）：有符号的地址用符号显示，没有符号的地址用它们本身来显示。

ADDRESS（default）地址（默认）：即使有符号，所有的地址也用它们本身来显示。

2. FUNCTIONSTYLE（功能指令格式）

改变功能指令的外形，有如下 3 种选择。用户必须选择除“紧凑型”以外的格式来显示功能指令参数地址的值。

（1）COMPACT（紧凑型）：在梯形图中占用的空间最小，参数地址当前值的监控被忽略。

（2）WIDE（default）宽型（默认）：扩展了方格横向的宽度，以给参数地址的当前值预留空间。

（3）TALL（高）：扩展了方格纵向的高度，以给参数地址的当前值预留空间。

该方格较紧凑型的高。

根据每个参数的设定不同，将参数地址的当前值显示改变成相应的格式。详细内容参阅“参数的显示格式”一节。当光标移到一个参数的地址上时，它的当前值就会以 2 进位的十进制、BCD（或 16 进位的二进制码）的形式显示在“附加信息栏”。

3. 显示触点的注释

用于改变每个触点下注释的显示格式。

NONE（无）：在触点下无注释显示。这种方式下，更多的触点（8/9 或 9/9（1 行中触点的个数/1 列中触点的个数））由于注释的空出而被显示在画面上。

1LINE（1 行）：在每个触点下显示 1 行具有 15 个半字符型字符（1 行，7 个日语字符），根据每个注释中字符的个数，每个触点的宽度和触点的个数在画面上也会不同。画面上所能显示的触点的个数从 4/6 到 9/6（1 行中触点的个数/1 列中触点的个数）。

2LINES（2 行）（默认）：在每个触点下显示每行具有 15 个半字符型字符的 2 行字符（2 行，每行 7 个日语字符），根据每个注释中字符的个数，每个触点的宽度、每个注释的行数和触点的个数在画面上也会不同。画面上所能显示的触点的个数从 4/5 到 9/5（1 行中触点的个数/1 列中触点的个数）。

4. 显示线圈注释

定义是否显示线圈注释，如图 5-3-4 所示。

YES（default）显示（默认）：右边 14 个字符大小的区域作为线圈的注释预留，可以进行设定。

NO（无）：右边的区域通常用来增加线圈扩展梯形图，取代线圈注释的显示。在这种选择下，画面位置栏通常显示在画面的右边缘。

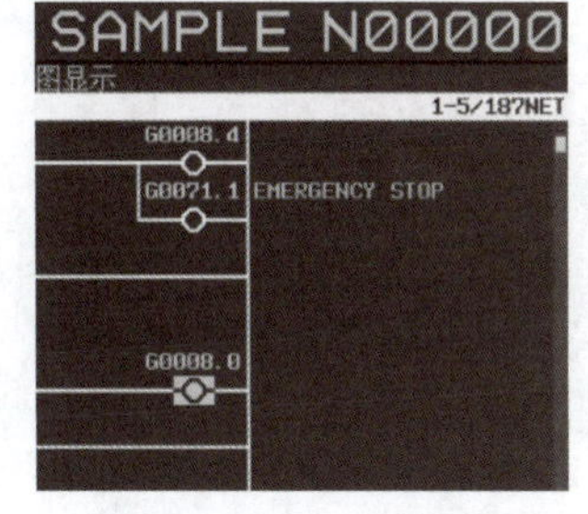

图 5-3-4　是否显示线圈注释

5. 显示光标

用于定义是否显示光标。

YES（default）显示（默认）：表明光标被显示。光标移动键可以移动光标。当光标停留在位或字节地址上时，地址的信息显示在“附加信息栏”。在光标要显示的情况下，若查找目标，则光标会直接停留在查找到的目标上。当梯形图有很多大型语句时，这个功能很受欢迎。

NO（无）：光标没有显示。上/下光标移动键将直接对画面进行翻页。在光标隐藏的情况下查找目标时，含有目标的网格就会显示在画面的顶部。

6. 梯形图外观设定

用于设定梯形图如何显示。可以设定梯形图中行、继电器、符号、注释以及功能指令参数的颜色。符号、触点接通、触点断开、功能指令参数和注释的监控显示可以看作一个例子。这个例子的显示根据设定来改变，可以给梯形图的 5 个组成部分中的每一个都定义显示颜色。

ADDRESSCOLOR（地址颜色）：用于设定符号和地址的颜色。输入一个数字或使用左/右光标键来增大或减小数字。用户可以从 0~13 共 14 个数字中选择一个来定义。

DIAGRAMCOLOR（梯形图颜色）：用于设定整个梯形图的颜色。设定方法与地址颜色设定相同。

ACTIVERELAYCOLOR（继电器接通颜色）：用于设定继电器接通时的颜色。继电器断开时的颜色和梯形图的颜色相同。设定方法与地址颜色的相同。

PARAMETERCOLOR（功能指令参数颜色）：用于设定功能指令参数监控显示的颜色。当功能指令的显示格式设定了"紧凑型"以外的格式时，监控画面才会显示。设定方法与地址颜色设定相同。

COMMENTCOLOR（注释颜色）：用于设定注释的颜色。设定方法与地址颜色设定相同。

7. 子程序网格号

用于定义一个网格号是从当前子程序头局部开始计算，还是从整个程序头全部开始计算。这个设定将影响查找网格号时一个网格号的表示。

LOCAL（局部）：网格号从当前子程序的第 1 网格开始计算。网格号只能在当前子程序中定义。网格号信息在画面右上部以"显示范围/在子程序中的网格号"格式显示。

GLOBAL（default）全部（默认）：网格号从第 1 级程序的第 1 网格开始计算。网格号在整个程序中被唯一定义。网格号信息在画面右上部以"显示范围/子程序范围网格号"格式显示。

8. 往复查找有效

用于允许查找过程从顶部/底部到底部/顶部往复连续查找，如图 5-3-5 所示。

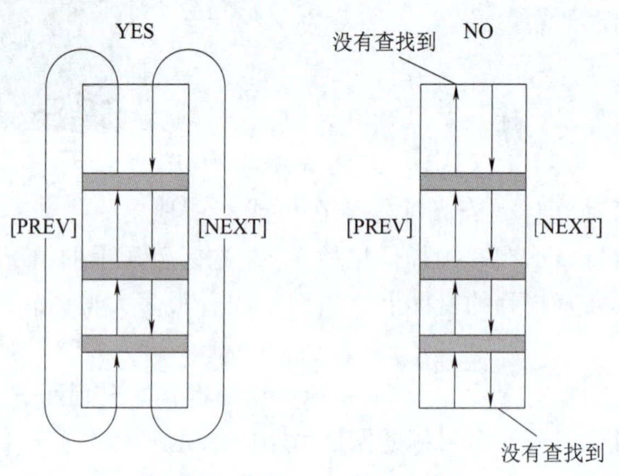

图 5-3-5　往复查找设定

YES（default）允许（默认）：当检查到程序底部的时候，继续反向从程序的顶部向下查找。当检查到程序顶部的时候，继续反向从程序的底部向上查找。

NO（否）：当到达顶部或底部，且一个错误信息出现在信息栏时，查找失败。

学习笔记

任务实施

5.3.3 PMC 非易性参数设定

对于 TIMER、COUNTER、KEEPRELAY、DATATABLE 这些非易性参数，见表 5-3-1，可以通过 CRT/MDI 面板设定和显示。要使用此功能，选择 PMC 基本菜单下的“PMCPRM”软键。

表 5-3-1 非易性参数

名称	PWE	KEY4
TIMER	0	
COUNTER	0	0
KEEPRELAY	0	
DATATABLE	0	0
注：“0”代表所具备的功能。		

通过 MDI 面板输入 PMC 参数的步骤如下。

(1) 设定顺序程序在 STOP 停止运行状态。

(2) 设置 NC 在 MDI 方式或处于“EMG”急停状态。

(3) 设定 NC 画面“PWE”写保护使能或程序保护信号“KEY4”为 1。

(4) 选择相应的软键画面。

“TIMER”：定时器画面；

“COUNTER”：计数器画面；

“KEEPRL”：保持型继电器画面；

“DATA”：数据表画面。

(5) 移动光标，通过 INPUT 输入数值，输入完毕后，设定“PWE”“KEY4”为 0。

任务报告

根据要求设定 PMC 参数，进行梯形图监控设定。

(1) 如果只允许操作者监控梯形图。

编程器有效（PMC-SB7：K900.1，PMC-SA1：K17.1）

隐藏 PMC 程序（PMC-SB7：K900.0，PMC-SA1：K17.0）

编辑有效（PMC-SB7：K901.6，PMC-SA1：K18.6）

允许 PMC 停止（PMC-SB7：K902.2，PMC-SA1：K19.2）

(2) 如果允许操作者监控和编辑梯形图。

编程器有效（PMC-SB7：K900.1，PMC-SA1：K17.1）

隐藏 PMC 程序（PMC-SB7：K900.0，PMC-SA1：K17.0）

编辑有效（PMC-SB7：K901.6，PMC-SA1：K18.6）

允许 PMC 停止（PMC-SB7：K902.2，PMC-SA1：K19.2）

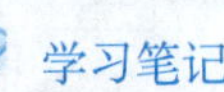
学习笔记

任务 5.4　PMC 指令与顺序程序编制

任务目标

1. 知识目标

（1）理解 FANUCPMC 接口定义与工作原理。

（2）使用 PMC 顺序程序指令编程。

2. 技能目标

能够编写基本的顺序程序。

3. 素养目标

（1）具备快速、有效地查阅技术资料的能力。

（2）能够规范地进行 PMC 维护的能力。

任务准备

1. 实验设备

FANUC 0i Mate-D 数控系统实训台。

2. 实验项目

（1）FANUC PMC I/O 的地址分配。

（2）FANUC PMC 程序编写。

知识链接

5.4.1　顺序程序编制的流程

FANUC PMC 的工作过程基本上就是用户梯形图程序的执行过程，是在系统软件的控制下顺序扫描各输入点的状态，按用户逻辑解算控制逻辑，然后顺序向各输出点发出相应的控制信号。此外，为了提高工作的可靠性和及时接收外来的控制命令，在每个扫描周期还要进行故障自诊断和处理以及编程器、计算机的通信请求等。

5.4.2　FANUC PMC 的 2 级顺序程序

FANUC PMC 采用的是 2 级顺序程序的构架。其中，第一级是每隔 8 ms 进行读取的程序，主要处理急停、跳转、超程等紧急动作。不使用第一级程序时，也要编写 END1 命令。第二级程序主要编写普通的顺序程序，如 ATC（自动换刀装置）、冷却液的开关等。在第二级上因为有同步输入信号存储器，所以输入脉冲信号时，其信号宽度应大于扫描时间。PMC 子程序主要是将重复执行的处理和模块化的程序作为子程序登录，然后用 CALL 或 CALLU 命令由第二级调用。如图 5-4-1 所示。

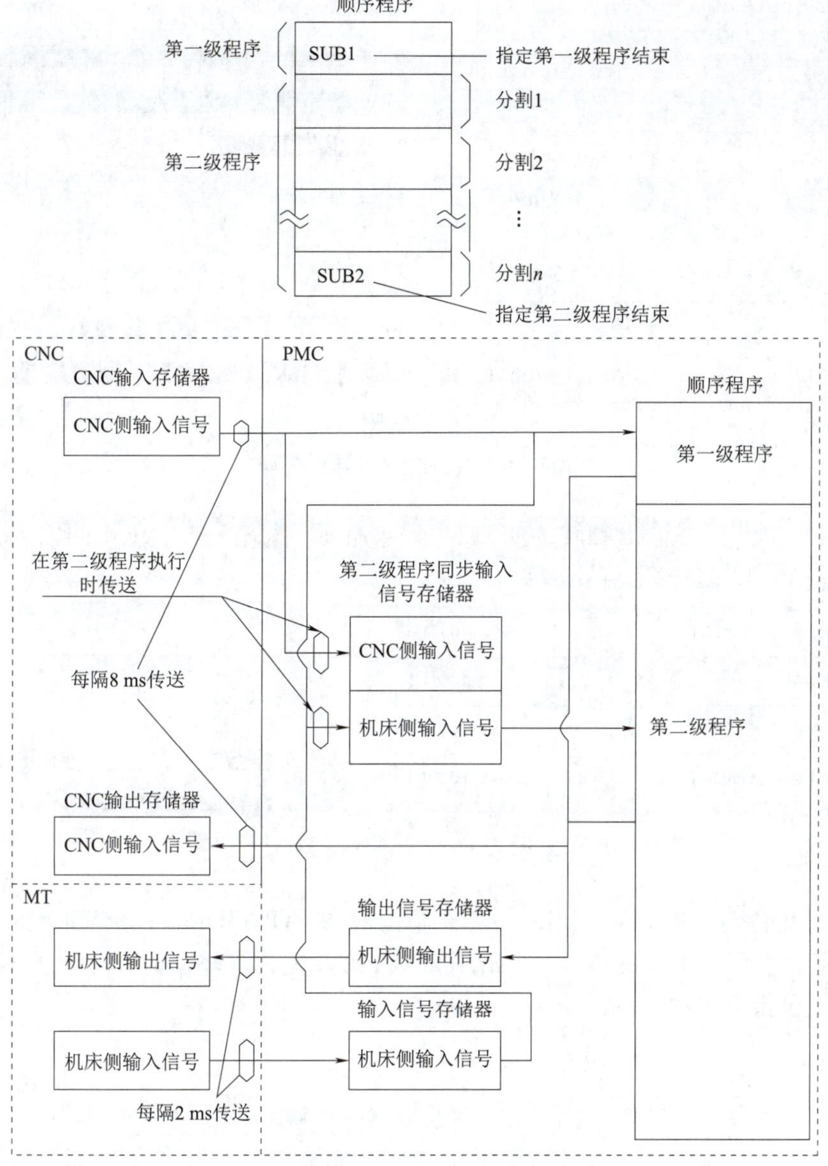

图 5-4-1　PMC 的 2 级顺序程序

5.4.3　FANUC PMC 常用的 PMC 逻辑

FANUC PMC 常用指令功能说明参见系统说明书。下面就一些常用的、特殊的 PMC 指令程序做简单的介绍。

(1) 上升沿产生固定脉冲，如图 5-4-2 所示。X28.2 的输入上升沿使得 R300.0 产生固定宽度的输出脉冲。

(2) 下降沿产生固定脉冲，如图 5-4-3 所示。X28.3 的输入下降沿使得 R301.0 产生固定宽度的输出脉冲。

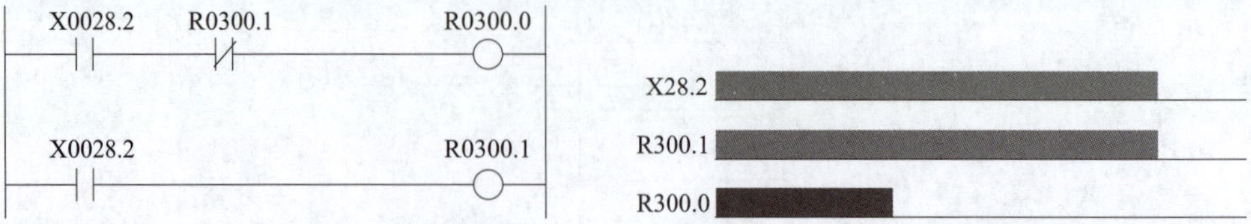

图 5-4-2　上升沿产生固定脉冲

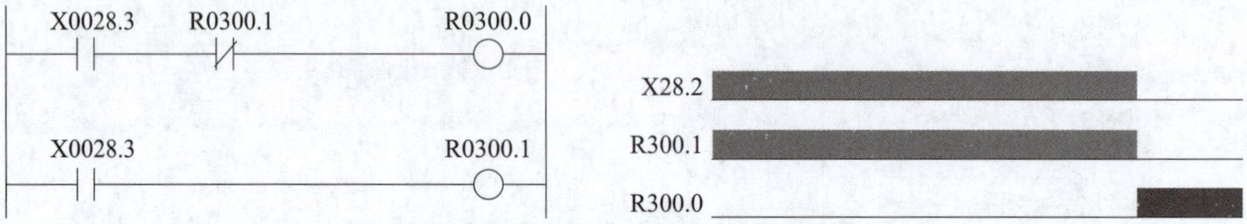

图 5-4-3　下降沿产生固定脉冲

（3）单键交替输出翻转，如图 5-4-4 所示。每有一次 X1.4 的输入，输出 G46.7 和 Y1.1 都会发生信号翻转。

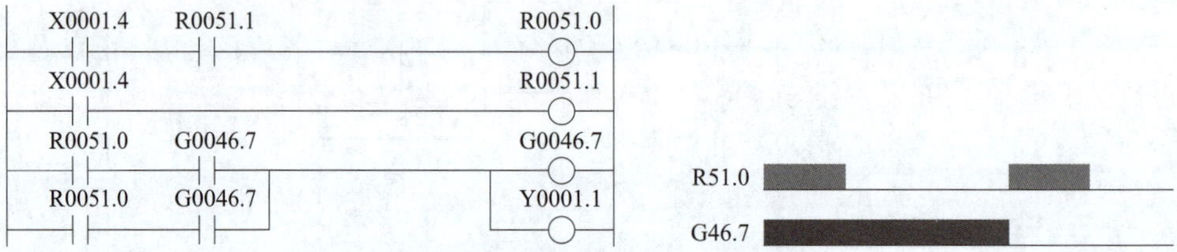

图 5-4-4　单键交替输出翻转

（4）置位与复位指令，如图 5-4-5 所示。X28.0 的输入上升沿会使 Y28.0 置位（输出为 1），而 X28.1 的输入上升沿则会使 Y28.0 复位（输出为 0），一般情况下，复位和置位指令成对出现。

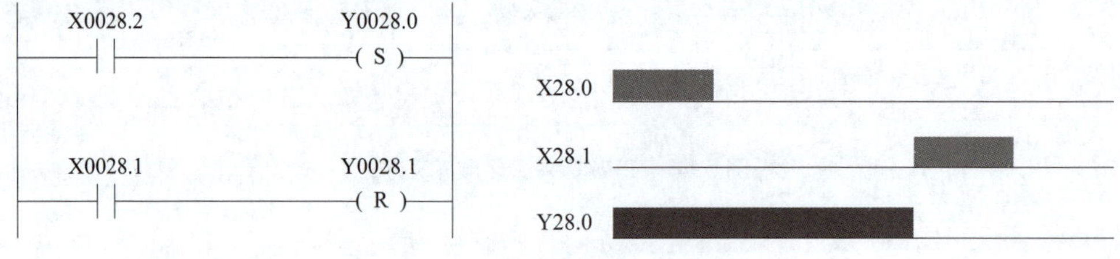

图 5-4-5　置位与复位指令

5.4.4 FANUC 功能指令的格式和限制

1. 格式

因为功能指令不能用继电器信号表示，所以必须使用如图 5-4-6 所示的格式，格式中包括控制条件、指令、参数、W 和 R9000~R9005 功能指令操作结果寄存器。

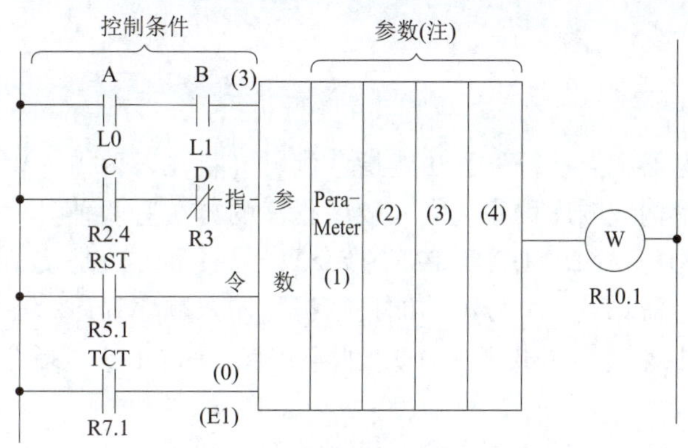

图 5-4-6 PMC 功能指令

2. 控制条件

控制条件的数目和意义根据功能指令的不同而变化。控制条件输入寄存器中，输入顺序是固定的，不能被改变或忽略。

3. 指令

指令种类在本任务的任务实施中给出。功能指令通过 SUB 和其后数据给定。

4. 参数

与基本指令不同，功能指令可处理数字值，包含数据和地址。参数的数目和意义是随功能指令的不同而变化的。

5. W

当功能指令的操作结果为 1 位二进制时（1 或 0），将其输出至 W1，其地址由编程者自由决定，其意义根据功能指令的不同而有所变动。但要注意有些功能指令没有 W。

6. 功能指令中要处理的数据

功能指令处理的数据为二进制表示的十进制代码（BCD）或二进制代码（RIN）。

7. 功能指令中所处理数据的地址

当功能指令中所处理数据为 2 字节或 4 字节时，功能指令参数中给出的地址最好为偶地址。偶地址的使用会略微缩短一些功能指令的执行时间。处理二进制数据的功能指令的参数会标上一个 * 号。在偶地址中，内部继电器 R 后数字为偶数，数据表 D 后的数据也为偶数。

8. 功能指令计算结果寄存器（R9000～R9005）

功能指令的计算结果设置在这些寄存器中。功能指令执行完毕后，应立即查看寄存器的信息，否则，在下一功能指令执行完毕后，前一信息会丢失。

寄存器的计算信息不能在顺序程序的不同级别中传送。寄存器的计算结果可保存到同一级程序中的下一功能指令执行完毕为止。设在其中的信息根据功能指令的不同而有所区别。它可被顺序程序读出，但不可被写入。

任务实施

1. 基本指令

梯形图由继电器触点、符号和功能指令代码（将在以后描述）构成。梯形图中所表示的逻辑关系构成顺序程序。输入顺序程序的方法有两种：一种输入方法是使用助记符语言（RD、AND、OR 等 PMC 指令）；另一种方法是使用继电器符号。通过使用相应的继电器触点、符号和功能指令符号输入顺序程序。在使用继电器符号方法时，可以使用梯形图格式并且不用理解 PMC 指令（基本指令如 RD、AND 和 OR）即可进行编程。

PMC 指令分为基本指令和功能指令两种类型。

1）基本指令

基本指令是在设计顺序程序时最常用到的指令，它们执行一位运算，例如 AND 或 OR，共有 12 种。

2）功能指令

在用基本指令难以编制某些机床动作时，可使用功能指令来简化编程。

例 1：用基本指令编程并分析栈操作过程。

在指令执行过程中，用一个堆栈寄存器暂存逻辑操作的中间结果，堆栈寄存器有 9 位。如图 5-4-7 所示，按“先进后出，后进先出”的原理工作。

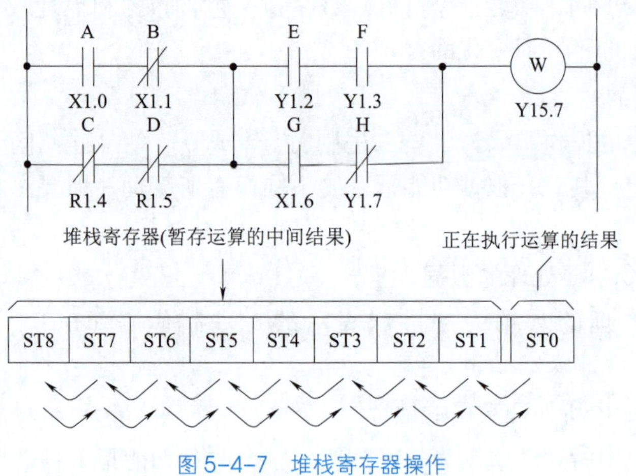

图 5-4-7　堆栈寄存器操作

代码表见表 5-4-1。

表 5-4-1　代码表

步号	指令	地址号	位号	说明
1	RD	X1. 0		A
2	AND、NOT	X1. 1		B
3	RD、NOT、STK	R1. 4		C
4	AND、NOT	R1. 5		D

学习笔记

续表

步号	指令	地址号	位号	说明
5	OR、STK			
6	RD、STK	Y1.2		E
7	AND	Y1.3		F
8	RD、STK	X1.6		G
9	AND、NOT	Y1.7		H
10	RD、STK			
11	AND、STK			
12	WRT	Y15.7		W1 输出

操作结果状态见表 5-4-2。

表 5-4-2　操作结果状态

ST2	ST1	ST0
		A
		A · B
	A · B	C
	A · B	C · D
		A · B+C · D
	A · B+C · D	E
	A · B+C · D	E · F
A · B+C · D	E · F	G
A · B+C · D	E · F	G · H
	A · B+C · D	E · F+G · H
		(A · B+C · D) · (E · F+G · H)
		(A · B+C · D) · (E · F+G · H)

2. 程序结束指令

1）第一级顺序程序结束指令

助记符：END1。

SUB 代码：1。

梯形图：如图 5-4-8 所示。

功能：第一级顺序程序结束。该指令在第一级顺序程序中必须给出一次，放在第一级程序末尾。

2）第二级顺序程序结束指令

助记符：END2。

SUB 代码：2。

梯形图：如图 5-4-9 所示。

功能：第二级顺序程序结束。该指令在第二级顺序程序中必须给出一次，放在第二级程序末尾。

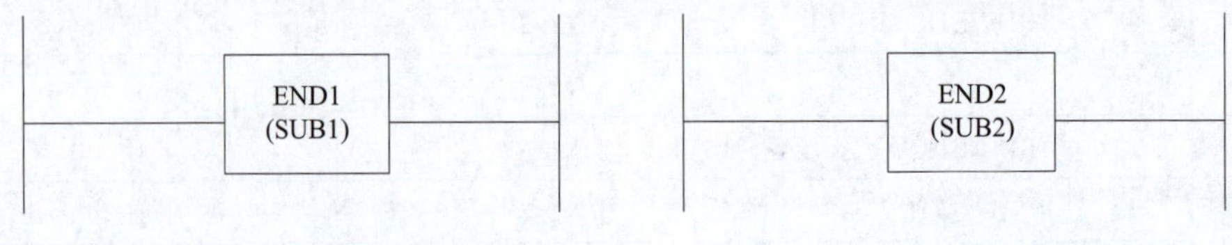

图 5-4-8　第一级顺序程序结束指令　　图 5-4-9　第二级顺序程序结束指令

3. 定时器指令

1）定时器指令

助记符：TMR。

SUB 代码：3。

梯形图：如图 5-4-10 所示。

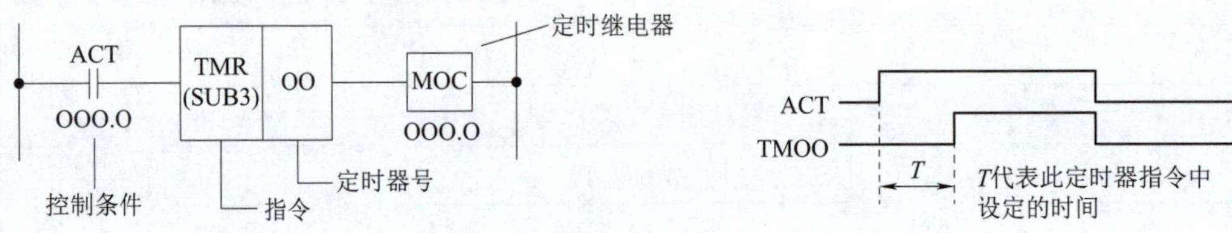

图 5-4-10　定时器指令

功能：继电器延时导通。

控制条件：ACT=0 时，关闭定时继电器；ACT=1 时，定时继电器开始延时，当到达预先设定的值时，输出为 1。设定延时时间的值用二进制表示，需用两个字节来存放。

参数：定时器号为 1~8 号的定时器，定时单位为 48 ms，延时时间为 48 ms~1 572. 816 s；定时器号为 9~40 号的定时器，定时单位为 8 ms，延时时间为 8 ms~262. 136 5 s。

2）固定定时器指令

助记符：TMRB。

SUB 代码：24。

梯形图：如图 5-4-11 所示。

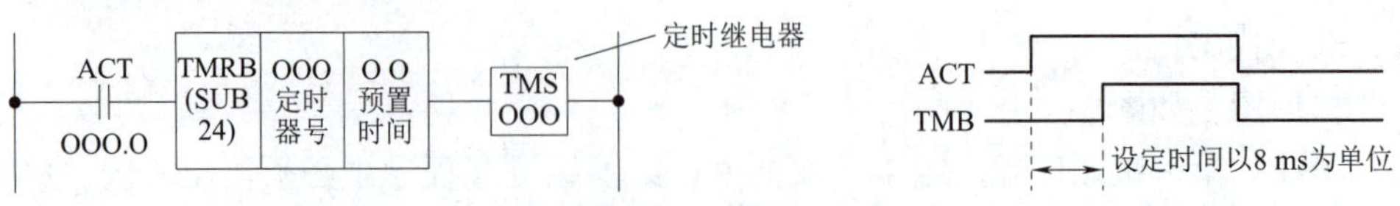

图 5-4-11　固定定时器指令

功能：继电器延时导通。本指令的固定定时器的时间是与顺序程序一起写入 ROM 中的，因此，一旦写入，就不能更改。

学习笔记

控制条件：ACT=0 时，关闭定时继电器；ACT=1 时，定时继电器开始延时。

参数：定时器号为 1~100 号的定时器，定时单位为 8 ms，延时时间为 8 ms~262. 136 s，误差为 0~8 ms。

3）精确定时器指令

助记符：TMRC。

SUB 代码：54

梯形图：如图 5-4-12 所示。

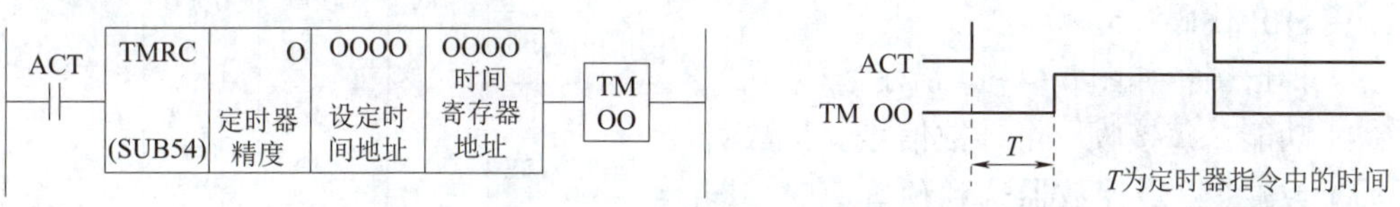

图 5-4-12 精确定时器指令

功能：定时继电器延时导通。它的时间可在任意地址设定。在指定的存储器范围内定时器的数量没有限制。

控制条件：ACT=0 时，关闭定时继电器；ACT=1 时，定时继电器开始延时。

参数：

（1）定时器精度：设定值为 0 时，定时精度为 8 ms，延时时间为 8 ms~262. 136 s；设定值为 1 时，定时精度为 48 ms，延时时间为 48 ms~1 572. 816 s。

（2）定时器设定时间地址：存放设定定时器延时时间的设定值区域的首地址。该区域需要连续的两字节空间，通常选择 D 区域用于此指令。

（3）定时器存储器地址：系统需要连续的 4 字节空间，通常选择 R 区域用于此指令，用户不使用。

4. 计数器指令

1）计数器指令

助记符：CTR。

SUB 代码：5。

梯形图：如图 5-4-13 所示。

功能：每接收一个计数信号，计数器加 1 或减 1，当计数器达到预置值时，即等于 0 或 1 时，输出一个信号使 W 导通，W=1。输出继电器 W 的地址可任意指定。

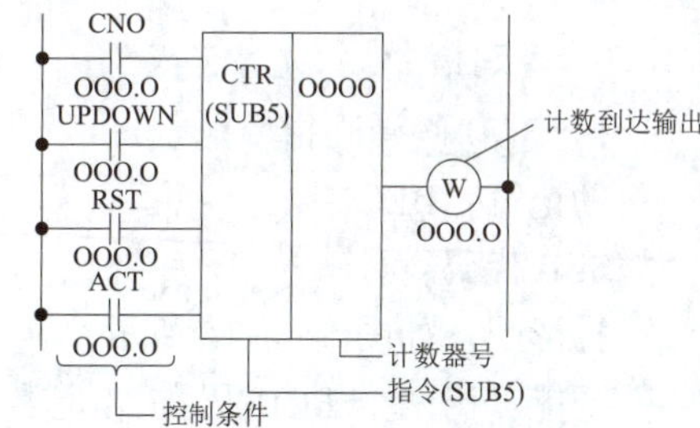

图 5-4-13 计数器指令

控制条件：

（1）指定初始值 CNO：CNO=0，计数器由 0 开始计数；CNO=1，计数器由 1 开始计数。

（2）指定上升/下降型计数器 UPDOWN：UPDOWN=0，为加计数器；UPDOWN=1，为减计数器。

（3）复位 RST：RST=0，解除复位；RST=1，复位。W 变为 0，计数值复位为初始值。

（4）ACT=0 时，计数器不动作，W 不会变化；ACT=1 时，在 ACT 上升沿时进行计数。

参数：

计数器号为 1~20。每个计数器需占用连续的 4 字节空间，预置值和累计值均为压缩型 BCD 码，它们各占 2 字节，所以计数器的计数范围为 0~9 999。

2）二进制计数器指令

助记符：CTRC。

SUB 代码：5。

梯形图：如图 5-4-14 所示。

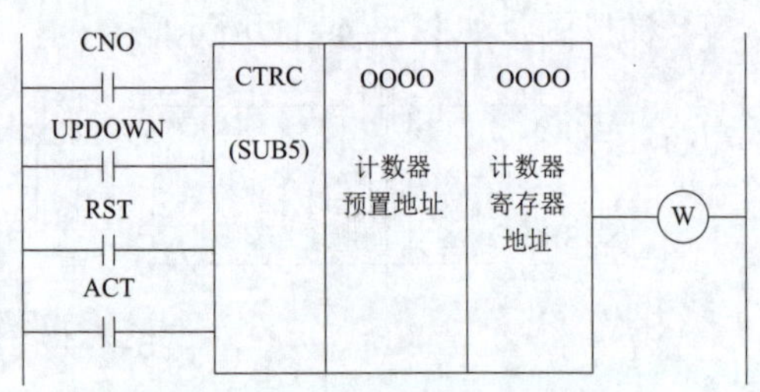

图 5-4-14　二进制计数器指令

功能：每接收一个计数信号，计数器加 1 或减 1，当计数器达到预置值时，即等于 0 或 1 时，输出一信号使 W 导通，W=1。输出继电器 W 的地址可任意指定。

控制条件：

（1）指定初始值 CNO：CNO=0，计数器由 0 开始计数；CNO=1，计数器由 1 开始计数。

（2）指定上升/下降型计数器 UPDOWN：UPDOWN=0，为加计数器；UPDOWN=1，为减计数器。

（3）复位 RST：RST=0，解除复位；RST=1，复位。W 变为 0，计数值复位为初始值。

（4）ACT=0 时，计数器不动作，W 不会变化；ACT=1 时，在 ACT 上升沿时进行计数。

参数：

（1）计数器预置值地址：计数器预置值需占用连续的 2 字节存储空间，一般使用 D 区域。预置值为二进制代码，它有 15 位数值位，需占用 2 字节。所以该计数器的计数范围为 0~32 767。

（2）计数器寄存器地址：计数器工作系统需占用连续的 4 字节存储空间，一般使用 D 区域。

5. 译码指令

1）BCD 码译码指令

助记符：DEC。

SUB 代码：4。

梯形图：如图 5-4-15 所示。

功能：当两个 BCD 码与给定数值一致时，输出继电器导通，W=1；否则，W=0。该指令常用于机床的 M 指令或 T 指令译码。

控制条件：ACT=0 时，关闭译码输出结果；ACT=1 时，进行译码。即当给定数值与 BCD 代码信号一致时，W=1，否则，W=0。

参数：

（1）代码信号地址：指定包含两个 BCD 代码信号的地址。

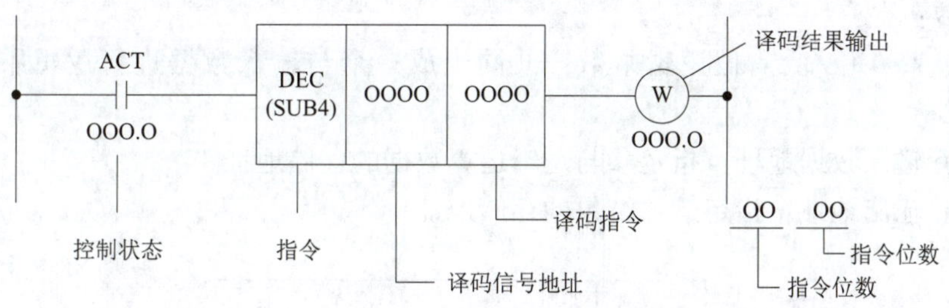

图 5-4-15　BCD 译码指令

（2）译码方式字：由两部分组成，即译码数值和译码位数。译码数值指定译出的译码数值，要求为两位数。译码位数为 01 时，只译低位数，高位数为 0；为 10 时，只译高位数，低位数为 0；为 11 时，高、低两位均译码。

2）二进制码译码指令

助记符：DECB。

SUB 代码：25。

梯形图：如图 5-4-16 所示。

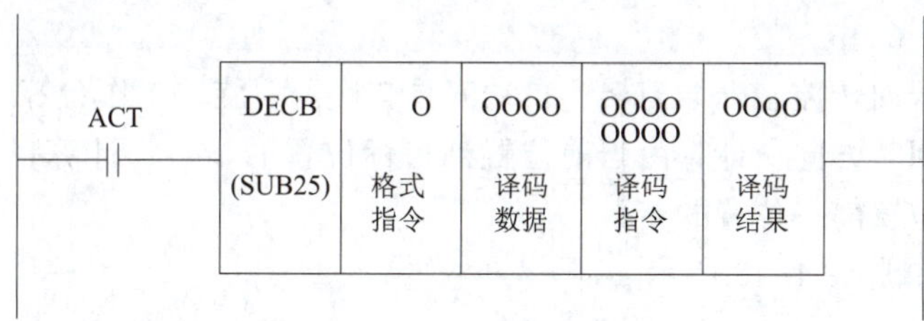

图 5-4-16　二进制码译码指令

功能：当 8 位连续的二进制代码之一与给定的代码数据一致时，对应的输出数据位为 1；不一致时，输出数据位为 0。可对 1、2 或 4 字节的二进制代码数据译码。

控制条件：ACT=0 时，将所有输出位复位；ACT=1 时，进行译码。

参数：

（1）格式指定：在参数的第一位数据设定代码数据的大小。1 为 1 字节二进制代码；2 为 2 字节二进制代码；4 为 4 字节二进制代码。

（2）代码数据地址：指定存储二进制代码数据的地址。

（3）译码指定数：给定要译码的 8 个连续数字的第一位数。

（4）译码结果。

6. 逻辑乘数据传送指令

助记符：MOVE。

SUB 代码：8。

梯形图：如图 5-4-17 所示。

功能：将逻辑乘数与输入数据进行逻辑乘运算，并将结果传送至指定地址。

控制条件：当 ACT=1 时，执行 MOVE 指令，否则，不执行。

参数：

（1）高 4 位/低 4 位逻辑乘数：共同组成一个与输入数据进行逻辑乘运算的数据。

（2）输入数据地址：指定参与逻辑运算数据的存储地址。

（3）输出地址：指定运算结果的存储地址。

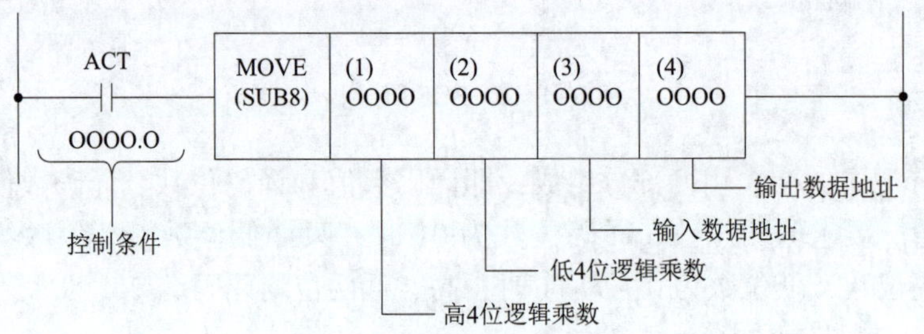

图 5-4-17　逻辑乘数据传送指令

7. 旋转控制指令

助记符：ROT。

SUB 代码：6。

功能：用于回转控制，如刀架、自动刀具交换器、旋转工作台等。具体功能有：选择短路径的回转方向；计算由当前位置到目标位置的步数；计算目标前一位置的位置或到目标位置前一位置的步数。

梯形图：如图 5-4-18 所示。

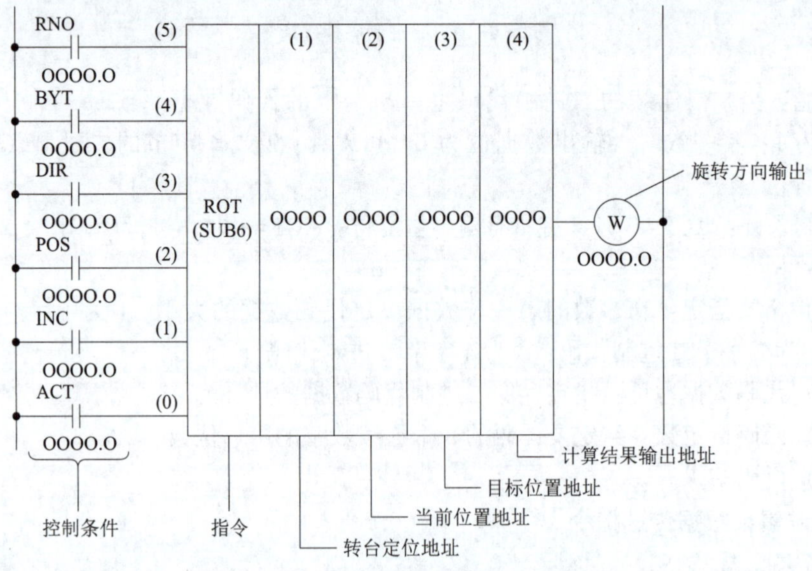

图 5-4-18　旋转控制指令

控制条件：

（1）RNO 指定转台的起始号。当 RNO = 0 时，转台的位置号由 0 开始；当

RNO=1 时，转台的位置号由 1 开始。

（2）BYT 指定要处理数据的位数。当 BYT=0 时，要处理的数据位数为两位 BCD 代码；当 BYT=1 时，要处理的数据位数为四位 BCD 代码。

（3）DIR 指定是否由短路径选择旋转方向。当 DIR=0 时，旋转方向不由短路径来选择，旋转方向仅为转台号增加的方向；当 DIR=1 时，旋转方向根据当前位置距目标位置最短路径的方向来选择。转台号增加的方向为正，转台号减小的方向为负。

（4）POS 指定操作条件：当 POS=0 时，计数目标位置；当 POS=1 时，计算目标的前位置。

（5）INC 指定位置数/步数：当 INC=0 时，计数位置数；当 INC=1 时，计数步数。

（6）ACT 执行指令：当 ACT=0 时，不执行 ROT 指令，W 没有改变；当 ACT=1 时，执行 ROT 指令。

参数：

（1）转台定位地址：给出转台定位号。

（2）当前位置地址：指定存储当前位置的地址。

（3）目标位置地址：指定存储目标位置的地址，如数控系统输出的 T 代码。

（4）计算结果输出地址：指定该指令计算出的转台要旋转步数的地址。

旋转方向输出：经由短路径旋转的方向输出至 W，当 W=0 时，方向为正向（FOR）；当 W=1 时，为反向（REV），W 的地址可任意选定。

8. 比较指令

1）比较指令

助记符：COMP。

SUB 代码：15。

梯形图：如图 5-4-19 所示。

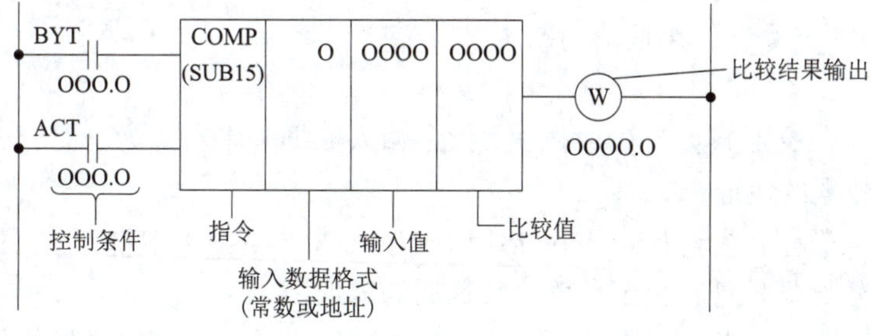

图 5-4-19　比较指令

功能：将输入值与基准数值进行比较，并将比较结果输出。

控制条件：

（1）BYT 指定数据大小：当 BYT=0 时，处理数据（输入值和比较值）为 BCD 两位；当 BYT=1 时，处理数据（输入值和比较值）为 BCD 四位。

（2）ACT 执行指令：当 ACT=0 时，不执行 COMP 指令，W 不变；当 ACT=1 时，执行 COMP 指令，结果输出到 W1 中。

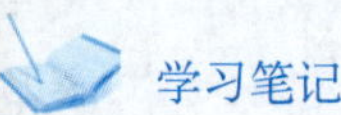

参数：

（1）输入数据格式：为0时，表示指定输入数据是常数；为1时，表示指定的是存放输入数据的地址。

（2）输入数据：参与比较的基准数据或存放基准数据的地址。

（3）比较数据地址：指定存放比较数据的地址。

比较结果输出：当基准数据大于比较数据时，W=0；当基准数据小于等于比较数据时，W=1。

2）一致性检测指令

助记符：COIN。

SUB代码：16。

梯形图：如图5-4-20所示。

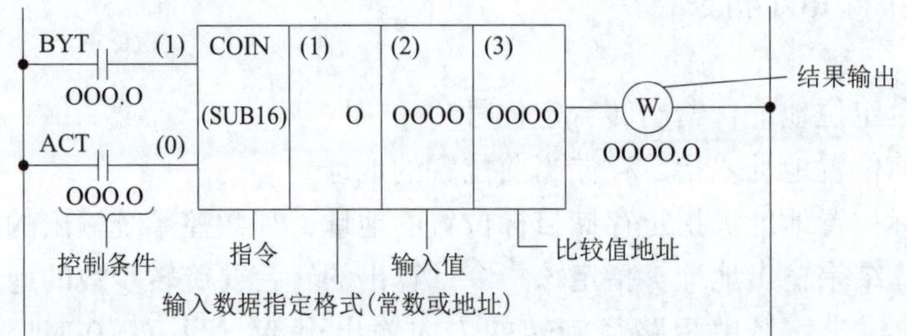

图5-4-20 一致性检测指令

功能：检测输入值与比较值是否一致，该指令只适用于BCD码数据。

控制条件：

（1）BYT指定数据大小：当BYT=0时，处理数据（输入值和比较值）为BCD两位；当BYT=1时，处理数据（输入值和比较值）为BCD四位。

（2）ACT执行指令：当ACT=0时，不执行COIN指令，W不变；当ACT=1时，执行COIN指令，结果输出到W中。

参数：

（1）输入数据形式：为0时，表示指定输入数据是常数；为1时，表示指定的是存放输入数据的地址。

（2）输入数据：参与比较的基准数据或存放基准数据的地址。

（3）比较数据地址：指定存放比较数据的地址。

比较结果输出：当基准数据不等于比较数据时，W=0；当基准数据等于比较数据时，W=1。

总之，除以上介绍的指令以外，还有将一个代码地址所指示的数据表内容传送至指定地址的存储单元中的转换指令；用于控制梯形图流向的跳转指令、公共线控制指令、调用子程序及返回指令；对代码信号进行奇偶校验的奇偶校验指令；BCD码/二进制编码间的译码指令；在数据表中搜索指定数据的数据检索指令；对数据进行数学处理的算术、逻辑运算指令和移位指令；用于参数赋值的定义常数指令；用于控制信号特性的边沿控制指令等诸多指令。

学习笔记

任务报告

1. 在线编辑如下程序，观察梯形图的变化。

（1）PMC 程序中出现双线圈输出时，如图 5-4-21 所示，其线圈状态如何？请仔细观察。

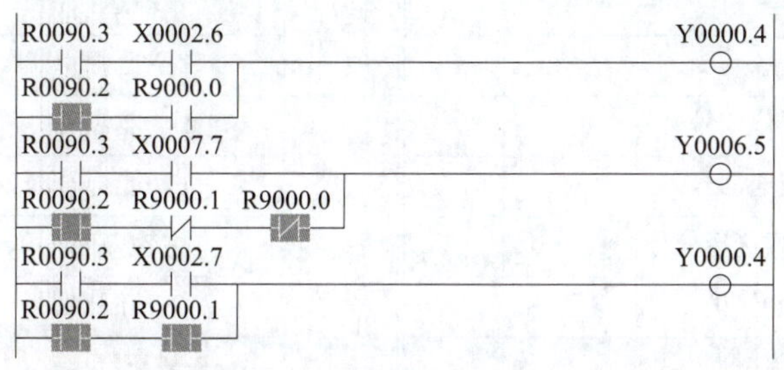

图 5-4-21　PMC 程序中出现双线圈输出

（2）当程序中输入有条件变化而没有输出变化时，会是哪些原因导致的？

2. 使用 FANUC PMC 指令编制简单的 PMC 程序。

（1）编制一个程序，实现输入 M 指令在面板上的指示灯上显示。

（2）编制一个程序，实现输入 T 指令在面板上的指示灯上显示。

（3）编制程序，实现冷却液的控制（手动控制、执行 M 指令控制两种方式）。

（4）编制一个回零程序，要求如下。

①单步 X—灯亮、Y—灯亮、Z—灯亮。

②按一个按钮自动实现 X、Y、Z 依次完成亮灯。

（5）编制一个程序，当 X、Y、Z 移动时，对应的灯亮。

（6）编制一个润滑控制的 PMC 程序，要求如下：

①从启动机床开始，15 s 润滑。

②15 s 润滑后，停止 25 min。

③润滑 15 s 后为达到压力报警。

④停止 25 min 后为压力未下降报警。

3. 辅助功能 PMC 实现：比较图 5-4-22 所示的用两种辅助功能完成的编程法之间的差异，估计它们将会造成的影响，以加深对辅助功能完成时序的理解。

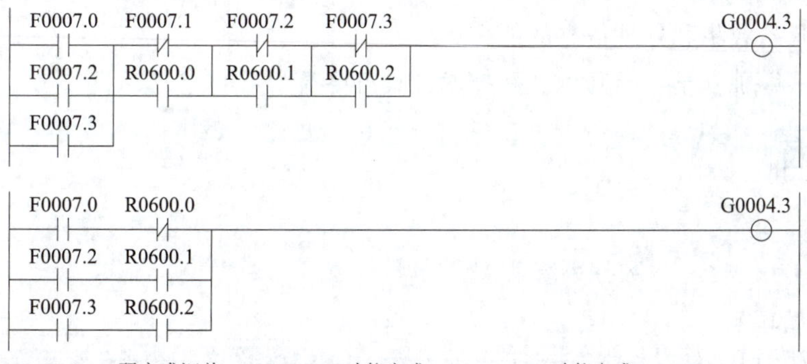

图 5-4-22　两种辅助功能完成的编程法

4. 查看数控系统维修说明书，列出表 5-4-3 中的重要数控机床控制信号的地址与含义。

表 5-4-3　重要数控机床控制信号的地址与含义

功能	信号名称	信号地址	含义	功能	信号名称	信号地址	含义
急停信号	急停			运行信号	单段运行		
	复位				空运行		
	正反向限位信号			MST 信号	M 功能代码		
	正反向减速信号				M 功能选通		
操作模式	机床工作方式选择信号				主轴急停		
	面板钥匙保护				主轴停止		
速度倍率	切削倍率				主轴正/反转		
	手动倍率			报警信号	机床准备好信号		
	快速倍率				伺服准备好信号		
	主轴倍率				系统报警		
运行信号	循环启动				主轴报警		

任务 5.5　FANUC LADDER-Ⅲ软件的使用

任务目标

1. 知识目标

掌握 FANUC PM 程序编写相关知识。

2. 技能目标

(1) 操作 FANUC LADDER-Ⅲ软件。

(2) 应用 FANUC LADDER-Ⅲ软件在线监测功能。

3. 素养目标

(1) 具备收集和处理信息的能力。

(2) 能够独立学习新知识、新技术，具有终身学习的能力。

任务准备

1. 实验设备

FANUC 0i Mate-D 数控系统实训台。

2. 实验项目

(1) 使用 FANUC LADDER-Ⅲ软件编辑、调试梯形图（离线功能）。

(2) 使用 FANUC LADDER-Ⅰ软件在线联机调试机床功能（在线功能）。

知识链接

5.5.1 FANUC LADDER-Ⅲ软件

FANUC LADDER-Ⅲ软件是一套编制 FANUC PMC 顺序程序的编程系统，该软件在 Windows 操作系统下运行，其主要功能如下。

（1）输入、编辑、显示、输出 PMC 程序。

（2）监控、调试顺序程序，在线监控梯形图、PMC 状态、显示信号状态、报警信息等。

（3）显示并设置 PMC 参数。

（4）执行或停止顺序程序。

（5）将顺序程序导入 PMC 或将顺序程序从 PMC 导出。

该软件可以进行 0i Mate-D 系列 PMC 的程序编制，软件安装与普通的 Windows 软件安装过程基本相同。在安装的过程中，软件会自动卸载以前的旧版本后再进行安装。单击“SetupStart”图标就可以进行安装，安装界面如图 5-5-1 所示。

图 5-5-1 软件安装界面

5.5.2 FANUC LADDER-Ⅲ软件的操作

对于一个简单梯形图程序的编制，通过 PMC 类型的选择，程序编辑、编译等几步即可完成。完整的程序还包含标头、I/O 地址、注释、报警信息等。具体操作界面如图 5-5-2 所示。

1. PMC 类型的选择

对于 0i Mate-D 数控系统 PMC 程序的编辑，一般包含以下步骤：

首先在“开始”菜单中启动软件，然后单击“新建”按钮，选择 PMC 程序的类型，如图 5-5-3 所示。

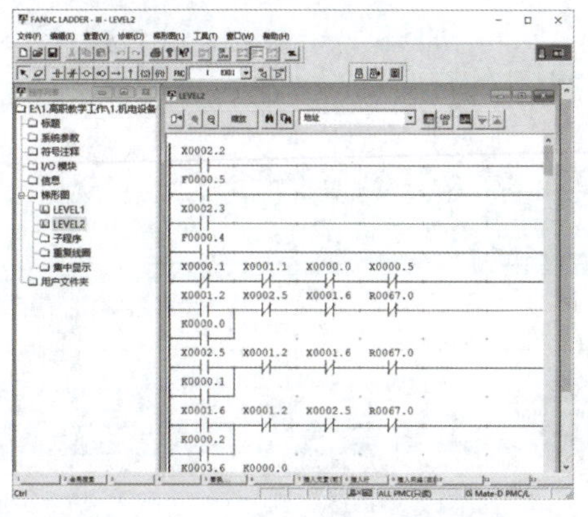

图 5-5-2 FANUC LADDER-Ⅲ软件操作界面图

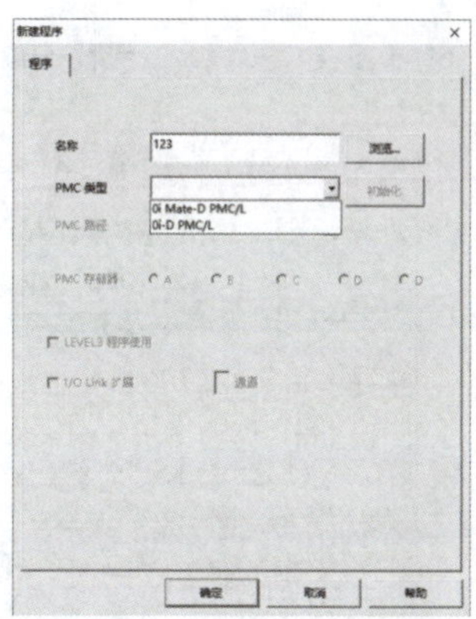

图 5-5-3 PMC 类型的选择

学习笔记

2. 信号定义与地址分配

该步包括定义 I/O 信号地址、符号，编辑信号注释，分配 I/O Link 地址等，如图 5-5-4、图 5-5-5 所示。

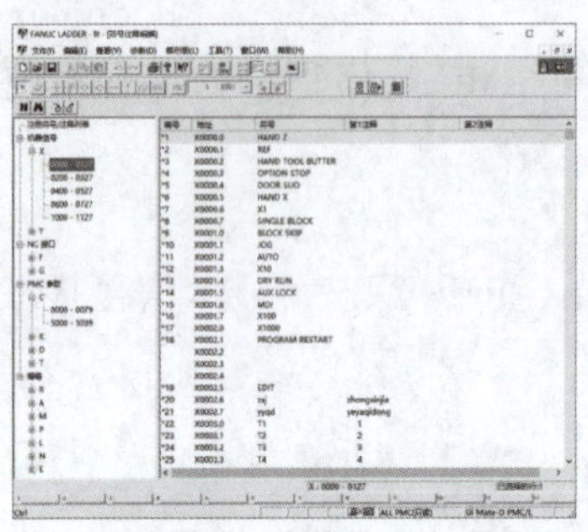

图 5-5-4　信号定义窗口

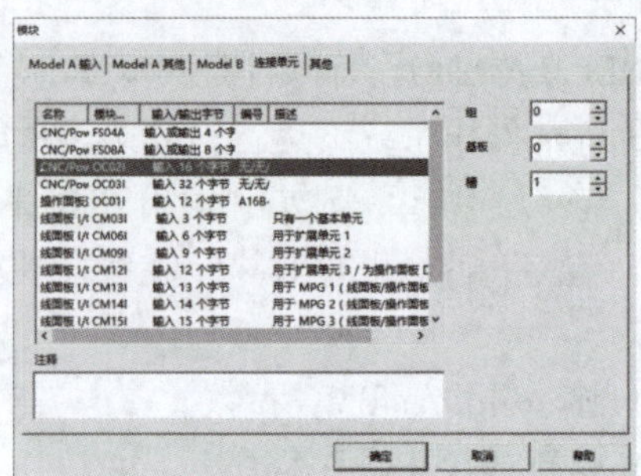

图 5-5-5　地址设定模块

3. 在软件编辑区进行程序行添加与子程序的编辑

首先选择编辑 LEVEL1、LEVEL2 程序，即一级程序、二级程序，如图 5-5-6 所示。在主菜单“编辑”选项中选择要插入的梯形图指令并将其添加至编辑区，如图 5-5-7 和图 5-5-8 所示。如果要添加子程序，则右击程序，在弹出的快捷菜单中，选择“添加子程序”选项，如图 5-5-9 所示。

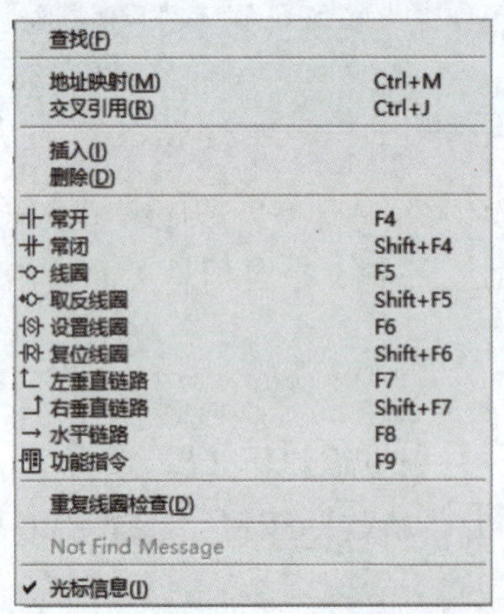

图 5-5-6　一级、二级程序编辑

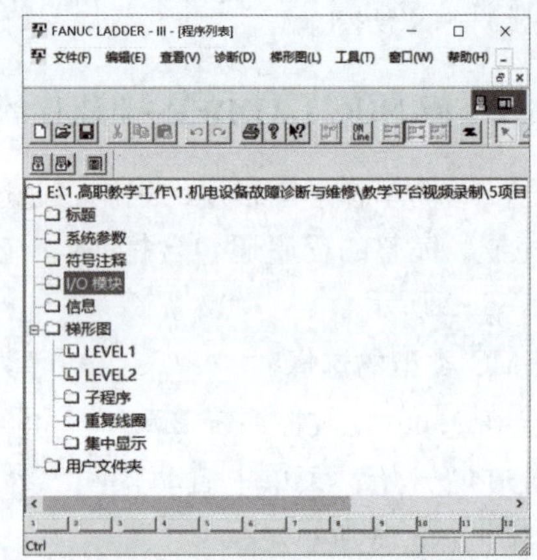

图 5-5-7　右键添加程序行及符号

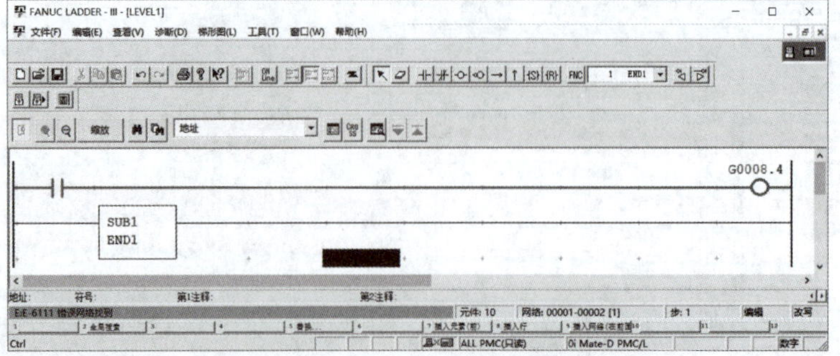

图 5-5-8　PMC 指令编辑

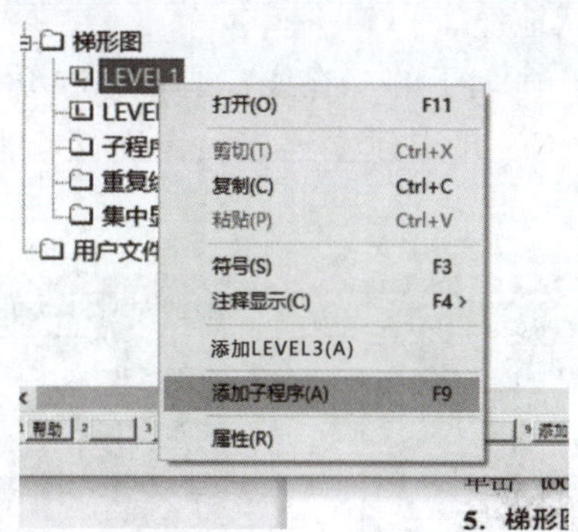

图 5-5-9　添加子程序

单击“工具”→“执行”，对程序完成编译，如图 5-5-10 所示。

4. 梯形图程序输出

对编译好的顺序程序进行输出，转化为系统可以识别的文件后，灌入系统。单击“文件”→“导出”，如图 5-5-11 所示，可以输出不同的形式，见表 5-5-1。

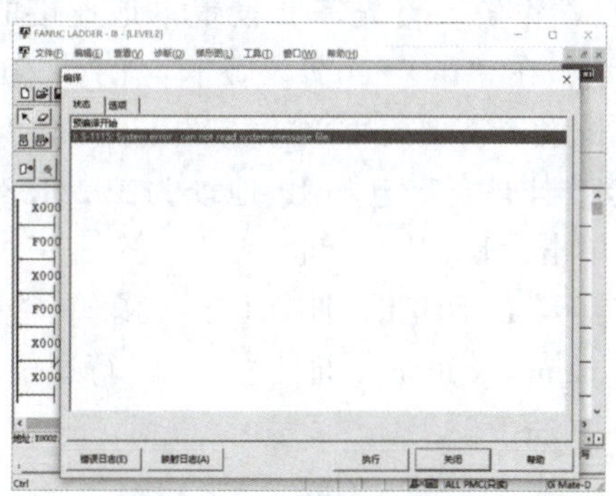

图 5-5-10　梯形图的编译

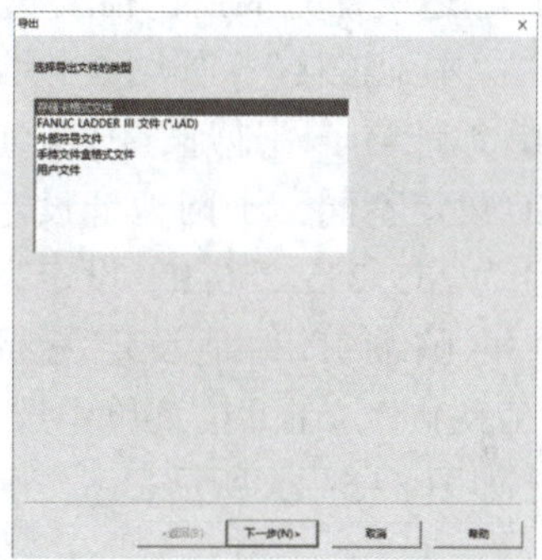

图 5-5-11　梯形图文件导出

表 5-5-1　输入/输出形式

文件的种类	用途
FAPT	LADDER-Ⅲ
存储卡形式	处理存储卡形式。可用 PMC 的 I/O 画面或 BOOT 进行处理
Handyfile 形式	处理便携软磁盘机形式。可用 PMC 的 I/O 画面进行处理
用户文件	处理现在打开的顺序程序的用户文件夹（MyFladder）中的文件

任务实施

5.5.3　使用 LADDER-Ⅲ软件在线监控梯形图

（1）首先使用网线将 CNC 与电脑进行连接完成。

（2）在 CNC 中的以太网画面下设定 IP 地址，如图 5-5-12 所示。

IP：192.168.1.1，子网：255.255.255.0

以上地址属于系统默认地址。

(3) 进入“PMCCNF”画面下的“在线”画面，在线画面中设定“高速接口”为“使用”，此时电脑与 CNC 并未建立连接，高速接口状态显示为“待机”，如图 5-5-13 所示。

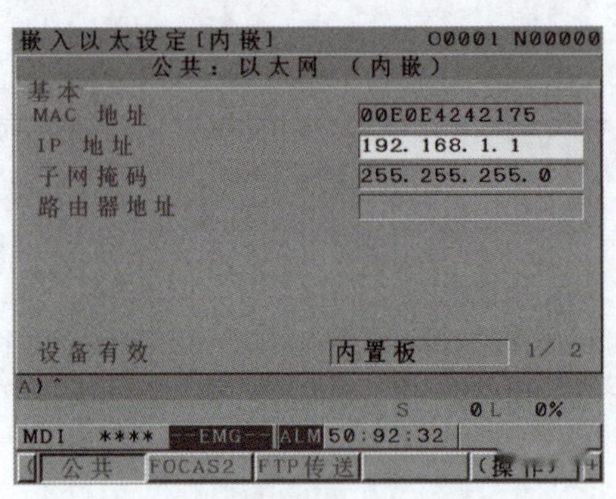

图 5-5-12　IP 地址设定

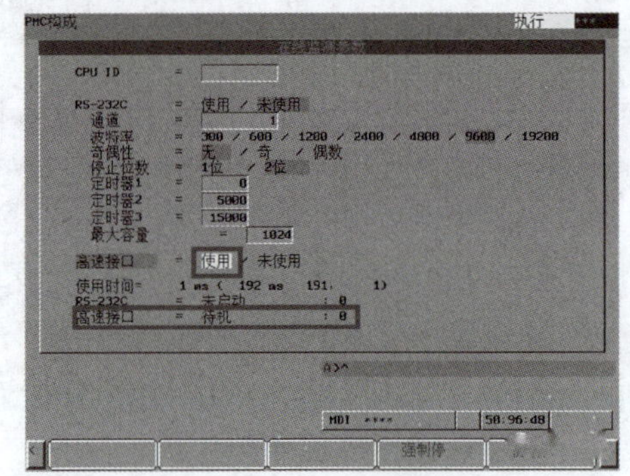

图 5-5-13　设定接口

(4) 上述设置完成后，需要进行 PC 端设置。首先需要设置本地连接的 IP 地址，单击“本地连接”，如图 5-5-14 所示，在“Internet 协议版本 4（TCP/IPv4）”中设定 IP 地址与子网地址，IP 地址前三位设定需要与 CNC 设定相同，最后一位需要与 CNC 设定不同，子网地址设定相同。本书设定电脑 IP 地址为 192. 168. 1. 10，子网地址为 255. 255. 255. 0。设定完成后单击“确定”按钮。

(5) 电脑端 IP 地址设定完成后，打开 LADDER－Ⅲ软件，在菜单栏中单击“Tool（工具）”，在下拉菜单中选择“Communication（通信）”，进行通信相关参数设定，如图 5-5-15 所示。

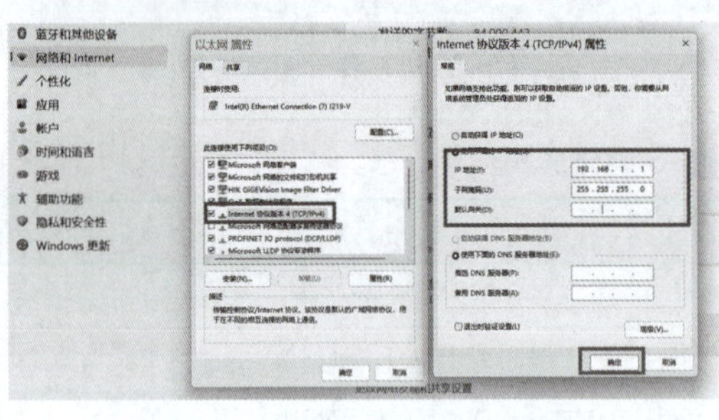

图 5-5-14　电脑 IP 地址设定

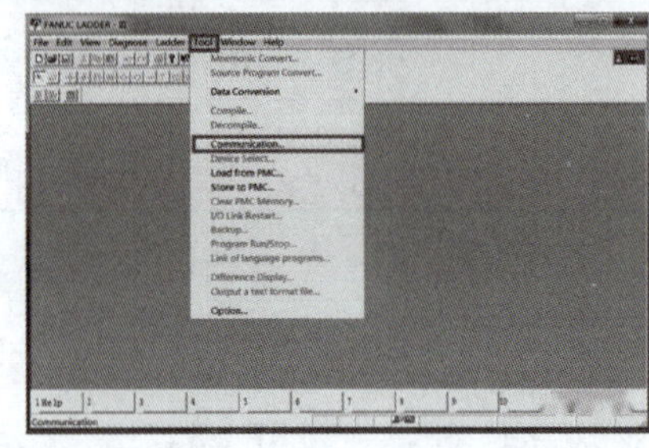

图 5-5-15　连接设定

(6) 在弹出的通信设定画面中，依次单击“Setting（设定）”→“AddHost（添加主机）”，系统弹出添加对话框。在对话框“Address（地址）”栏中添加 IP 地址，此 IP 地址需要与 CNC 地址设定一致，本书设定为 192. 168. 1. 1。“Name（名称）”随意编辑。在“DeviceType（设备类型）”中选择“CNC”，设定完成后，单击“OK（确认）”按钮，如图 5-5-16 所示。

(7) 画面回到通信设定画面，选中列表中刚添加的主机信息后，单击“Connect（连接）”开始进行与 CNC 连接通信，如图 5-5-17 所示。

学习笔记

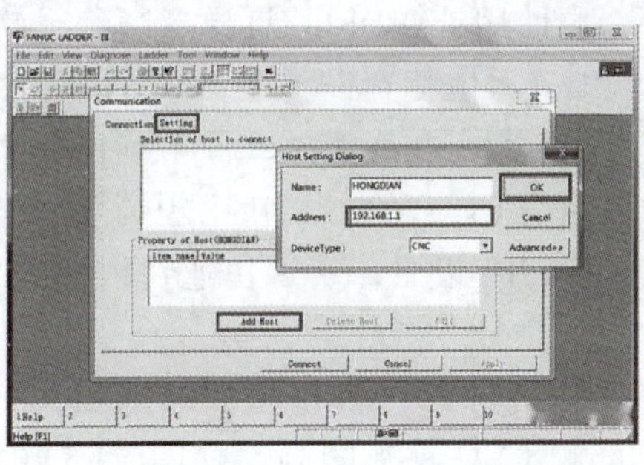

图 5-5-16　设定界面

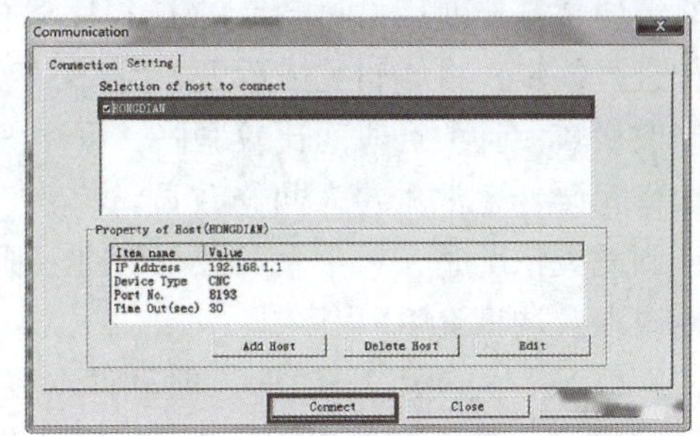

图 5-5-17　连接

（8）软件与 CNC 通信完成后，对话框中会显示“Connected（已连接）”，此时关闭对话框即可，如图 5-5-18 所示。

（9）关闭对话框后，软件会自动加载 PMC 梯形图，加载完成后直接查看梯形图，梯形图默认为在线监控状态，如图 5-5-19 所示。

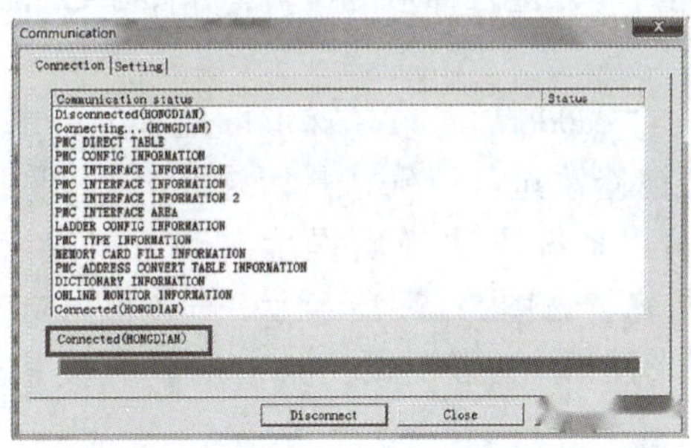

图 5-5-18　通信完成界面

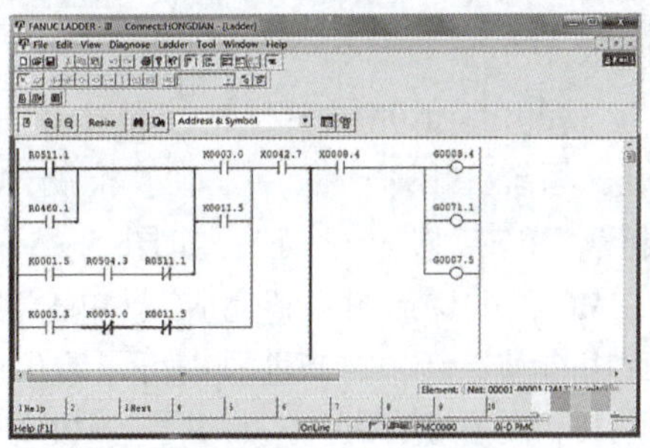

图 5-5-19　在线监控

（10）此时 CNC 画面中的高速接口状态已经变为“通信中”，如图 5-5-20 所示。

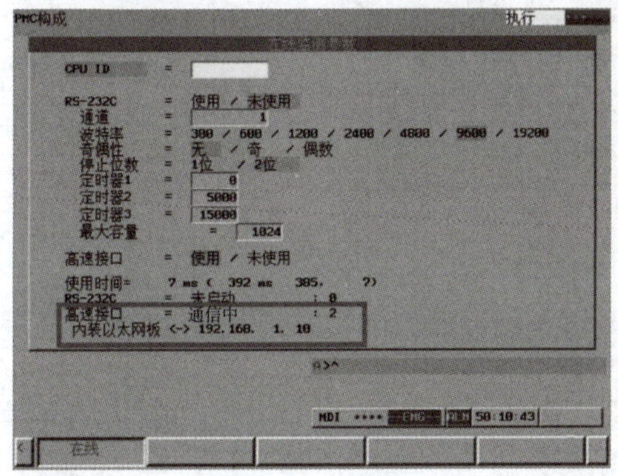

图 5-5-20　通信成功

5.5.4　使用 LADDER-Ⅲ软件在线修改 PMC

当需要修改 FANUC 设备 PMC 程序时，对于一些仅需要简单修改的程序，直接在 CNC 画面中在线修改即可；对于修改量相对较大，或者设备需要追加某一功能时，通常需要使用 CF 卡将 PMC 程序备份保存，再使用 LADDER-Ⅲ梯形图编辑软件进行编辑，将编辑完成后的 PMC 保存到 CF 卡中，再恢复到设备中。但有时程序修改量较大且项目时间比较紧张，程序编辑完成后还需要在线调试动作，确保程序动作无误，通常需要来回修改调试多次，此时再使用 CF 卡的方式就比较烦琐。当遇到此类情况时，可以使用 LADDER-Ⅲ软件连接 CNC 设备，实现快速在线监控、修改以及调试 PMC 程序。

（1）首先使用 LADDER-Ⅲ软件在线监控梯形图进行 PMC 软件与 CNC 通信，通信完成后，进入在线 PMC 监控状态，此时 CNC 侧 PMC 梯形图画面如图 5-5-21 所示。

（2）LADDER-Ⅲ软件在线监控画面如图 5-5-22 所示。当前画面仅为监控画面时，无法进行梯形图的修改及编辑操作，此时若想编辑 PMC，需要单击软件工具栏中的“OnlineEditor（在线编辑）”按键。单击“完成”按钮后，梯形图画面编辑功能打开并自动退出监控模式，找到需要修改的程序段后，双击进入梯形图编辑模式。双击后，软件中编辑功能相关工具栏激活，此时可以进行梯形图编辑，如图 5-5-23 所示。

（3）编辑完成后，直接单击工具栏中的“LadderMontior（梯形图监控）”按键，系统弹出对话框，提示“检测出梯形图被修改过，请确认是否进行梯形图更新”，单击“是”按钮，如图 5-5-24 所示。系统再次弹出提示对话框，提示“PMC 侧的梯形图更新完成”，单击“OK”按钮，如图 5-5-25 所示。CNC 侧 PMC 程序自动更新，在当前画面可以看出 PMC 梯形图已经更新完成，但 PMC 仍有报警，暂未写入 F-ROM 中，如图 5-5-26 所示。

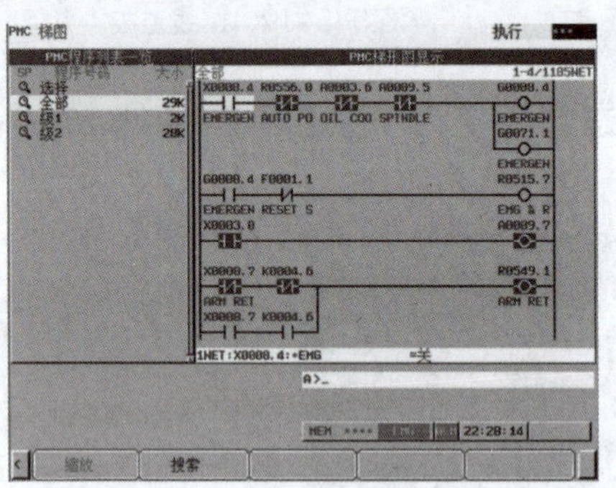

图 5-5-21　在线连接

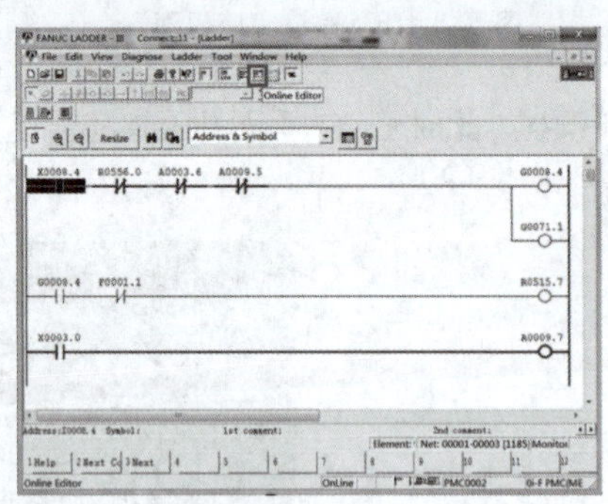

图 5-5-22　在线编辑按钮

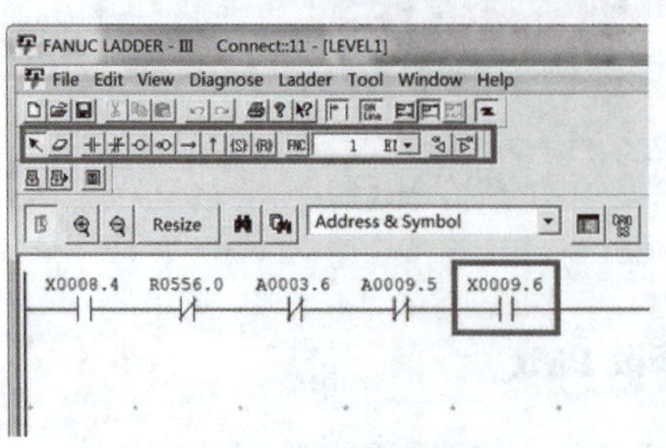

图 5-5-23　编辑栏激活

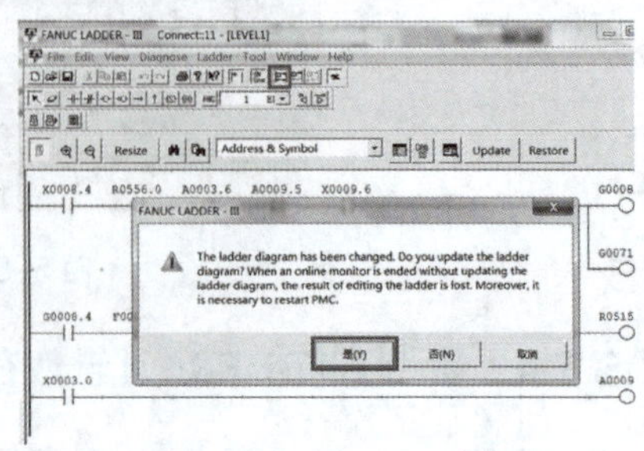

图 5-5-24　梯形图监控提示

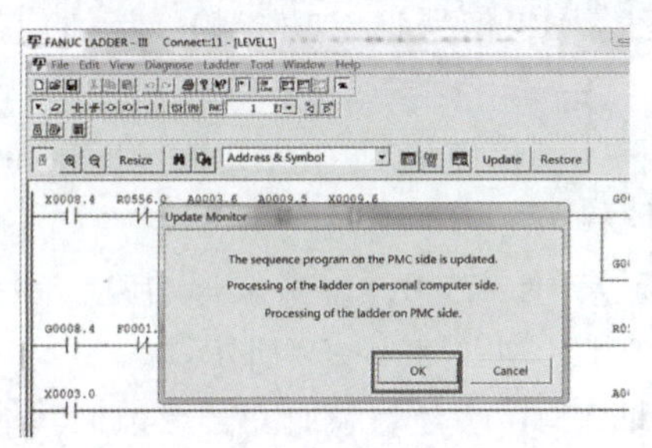

图 5-5-25 PMC 侧的梯形图更新完成提示框

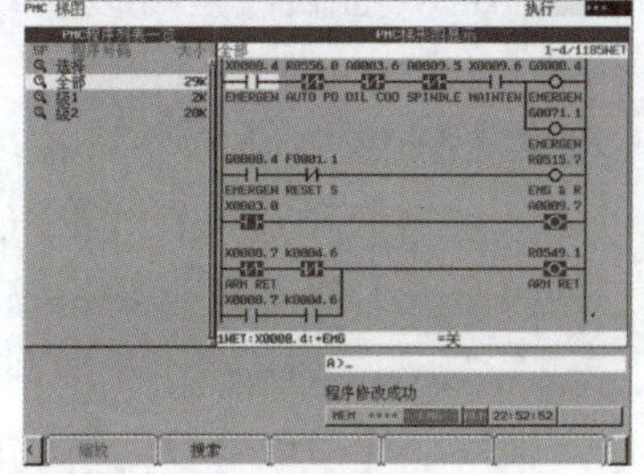

图 5-5-26 PMC 梯形图更新完成

（4）在 LADDER-Ⅲ软件中，自动弹出“Backup of program（程序备份）”，系统默认选择梯形图程序，直接单击“OK”按钮，当前步骤即为将 PMC 写入 F-ROM 的操作，如图 5-5-27 所示；系统自动执行 F-ROM 的写入动作，写入完成后，软件弹出“Backup of the program ended（程序备份完成）”，直接单击“确定”按钮，软件自动恢复到在线梯形图监控状态，如图 5-5-28 所示；此时 CNC 侧执行 F-ROM 写入完成，PMC 画面不再有报警显示。

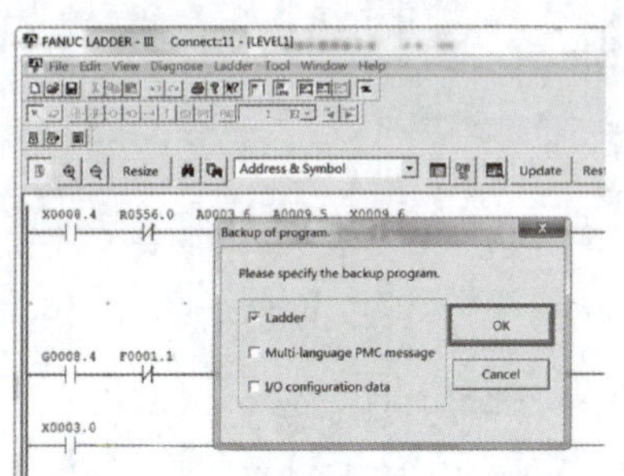

图 5-5-27 程序备份操作 1

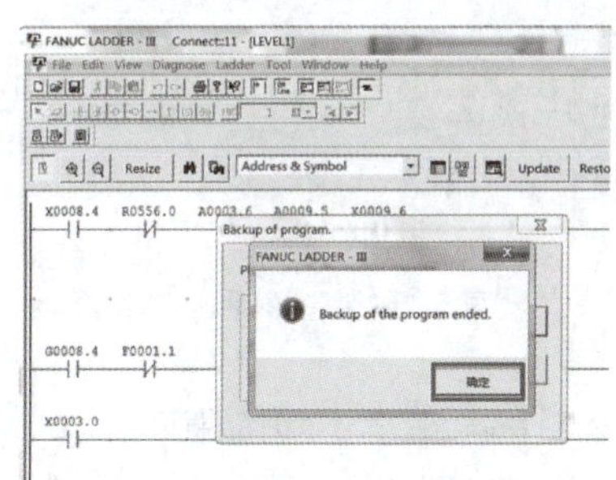

图 5-5-28 程序备份操作 2

5.5.5 用 LADDER-Ⅲ软件在线追踪 PMC 信号

当需要诊断某一 PMC 地址信号的变化时，通常在 CNC 的 PMC 信号追踪画面进行信号追踪，如图 5-5-29 所示。在线追踪功能可以实现持续监控某一时间段内指定 PMC 地址的变化状态，从而协助调试设备或者快速诊断设备故障。

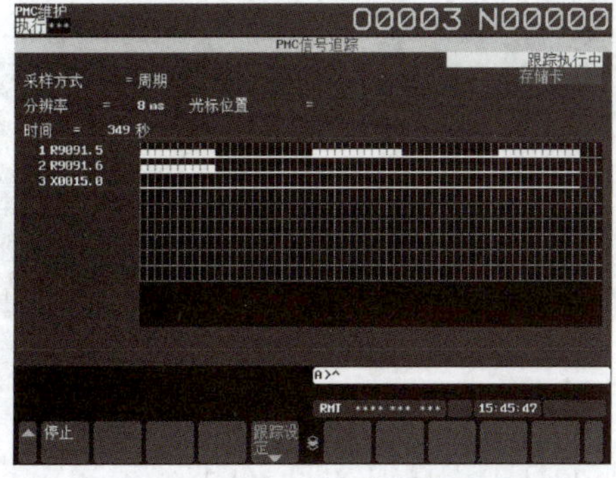

图 5-5-29 PMC 信号追踪画面

使用 LADDER-Ⅲ软件是可以实现在线 PMC 信号追踪功能的，具体使用方法如下：

（1）使用 LADDER-Ⅲ软件与 CNC 通信，通信完成后，LADDER-Ⅲ软件自动读取系统 PMC 程序并自动进入在线 PMC 监控状态。

（2）在梯形图中搜索到需要追踪的信号，如 X3.0，单击鼠标右键，在弹出的画面中，选择“Add to Trace（添加到追踪）”，如图 5-5-30 所示。

（3）系统自动弹出追踪地址画面，地址 X3.0 已自动添加。若想添加其他地址，可在右侧“Address（地址）”栏中添加新的地址后，单击下方的“Append Address（添加地址）”按钮，若地址添加完成，直接单击下方的“Trace（追踪）”按钮，如图 5-5-31 所示。

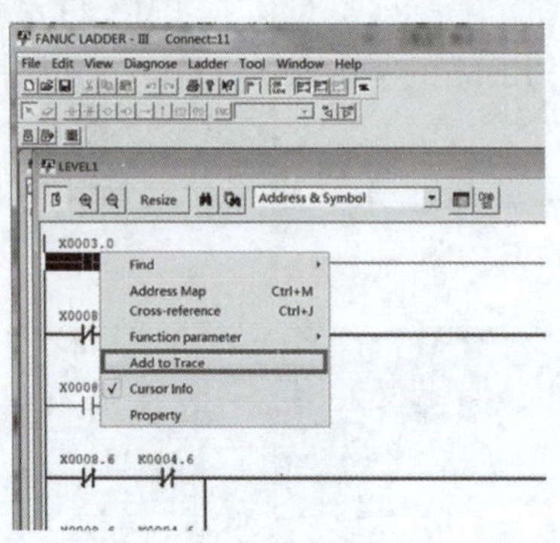

图 5-5-30 添加到追踪

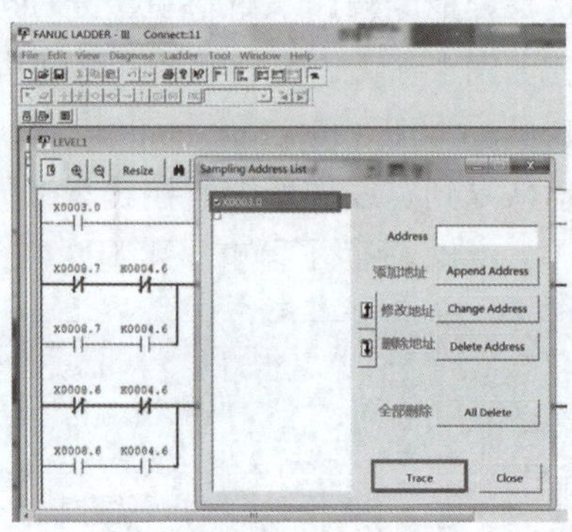

图 5-5-31 Trace（追踪）

（4）系统自动进入追踪画面，此时可直接关闭地址对话框。

（5）在画面中单击右键，选择“Start（开始）”，开始进行信号诊断，若要添加相关诊断条件，可选择“Parameter（参数）”，在参数界面设置相关参数，如图 5-5-32 所示。

（6）系统开始进行 PMC 信号追踪，若取消追踪，可直接单击右键后，选择“Start（开始）”，取消追踪，如图 5-5-33 所示。

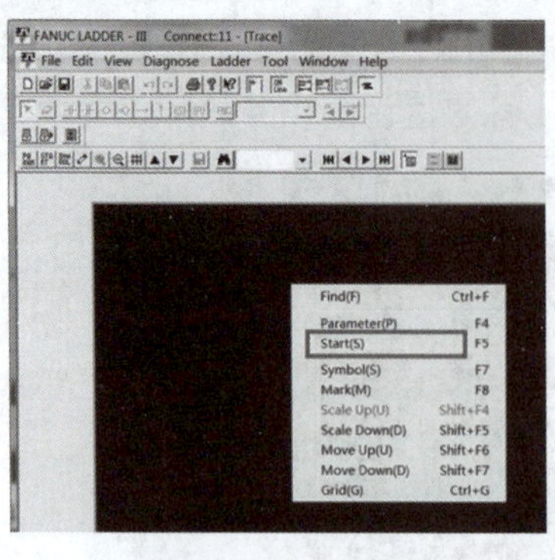

图 5-5-32 开始追踪

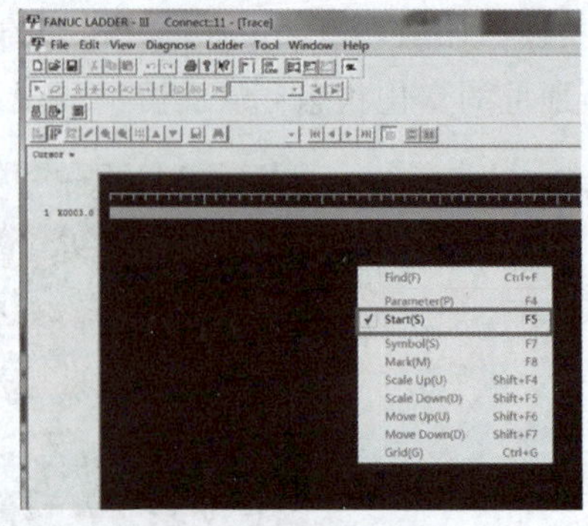

图 5-5-33 取消追踪

（7）在 LADDER-Ⅲ软件上执行信号追踪的同时，CNC 的追踪画面也在同步进行，如图 5-5-34 所示。

(8) 停止追踪后，可通过移动下方滚动条查看具体追踪完成的地址图形，如图 5-5-35 所示。

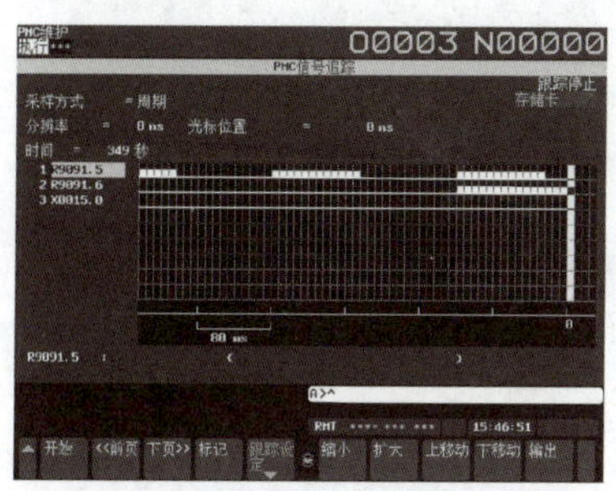

图 5-5-34　CNC 追踪界面

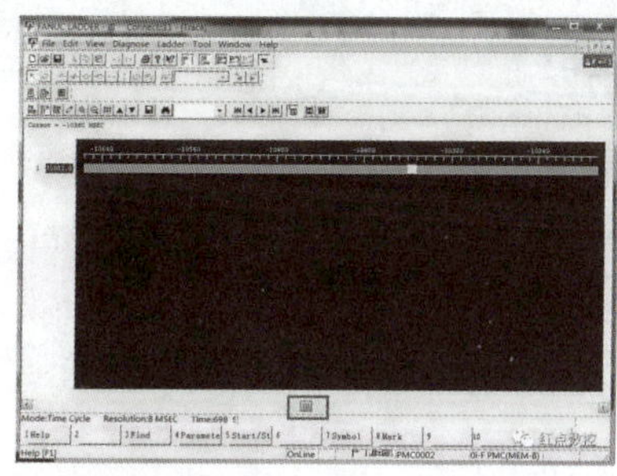

图 5-5-35　PMC 追踪界面

任务报告

1. 根据 PMC 控制原理，在 FANUC LADDER-Ⅲ软件中完成方式选择的 PMC 程序设计并上传，然后在机床操作面板中进行程序的调试。

2. 理解 PMC 的工作原理，进行实训台操作或者 LADDER-Ⅲ软件联机操作，以理解：点动动作、倍率信号、工作方式信号、急停信号、显示灯信号等是如何实现的。将实验结果填入表 5-5-2 中。

表 5-5-2　典型动作的实现

动作	X/Y 信号	G/F 信号	参数	梯形图
点动				
倍率开关 （进给倍率或快速倍率）				
工作方式波段				
急停				
显示灯 （正常灯、循环启动灯、进给保持灯）				

任务 5.6　数控机床可编程序控制器的维护

任务目标

1. 知识目标

(1) 掌握报警文本的制作方法，明确报警信号条件。

(2) 掌握机床电气安全操作规范和系统可靠性知识。

2. 技能目标

(1) 能够完成数控机床可编程序控制器的维护任务。

学习笔记

学习笔记

（2）能够规范地对可编程序控制器等设备进行维护。

3. 素养目标

具备规范地对可编程控制器等设备进行维护的能力。

任务准备

1. 实验设备

FANUC 0i Mate-D 数控系统实训台。

2. 实验项目

数控机床可编程序控制器的维护。

知识链接

5.6.1 相关规定与规程

1. 保养规程和设备定期测试、调整规定

（1）每半年或每季度检查 PLC 柜中接线端子的连接情况，若发现有松动的地方，及时重新加固连接。

（2）对 PLC 柜中给主机供电的电源，要每月重新测量工作电压。

2. 设备定期清扫的规定

（1）每六个月或每季度对 PLC 进行清扫，切断给 PLC 供电的电源，把电源机架、CPU 主板及输入/输出板依次拆下，进行吹扫、清扫后再依次原位安装好，认真清扫 PLC 柜内，将全部连接恢复后送电并启动 PLC 主机。

（2）每季度更换电源机架下方的过滤网。

3. 检修前准备、检修规程

（1）检修前准备好工具。

（2）为保障元件不出故障及模板不损坏，必须采用保护装置并认真做好防静电工作。

（3）检修前与调度工人及操作工人联系好，需挂检修牌处挂好检修牌。

4. 设备拆装顺序及方法

（1）停机检修时，必须有两人或两人以上进行监护操作。

（2）把 CPU 前面板上的方式选择开关从“运行”位置转到“停”位置。

（3）关闭为 PLC 供电的总电源，然后关闭其他给模板供电的电源。

（4）把与电源机架相连的电源线记录好线号及连接位置后拆下，然后拆下连接电源机架与机柜的螺钉，电源机架就可拆下。

（5）旋转模板下方的螺钉拆下后，CPU 主板及 I/O 板即可拆下。

（6）安装时以相反顺序进行。

5. 检修工艺及技术要求

（1）测量电压时，要用数字电压表或精度为 1%的万用表测量。

（2）电源机架、CPU 主板都只能在主电源切断时取下。

（3）在从 CPU 取下或插入 RAM 模块之前，要断开 PC 的电源，这样才能保证数据不混乱。

（4）在取下 RAM 模块之前，检查一下模块电池是否正常工作，如果电池故障灯亮时取下 RAM 模块，数据将丢失。

（5）取下 I/O 板前，也应先关掉总电源，但如果生产需要，I/O 板也可在可编程控制器运行时取下，但 CPU 板上的 QVZ（超时）灯亮。

（6）插拔模板时，要格外小心，轻拿轻放，并远离易产生静电的物品。

（7）更换元件时，不得带电操作。

（8）检修后，模板一定要安装到位。

5.6.2 检查与维护

1. 定期检查

PMC 是一种工业控制设备，尽管在可靠性方面采取了许多措施，但工作环境对 PMC 的影响还是很大的。所以，通常应每隔半年时间对 PMC 做定期检查。如果 PMC 的工作条件不符合表 5-6-1 规定的标准，就要做一些应急处理，以便使 PMC 工作在规定的标准环境中。

表 5-6-1 周期性检查一览表

检查项目	检查内容	标准
电压稳定度	1）测量加在 PLC 上的电压是否为额定值 2）电压电源是否出现频繁、急剧的变化	电压必须在工作电压范围内，电压波动必须在允许范围内
环境条件（温度、湿度、振动、粉尘）	温度和湿度是在相应的范围内吗？当 PLC 安装在仪表板上时，仪表板的温度可以认为是 PLC 的环境温度	温度 0~55 ℃；相对湿度 85%以下；振幅小于 0.5 mm（10~55 Hz） 无大量灰尘、盐分和铁屑
安装条件	基本单元和扩展单元是否安装牢固，连接电缆是否完全插好，接线螺钉是否松动，外部接线是否损坏	安装螺钉必须上紧：连接电缆不能松动；连接螺钉不能松动；外部接线不能有外观异常
使用寿命	1）锂电池电压是否降低 2）继电器输出触点	1）工作 5 年左右 2）寿命 300 万次（35 V 以下）

2. 日常维护

PMC 除了锂电池和继电器输出触点外，基本没有其他易损元器件。存放用户程序的随机存储器（RAM）、计数器和具有保持功能的辅助继电器等均用锂电池保护，锂电池的寿命大约为 5 年，当锂电池的电压降低到一定程度时，PMC 基本单元上的电池电压跌落指示灯亮，以提示用户注意，由锂电池所支持的程序还可保留一周左右，必须更换电池，这是日常维护的主要内容。

3. 故障查找

PMC 有很强的自诊断能力，当 PMC 自身故障或外围设备故障时，都可用 PMC 上具有诊断指示功能的发光二极管的亮灭来诊断。

(1) 总体检查：根据总体检查流程图找出故障点的大方向，逐渐细化，以找出具体故障。

(2) 电源故障检查：电源灯不亮时，需对供电系统进行检查。

(3) 运行故障检查：电源正常，运行指示灯不亮，说明系统已因某种异常而终止了正常运行。

(4) 输入/输出故障检查：输入/输出是 PMC 与外部设备进行信息交流的通道，其是否正常工作，除了和输入/输出单元有关外，还与连接配线、接线端子、保险管等元件状态有关。

(5) 外部环境的检查：影响 PMC 工作的环境因素主要有温度、湿度、噪声、粉尘及腐蚀性酸碱等。

任务实施

5.6.3 PMC 报警

在 FANUC 系统中，报警信息画面可以显示报警信息，但 FANUC 报警可以分为不同种类，不同种类的报警对应查找报警的方法也不相同。PMC 报警分为 PMC 报警 ER、PMC 报警 WN 两种类型，如图 5-6-1 所示。其中，PMC 报警 ER 类会影响机床运行，机床处于停机状态，需要解除报警机床才能正常运行；PMC 报警 WN 类属于操作信息类报警，对用户操作起提示作用，不影响机床正常运行。

1. 进入 PLC 报警画面

在报警画面上显示 ER 报警号及其可能的原因，可以根据报警号在维修说明书上查看更详细的原因分析内容。

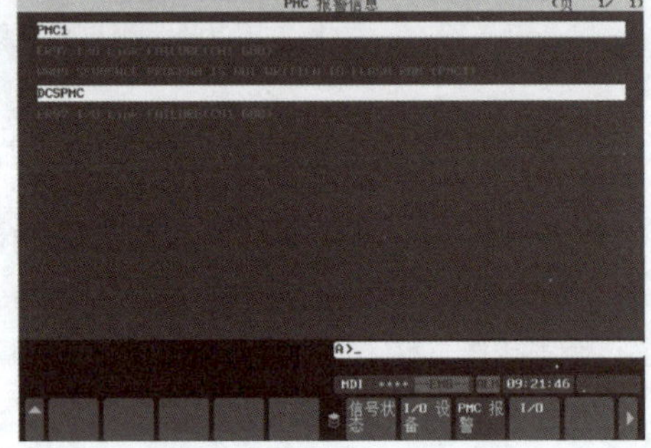

图 5-6-1 PMC 报警

2. ER 类 PLC 报警分析

按照以下思路进行报警原因分析与故障排除。

(1) 确认数控机床当前状态。

(2) 确认具体 ER 报警内容。

(3) 排除 ER 报警。

ER 类 PLC 报警号范围及其可能原因见表 5-6-2。

表 5-6-2 ER 类 PLC 报警号范围及原因

序号	报警号范围	故障产生原因
1	ER01～ER27	与 PLC 顺序程序关联
2	ER33～ER45、ER60～ER62、ER95、ER97	与硬件、硬件连接关联
3	ER64～ER71、ER96	与硬件相关设定关联
4	ER46～ER58、ER63	与 I/O 参数设定关联
5	ER89～ER94	与 I/O 配置数据关联

3. PLC 报警 WN 类

PLC 报警 WN 类属于提示性报警，报警号范围 WN02～WN72，具体报警号可能的原因查可查看《FANUC Series 0i Mate-D 维修说明书》。

5.6.4 PMC 报警信息查找

在 FANUC 系统中，A 地址被用于信息请求地址。在 PMC 中，A 地址按位型方式使用，A 地址的每位对应报警列表中的一条信息，当 PMC 触发对应的 A 地址时，则系统报警时就会显示与该地址对应的信息内容。

当系统满足某一报警条件时，首先要在 PMC 程序中触发一个 A 地址信号，如图 5-6-2 中的 A1.3 所示，通过 A 地址信号请求系统发生报警；系统接收到 A1.3 的信号后，会在 PMC 信息中检索与 A1.3 对应的报警内容与报警号码，如图 5-6-3 所示；系统在信息中检索出，A1.3 地址对应的报警号码为“1213”，对应的报警内容为“GEARBOX ALARM”，则在系统报警页面中就会显示 EX1213 的报警信息，如图 5-6-4 所示。

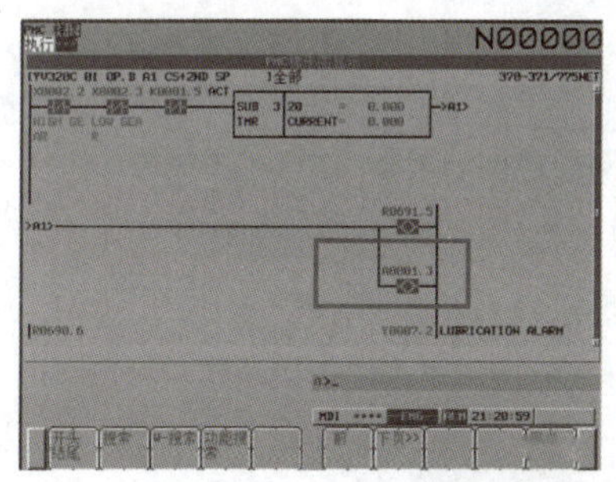

图 5-6-2　A 地址信号

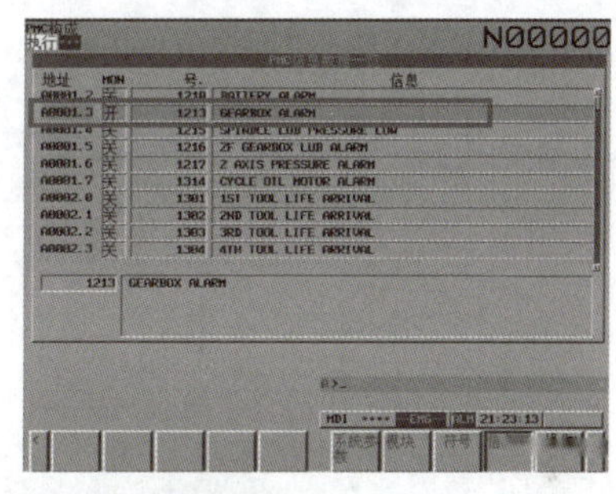

图 5-6-3　报警信息

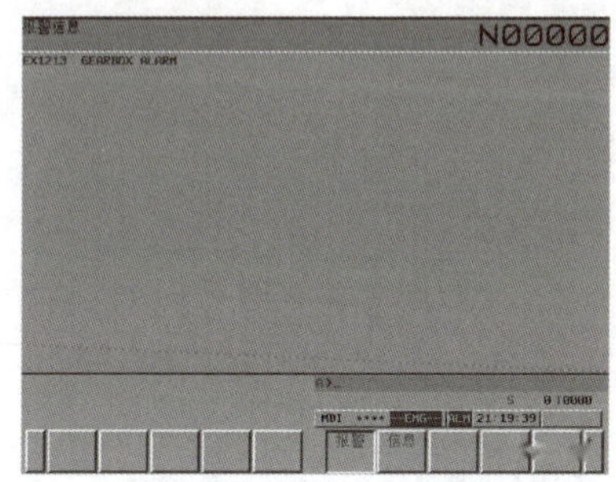

图 5-6-4　报警界面

5.6.5 在线添加 PMC 报警

当设备发生 PMC 报警时，在报警画面会显示 PMC 报警号码及报警内容，不同厂家的设备的 PMC 报警信息并不相同，相同厂家不同型号设备间的 PMC 报警信息也不相同，如果需要为设备增加一个新的 PMC 报警，该如何添加呢？首先需要确认实现怎样的报警状态，是 PMC 报警信息显示还是操作信息提示，本书以增加 PMC 报警信息为例进行说明。

学习笔记

（1）在 PMC 信息数据一览表中，寻找一个未被使用的 A 地址以及报警号码，如图 5-6-5 所示，以 A9.7 地址为例，报警号码选择为 1155。

（2）在 PMC 设定画面中，将“编程器功能有效”与“编辑后保存”打开，如图 5-6-6 所示。

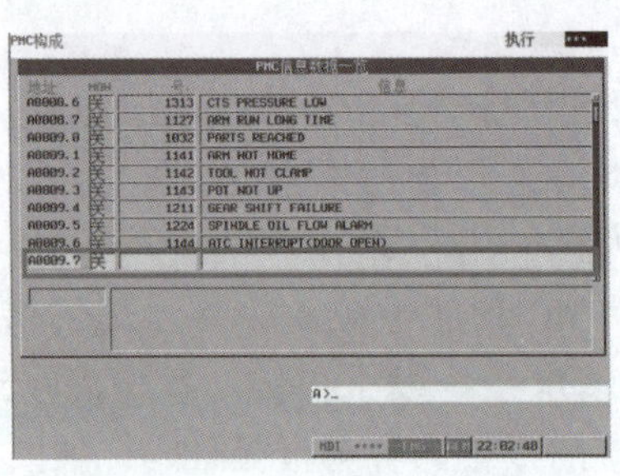

图 5-6-5　PMC 信息数据一览表

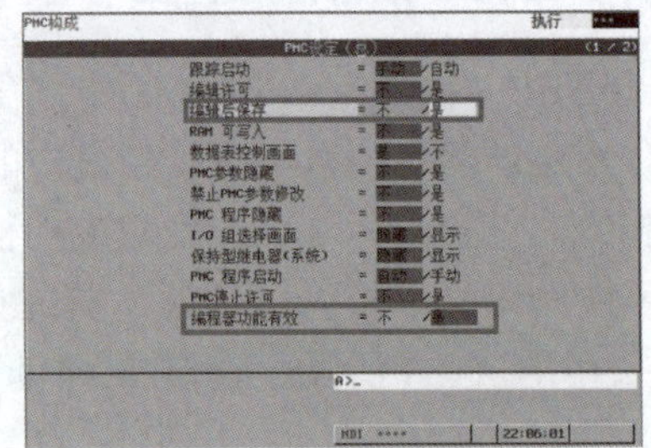

图 5-6-6　PMC 设定画面

（3）再回到 PMC 信息画面中，选中地址 A9.7 后，单击“编辑”按钮，如图 5-6-7 所示。

（4）此时系统提示“要停止此程序吗?”，单击“是”按钮，如图 5-6-8 所示。

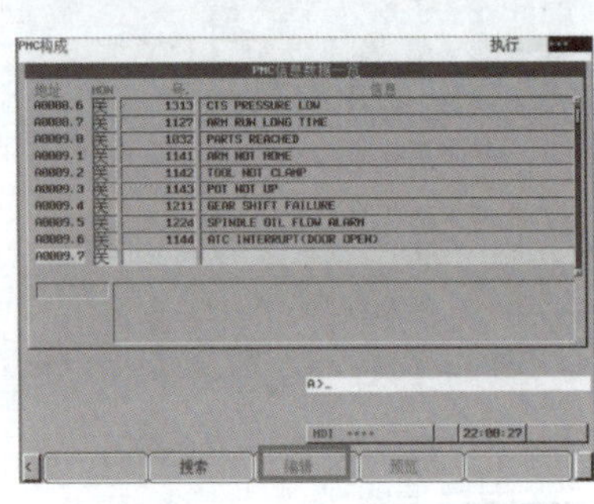

图 5-6-7　操作（3）

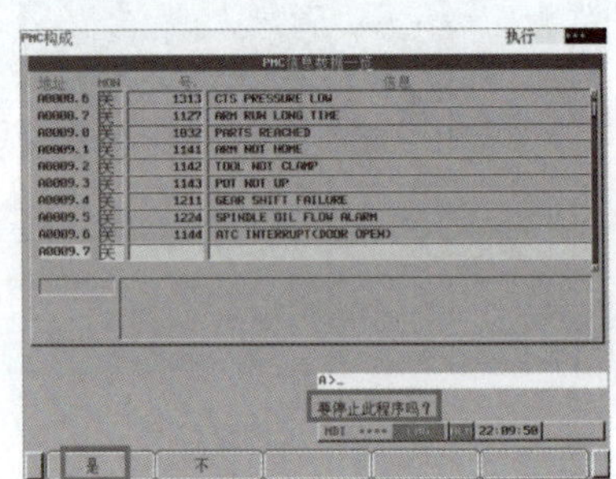

图 5-6-8　操作（4）

（5）系统进入编辑状态，A9.7 地址对话框背景已经变更为黄色，单击“缩放”按钮，如图 5-6-9 所示。

（6）系统进入缩放模式后，默认选中报警号码对话框，由 MDI 键盘键入报警号码“1155”后直接单击 MDI 键盘上的“INPUT”键，输入报警号码，如图 5-6-10 所示。

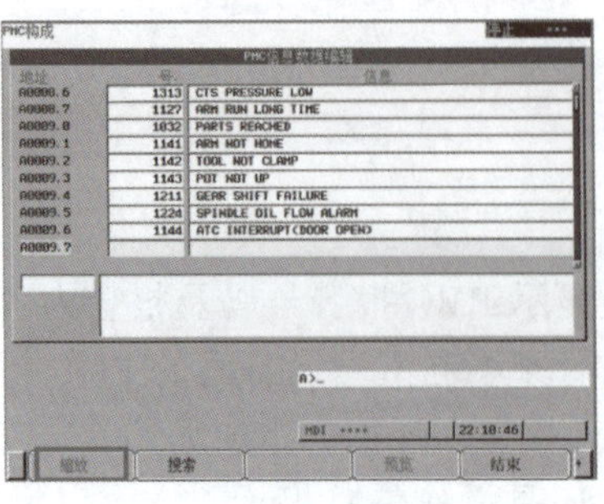

图 5-6-9　操作（5）

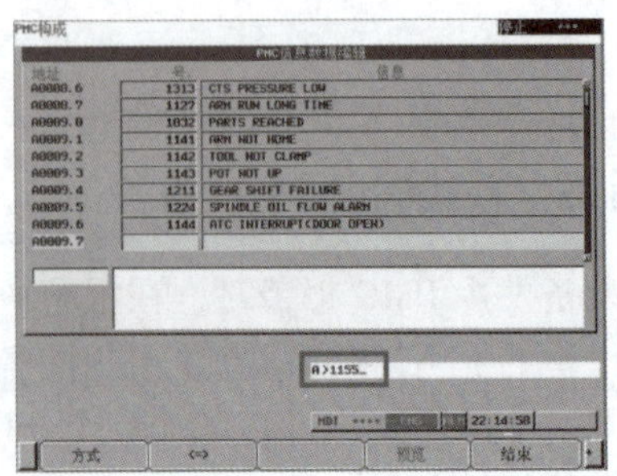

图 5-6-10　操作（6）

（7）报警号码输入完成后，按 MDI 键盘上的右方向键“→”，移动光标到 PMC 报警信息对话框，键入报警信息“HONGDIANSHUKONG”后，直接单击 MDI 键盘上的“INPUT”键，输入报警信息，如图 5-6-11 所示。

（8）输入报警信息后，直接单击“结束”按钮，如图 5-6-12 所示。

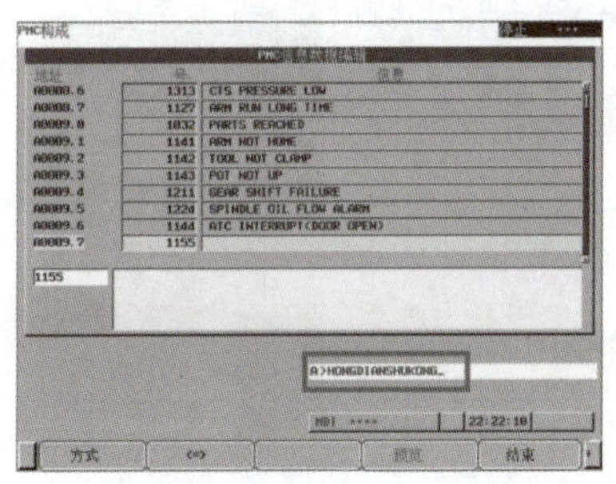

图 5-6-11　操作（7）

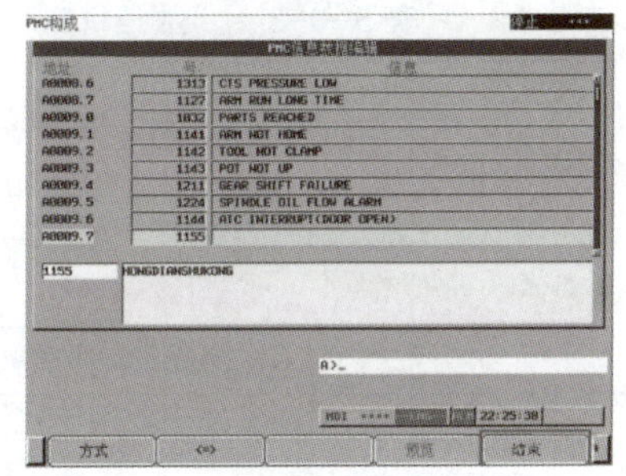

图 5-6-12　操作（8）

（9）系统退出缩放画面，继续单击“结束”按钮，如图 5-6-13 所示。

（10）系统提示“程序要写到 FLASHROM 中？”，单击“是”按钮。

（11）系统继续提示“要允许程序吗？”，单击“是”按钮，如图 5-6-14 所示。

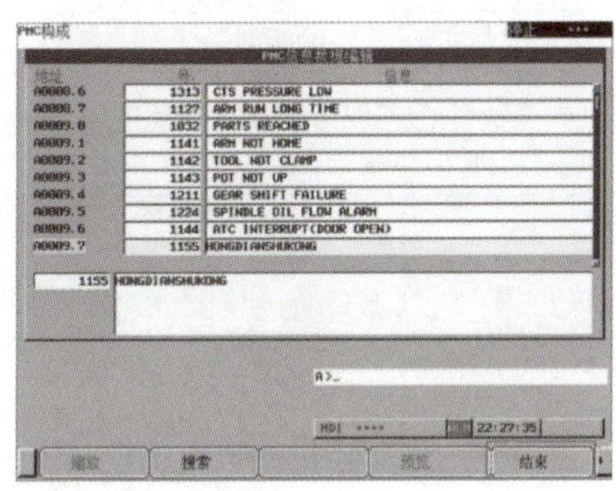

图 5-6-13　操作（9）

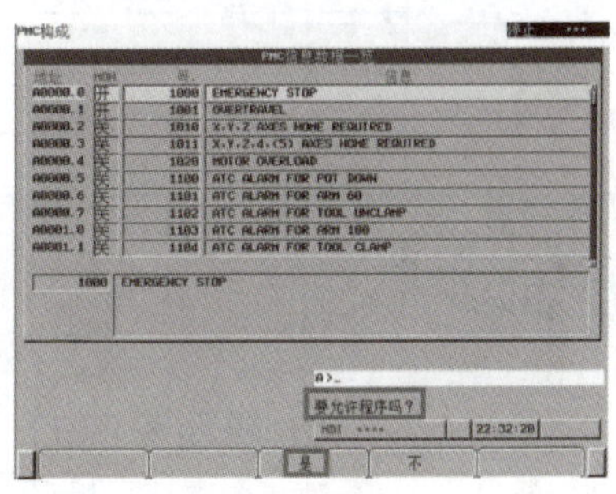

图 5-6-14　操作（11）

（12）此时已完成报警信息的添加。接下来需要按照在线修改 PLC 的步骤，在梯形图中添加触发地址 A9.7 的程序段，并完成梯形图保存，如图 5-6-15 所示。

（13）完成上述步骤后，PMC 报警添加完成。当梯形图中 A9.7 触发时，系统就会发出 1155 号 PMC 报警，如图 5-6-16 所示。

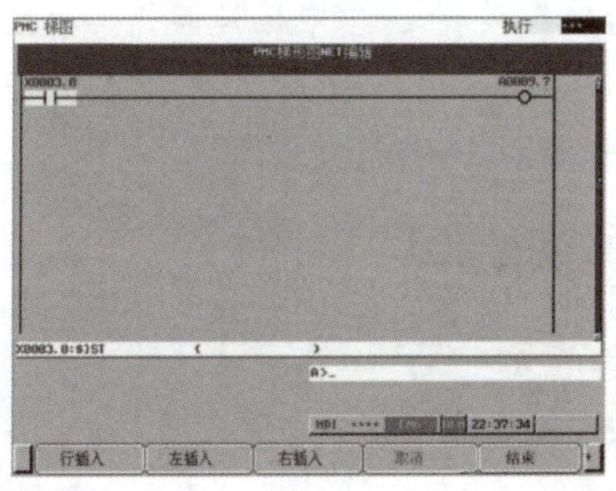

图 5-6-15　报警梯形图

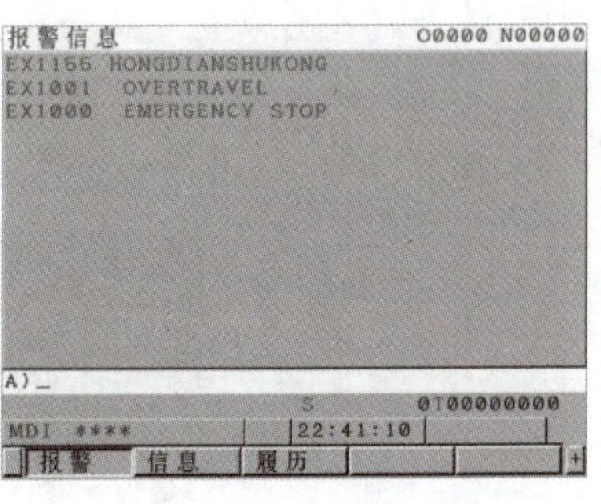

图 5-6-16　报警界面

学习笔记

任务报告

以小组为单位，交叉进行 PMC 故障设定，各小组根据设定的 PMC 故障进行 PMC 维护，并填写表 5-6-3。

表 5-6-3 “数控机床可编程序控制器的维护”任务单

姓名		同组人	
任务用时		实施地点	
任务准备	资料		
	工具		
	设备		
任务实施			
考核项目			
考核形式			
提交材料	阅读笔记		
	维护项目清单		
	程序清单和报警文本清单		
	其他		

任务加油站

智慧港口的“推门人”张连钢

鼓励学生拥有创新意识和创新能力，勇做改革创新的实践者和主力军。生于 1960 年的张连钢是山东省港口集团有限公司高级别专家。他带领平均年龄 34 岁的团队，破解了十几项世界级难题，建成了世界上自动化程度最高、作业效率最快的全自动化集装箱码头，并先后 9 次刷新世界纪录。3 000 多次技术研讨会，几十万字分析报告，建设世界一流的自动化码头的执着信念，激励着他和团队成员们闯过了一个又一个难关。团队用 15 个月完成了国外用时 3 年的设计周期，3 年半就完成了国外常规 8~10 年的全自动化码头的建设，向世界展示了“中国速度”。一次又一次攻坚，一轮又一轮超越，执着而坚定的张连钢仍在忙碌，他用拼搏和智慧将一个个“不可能”变成“可能”。下面就让我们来认识这样一位工人。

延伸阅读 5

视频饱览 5

项目 6　机械故障维修与调整

项目描述

数控机床机械故障主要涉及零部件的磨损和失效，如传动齿轮的磨损、轴承寿命的达到等。在遭遇机床故障时，及时排除故障并采取正确的修复措施至关重要，这需要对机床的构造和工作原理有深入的了解，以便能迅速找出故障原因并进行修复。此外，定期的保养和维护对于延长机床的使用寿命和提高工作效率也起着至关重要的作用。

任务 6.1　主传动系统机械结构的拆装与维护

任务目标

1. 知识目标

（1）熟悉主轴传动系统的机械结构及拆装调整方法。

（2）掌握主轴系统故障的排除方法。

2. 技能目标

（1）能拆装主轴部件并进行调整。

（2）能维护数控主轴传动系统。

（3）诊断并排除主轴传动系统的故障。

3. 素养目标

（1）在学习过程中体现团结协作意识、爱岗敬业的精神。

（2）培养学生的综合职业素养、认真负责的工作态度、较强的语言表达能力和动手能力。

任务准备

1. 实验设备

（1）数控车床和数控铣床主轴部件。

（2）数控车床和数控铣床若干台，锤子、活扳手、螺钉旋具、游标卡尺、千分表和黄油等。

2. 实验项目

主传动系统机械结构的拆装与维护。

学习笔记

知识链接

6.1.1 数控机床主传动系统的类型

主传动系统是用来实现机床主运动的传动系统，应具有一定的转速（速度）和一定的变速范围，并能方便地实现运动的开停、变速、换向和制动等，主要由电动机、传动系统和主轴部件组成。数控机床主传动系统按变速方式，分为普通主轴系统、变频主轴系统、伺服主轴系统和电主轴系统等。

6.1.2 主传动系统的常见故障及排除方法

1. 主传动系统常见故障的故障现象、故障原因及其排除方法（表 6-1-1）

表 6-1-1 主传动系统常见故障的故障现象、故障原因及其排除方法

序号	故障现象	故障原因	排除方法
1	主轴发热	主轴轴承损伤或轴承不清洁	更换轴承，清除脏物
		主轴前端盖与主轴箱体压盖研伤	修磨主轴前端盖，使其压紧主轴前轴承后盖，有 0.02~0.05 mm 间隙
		轴承润滑油脂耗尽或润滑油脂涂抹过多	涂抹润滑油脂，每个轴承 3 mL
2	主轴在强力切削时停转	连接电动机与主轴的传动带过松	移动电动机座，拉紧传动带，然后将电动机座重新锁紧
		传动带表面有油	用汽油清洗传动带后擦干净，再装上
		传动带使用过久而失效	更换新传动带
		摩擦离合器调整过松或磨损	调整摩擦离合器，修磨或更换摩擦片
3	主轴噪声	缺少润滑	涂抹润滑脂，保证每个轴承涂抹润滑脂量不得超过 3 mL
		小带轮与大带轮传动平稳情况不佳	带轮上的平衡块脱落，重新进行动平衡
		连接主轴与电动机的传动带过紧	移动电动机座，调整传动带松紧度
		齿轮啮合间隙不均匀或齿轮损坏	调整啮合间隙或更换新齿轮
		传动轴承损坏或传动轴弯曲	修复或更换轴承，校直传动轴
4	主轴没有润滑油循环或润滑不足	油泵转向不正确，或间隙太大	改变油泵转向或修理油泵
		吸油管没有插入油箱的油面下	将吸油管插入油面以下 2/3
		油管和滤油器堵塞	清除堵塞物
		滑油压力不足	调整供油压力
5	润滑油泄漏	润滑油过量	调整供油量
		密封件损坏	更换密封件
		管件损坏	更换管件

续表

序号	故障现象	故障原因	排除方法
6	刀具不能夹紧	蝶形弹簧位移量较小	调整蝶形弹簧行程长度
		松紧弹簧上的螺母松动	顺时针方向旋转松紧弹簧上的螺母，使其最大工作负载不超过 13 kN
7	刀具夹紧后不能松开	松刀弹簧压合过紧	逆时针方向旋转松紧弹簧上的螺母，使其最大工作负载不超过 13 kN
		液压缸压力和行程不够	调整液压压力和活塞行程开关的位置

2. 典型故障诊断及排除

故障现象 1：CK6140 车床在 1 200 r/min 时，主轴噪声变大。

故障分析：CK6140 车床采用的是齿轮变速传动，一般来讲，主轴噪声的噪声源主要有齿轮在啮合时的冲击和摩擦产生的噪声、主轴润滑油箱的油不到位产生的噪声和主轴轴承不良引起的噪声。将主轴箱上盖的固定螺钉松开，卸下上盖，发现油箱的油在正常水平。检查该挡位的齿轮及变速用的拨叉，看看齿轮有没有毛刺和啮合硬点，结果正常，拨叉上的铜块没有摩擦痕迹，并且移动灵活。在排除以上故障后，卸下带轮及卡盘，松开前锁紧螺母，卸下主轴，检查主轴轴承，发现轴承的外环滚道表面上有一个细小的凹坑碰伤。

故障处理：更换轴承，重新安装好后，用声级计检测，主轴噪声降到 73.5 dB，故障排除。

故障现象 2：ZJK7532 铣钻床加工过程中漏油。

故障分析：该铣钻床为手动换挡变速，通过主轴箱盖上方的注油孔加入润滑油。在加工时，只要速度达到 400 r/min，油就会顺着主轴流下来。观察油箱油标，油标显示油在上限位置。拆开主轴箱上盖，发现油已注满了主轴箱（还未超过主轴轴承端），油标也被油浸没。可以肯定是油加得过多，在达到一定速度时造成漏油。原因应该是加油过急导致油标的空气来不及排出，油将油标浸没，从而给加油者假象，导致加油过多，造成漏油。

故障处理：放掉多余的油后，主轴运转时漏油问题解决，从外部观察油标正常。

故障现象 3：CK6032 车床主轴箱部位有油渗出。

故障分析：将主轴外部的防护罩拆下，发现油是从主轴编码器处渗出的。该 CK6032 车床的编码器安装在主轴箱内，属于第三轴，编码器采用 O 形密封圈的密封方式。拆下编码器，将编码器轴卸下，发现该 O 形密封圈的橡胶已磨损，弹簧已露出来，属于安装 O 形密封圈不当所致。

故障处理：更换密封圈后问题解决。

故障现象 4：CK6136 车床车削的工件表面质量不合格。

故障分析：该机床在车削外圆时，车削纹路不清晰，精车后表面质量达不到要求。在排除工艺方面的因素（如刀具、转速、材质、进给量、吃刀量等）后，将主轴挂到空挡，用手旋转主轴，感觉主轴较松。

故障处理：打开主轴防护罩，松开主轴止退螺钉，收紧主轴锁紧螺母并用手旋

转主轴，感觉主轴松紧合适后，锁紧主轴止退螺钉，重新进行精车削，问题得到解决。

6.1.3 主轴部件的维护与保养

主轴部件是数控机床机械部分中的重要组成部件，主要由主轴、轴承、主轴准停装置、自动夹紧和切屑清除装置组成。数控机床主轴部件的润滑、冷却与密封是机床使用和维护过程中值得重视的几个问题。

首先，良好的润滑效果可以降低轴承的工作温度，延长其使用寿命。为此，在操作中要注意：低速时采用油脂、油液循环润滑；高速时采用油雾、油气润滑方式。但是，在采用油脂润滑时，主轴轴承的加脂量通常为轴承空间容积的10%，切忌随意填满，因为油脂过多会加剧主轴发热。对于油液循环润滑，在操作中要做到每天检查主轴润滑恒温油箱，看油量是否充足。如果油量不够，应及时添加润滑油，同时要注意检查润滑油温度范围是否合适。为了保证主轴有良好的润滑性，减少摩擦发热，同时又能把主轴组件的热量带走，通常采用循环式润滑系统，用液压泵强力供油润滑，并使用油温控制器控制油液温度。高档数控机床主轴轴承采用了高级油脂封存方式润滑，每加一次油脂可以使用7~10年。新型的润滑冷却方式不但要减少轴承温升，还要减少轴承内外圈的温差，以保证主轴热变形小。

常见的主轴润滑方式有两种：油气润滑方式近似于油雾润滑方式，但油雾润滑方式是连续供给油雾，而油气润滑则是定时定量地把油雾送进轴承空隙中，这样既实现了油雾润滑，又避免了油雾太多而污染周围空气；喷注润滑方式是用较大流量的恒温油（每个轴承3~4 L/min）喷注到主轴轴承，以达到润滑、冷却的目的。较大流量喷注的油必须靠排油泵强制排油，而不是自然回流。同时，还要采用专用的大容量高精度恒温油箱，油温变动范围控制在±0.5 ℃。

其次，主轴部件的冷却主要以减少轴承发热、有效控制热源为主。

最后，主轴部件的密封则不仅要防止灰尘、切屑和切削液进入主轴部件，还要防止润滑油的泄漏。主轴部件的密封有接触式和非接触式两种。对于采用油毡圈和耐油橡胶密封圈的接触式密封，要注意检查其老化和破损；对于非接触式密封，为了防止泄漏，重要的是保证回油能够尽快排掉，即保证回油孔通畅。

综上所述，在数控机床的使用和维护过程中必须高度重视主轴部件的润滑、冷却与密封问题，并且仔细做好这方面的工作。

任务实施

6.1.4 安装主轴部件

安装主轴部件，其流程见表6-1-2。

表 6-1-2　安装主轴部件流程

步骤	图示	说明
1		主轴各部件、角接触球轴承、锁紧螺母等
2		各部件分别为压盖、锁紧螺母、同步齿形带轮、销键
3	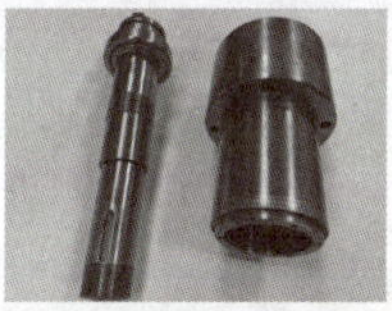	主轴和主轴轴承套
4		主轴前端盖和后端盖
5		将主轴固定于工作台，将主轴擦干净并涂上黄油，安装轴承 1。 1）按照标准给轴承加入适量黄油 2）装入轴承之前，必须将轴承加热至比室温高 20 ℃，目的是使轴承内径胀大，便于装入。 3）用轴承加热器加热需要退磁，因为电加热过程会产生磁性效应，轴承外环有箭头一侧朝下装入到底
6		用深度尺检测内外隔套的高度是否符合要求
7		将内外隔环装上主轴且需加入少量黄油润滑并检查： 1）隔环平行度误差是否在 0.02 mm 之内 2）隔环与主轴的贴平面是否贴紧 3）隔环内孔不可干涉主轴
8		装入轴承 2

续表

步骤	图示	说明
9		装入前端轴承压盖
10		装入锁紧螺母并预紧
11		用千分表找正外隔环
12		用千分表找正轴承误差
13		用勾板手锁紧螺母，并用内六角扳手锁紧防松螺钉
14		装入后端轴承前盖
15		依次装入两后端轴承，并注意轴承方向

续表

步骤	图示	说明
16	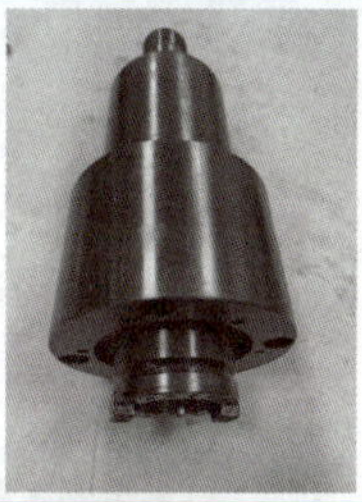	安装主轴轴承套
17		安装主轴轴承套端盖
18		将主轴放置在专用工装中，测量主轴锥孔跳动误差
19		测量主轴轴线摆动误差
20		安装主轴后端盖
21		安装平键和主轴同步齿形带轮

学习笔记

续表

步骤	图示	说明
22		安装带轮压盖
23		安装主轴后端锁紧螺母，并锁紧
24		拉杆和拉爪
25		装配拉杆和拉爪，具体步骤如下： 1）给碟形弹簧涂上黄油 2）装入碟形弹簧 3）装入拉爪 4）将拉杆与拉爪完全锁紧 5）装上压盘 6）检查拉杆的防松螺母是否锁紧
26		锁紧拉刀杆压盘
27		安装完成

续表

步骤	图示	说明
28		测量主轴偏差是否在规定值内

任务报告

1. 主传动系统有哪些类型？
2. 怎样维护主轴部件？
3. 怎样判别和排除主轴部件的故障？
4. 装拆主轴的步骤有哪些？

任务 6.2　进给传动系统机械结构的拆装与维护

任务目标

1. 知识目标

（1）掌握滚珠丝杠螺母副的支承形式以及预紧、调整间隙的方法。

（2）熟悉工作台和导轨的结构与间隙调整方法。

（3）掌握滚珠丝杠螺母副、工作台和导轨的维护、维修方法。

2. 技能目标

（1）能装拆滚珠丝杠螺母副及其支承，并调整预紧力。

（2）能检测工作台、导轨精度。

（3）诊断并排除滚珠丝杠螺母副、工作台及导轨故障。

3. 素养目标

（1）在学习过程中体现团结协作意识、爱岗敬业的精神。

（2）培养学生的综合职业素养、认真负责的工作态度、较强的语言表达能力和动手能力。

任务准备

1. 实验设备

（1）CK6140 数控车床滚珠丝杠螺母副、工作台及导轨。

（2）三爪顶拔器一套，十字螺钉旋具、一字螺钉旋具各若干把，煤油和棉纱若干，铜棒和铝棒各若干根，内六角扳手若干套等。

2. 实验项目

滚珠丝杠螺母副拆装。

学习笔记

知识链接

6.2.1 滚珠丝杠螺母副

滚珠丝杠作为数控机床进给传动链中的重要组成部分，在整个传动链中起着将旋转运动转化为直线运动的重要作用，其结构如图 6-2-1 所示。作为数控机床的进给机构，一般情况是伺服电动机通过联轴器将动力直接传递给滚珠丝杠，丝杠旋转带动丝杠螺母横向移动。有的进给机构将动力传递给丝杠螺母，丝杠螺母旋转推动丝杠前后移动，完成将旋转运动转化为直线运动这一过程。

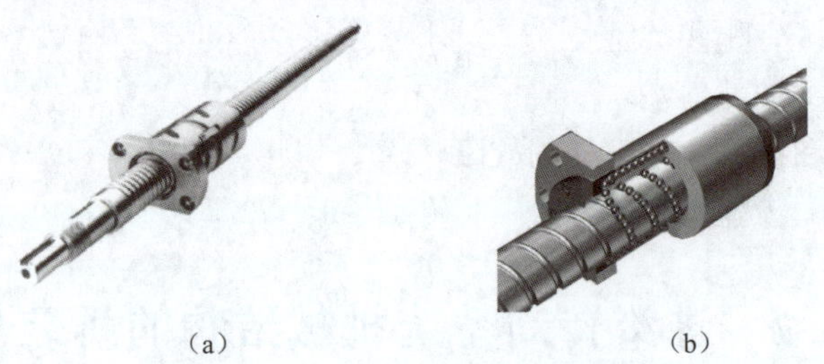

（a）　　（b）

图 6-2-1　数控机床用滚珠丝杠的结构图

（a）滚柱丝杠外形图；（b）滚柱丝杠剖视图

1. 滚珠丝杠螺母副间隙的调整

滚珠丝杠螺母副的调整主要是消除丝杠螺母副轴向间隙。轴向间隙指丝杠和螺母在无相对转动时，两者之间的最大轴向窜动量。除了结构本身的游隙之外，在施加轴向载荷后，轴向变形所造成的窜动量也包括在其中。一般在机加工过程中消除滚珠丝杠螺母副的轴向间隙，满足加工精度要求的办法有以下两种。

1）软调整法

软调整法是在加工程序中加入刀补数。刀补数等于所测得的轴向间隙数或者调整数控机床系统轴向间隙参数的数值。因为滚珠丝杠螺母副的轴向间隙事实上仍是存在的，只是在走刀时或工作台移动时多运行一段距离而已。此间隙的存在会使丝杠螺母副在工作中加速损坏，还会使机床振动加剧、噪声加大、机床精加工期缩短等。

2）硬调整法

硬调整法是使用机械性的方法使丝杠螺母副的间隙消除，实现真正的无间隙进给。此法对机床的日常维护工作也是相当重要的，是解决机床间隙进给的根本办法。但硬调整法相对软调整法过程要复杂些，并需经过多次调整，才可达到理想的工作状态。

滚珠丝杠螺母副一般是通过调整预紧力来消除间隙（硬调整）的，消除间隙时要考虑以下情况，即预加力能够有效地减小弹性变形所带来的轴向位移，但不可过大或过小。过大的预紧力将增加滚珠之间和滚珠与螺母、丝杠间的摩擦阻力，降低传动效率，使滚珠、螺母、丝杠过早磨损或破坏，使丝杠螺母副的寿命大为缩短；预紧力过小时会造成机床在工作时滚珠丝杠螺母副的轴向间隙量没有得到消除或没有完全消除，使工件的加工精度达不到要求。所以，滚珠丝杠螺母副一般都要经过多次调整才能保证在最大轴向载荷下既消除了间隙，又能灵活运转。

（1）垫片调隙式。垫片调隙式通过改变调整垫片的厚度，使滚珠丝杠的左右螺母不能相对旋转，只产生轴向位移，实现预紧，如图 6-2-2 所示。

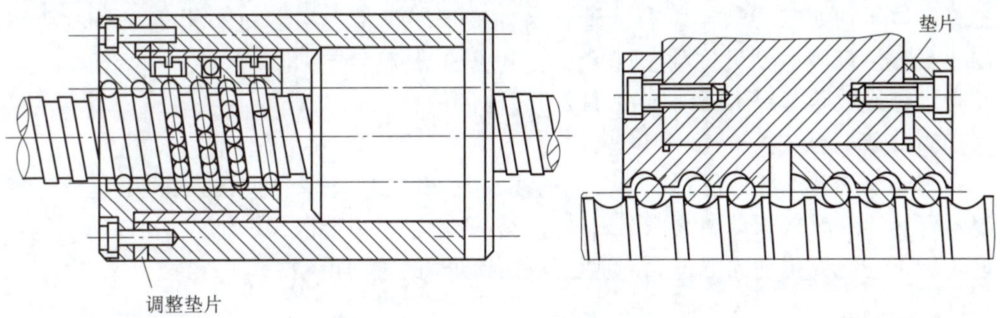

图 6-2-2　垫片调隙式

（2）双螺母调隙式。双螺母调隙式是用双螺母来调整间隙，实现预紧的结构。滚珠丝杠左、右两螺母副以平键与外套相连，用两个锁紧螺母调整丝杠螺母的预紧量，如图 6-2-3 所示。

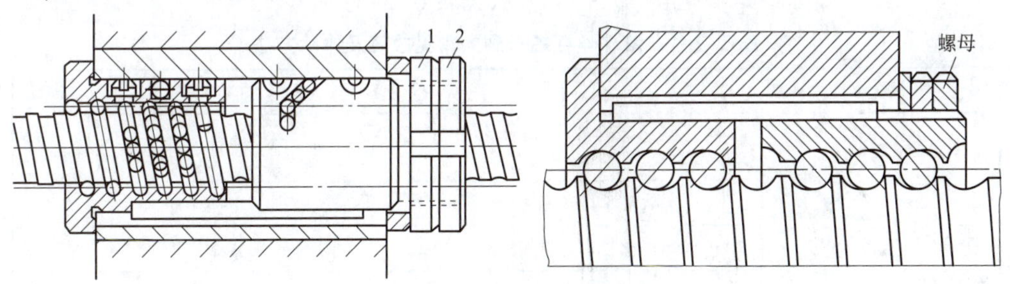

图 6-2-3　双螺母调隙式

1、2—螺母

（3）齿差调隙式。齿差调隙式是左、右螺母的端部做成外齿轮，齿数分别为在 Z_1、Z_2，而且 Z_1 和 Z_2 相差一个齿。两个齿轮分别与两端相应的内齿圈相啮合。内齿圈紧固在螺母座上，预紧时脱开两个内齿圈，使两个螺母同向转动相同的齿数，然后再合上内齿圈，两螺母的轴向相对位置发生变化，从而实现间隙的调整并施加预紧力，如图 6-2-4 所示。

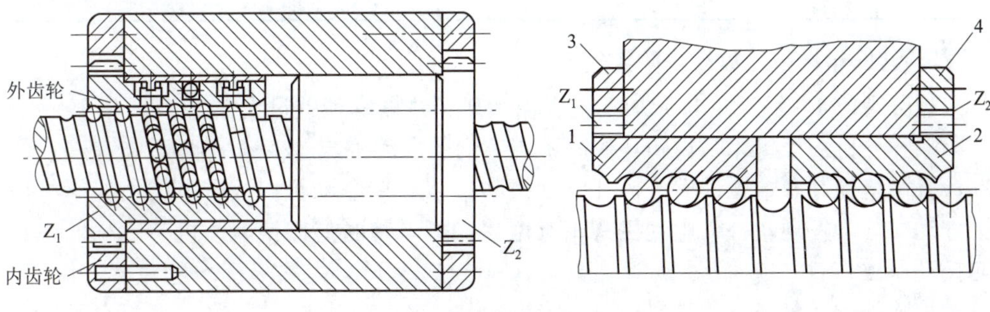

图 6-2-4　齿差调隙式

1、2—螺母（带外齿圈）；3、4—内齿圈

2. 滚珠丝杠螺母副的常见故障及排除方法

1）过载

滚珠丝杠螺母副进给传动的润滑状态不良、轴向预加载荷太大、丝杠与导轨不平行、螺母轴线与导轨不平行、丝杠弯曲变形时，都会引起过载报警。一般会在CRT上显示伺服电动机过载、过热或过电流的报警，或在电柜的进给驱动单元上，用指示灯或数码管提示驱动单元过载、过电流信息。

2）窜动

窜动是滚珠丝杠螺母副进给传动的润滑状态不良、丝杠支承轴承的压盖压合情况不好、滚珠丝杠螺母副滚珠有破损、丝杠支承轴承可能破裂、轴向预加载荷太小，使进给传动链的传动间隙过大，引起丝杠传动时的轴向窜动。

3）爬行

爬行一般发生在启动加速段或低速进给时，多因进给传动链的润滑状态不良、外加负载过大等所致。尤其是连接伺服电动机和滚珠丝杠的联轴器，如连接松动或联轴器本身缺陷（如裂纹等），会造成滚珠丝杠的转动和伺服电动机的转动不同步，从而使进给运动忽快忽慢，产生爬行现象。

滚珠丝杠螺母副的常见故障及排除方法见表6-2-1。

表 6-2-1　滚珠丝杠螺母副的常见故障及排除方法

序号	故障现象	故障原因	排除方法
1	滚珠丝杠螺母副有噪声	丝杠支承轴承的压盖压合情况不好	调整轴承压盖，使其压紧轴承端面
		丝杠支承轴承可能破损	如轴承破损，更换新轴承
		电动机与丝杠联轴器松动	拧紧联轴器锁紧螺钉
		丝杠润滑不良	改善润滑条件，使润滑油量充足
		滚珠丝杠螺母副滚珠有破损	更换新滚珠
2	滚珠丝杠运动不灵活	轴向预加载荷太大	调整轴向间隙和预加载荷
		丝杠与导轨不平行	调整丝杠支座的位置，使丝杠与导轨平行
		螺母轴线与导轨不平行	调整螺母座的位置
		丝杠弯曲变形	校直丝杠
3	滚珠丝杠螺母副传动状况不良	滚珠丝杠螺母副润滑状况不良	用润滑脂润滑的丝杠，需要移动工作台取下套罩，涂上润滑脂

3. 滚珠丝杠常见故障排除实例

故障现象1：XK713机床加工过程中X轴出现跟踪误差过大报警。

故障分析：该机床采用闭环控制系统，伺服电动机与丝杠采用直联的连接方式。在检查系统控制参数无误后，拆开电动机防护罩，在电动机伺服带电的情况下，用手拧动丝杠，发现丝杠与电动机有相对位移，可以判断是连接电动机与丝杠的胀紧套松动所致。

故障处理：紧定紧固螺钉后，故障消除。

故障现象2：CK6136车床在Z向移动时有明显的机械抖动。

故障分析：该机床在 Z 向移动时，明显感受到机械抖动，在检查系统参数无误后，将 Z 轴电动机卸下，单独转动电动机，电动机运行平稳。用扳手转动丝杠，振动手感明显。拆下 Z 轴丝杠防护罩，发现丝杠上有很多小铁屑和脏物，初步判断为丝杠故障引起的机械抖动。拆下滚珠丝杠螺母副，打开丝杠螺母，发现螺母反向器内也有很多小铁屑和脏物，造成钢球运转不畅，时有阻滞现象。

故障处理：用汽油认真清洗、清除杂物，重新安装并调整好间隙，故障排除。

4. 滚珠丝杠螺母副的日常维护

1）滚珠丝杠螺母副的润滑

滚珠丝杠润滑不良可同时引起数控机床多种进给运动的误差，因此，滚珠丝杠润滑是日常维护的主要内容。

使用润滑剂可提高滚珠丝杠的耐磨性和传动效率。润滑剂分为润滑油和润滑脂两大类。

润滑油一般为全损耗系统用油，润滑脂可采用锂基润滑脂。润滑脂一般加在螺纹滚道和安装螺母的壳体空间内，而润滑油则经过壳体上的油孔注入螺母的空间内。每半年应更换一次滚珠丝杠的润滑脂，清洗丝杠上的旧润滑脂，涂上新的润滑脂。用润滑油润滑的滚珠丝杠螺母副，可在每次机床工作前加油一次。

2）丝杠支承轴承的定期检查

定期检查丝杠支承与床身的连接是否松动、连接件是否损坏，以及丝杠支承轴承的工作状态与润滑状态。

3）滚珠丝杠螺母副的防护

滚珠丝杠螺母副和其他滚动摩擦的传动件一样，应避免硬质灰尘或切屑污物进入其中，因此，必须装有防护装置。如果滚珠丝杠螺母副在机床上外露，则应采用封闭的防护罩，如采用螺旋弹簧钢带套管、伸缩套管以及折叠式套管等。安装时，将防护罩的一端连接在滚珠螺母的侧面，另一端固定在滚珠丝杠的支承座上。如果滚珠丝杠螺母副处于隐蔽的位置，则可采用密封圈防护，密封圈装在螺母的两端。接触式的弹性密封圈采用耐油橡胶或尼龙制成，其内孔做成与丝杠螺纹滚道相配的形状，接触式密封圈的防尘效果好，但存在接触压力，使摩擦力矩略有增加；非接触式密封圈又称迷宫式密封圈，采用硬质塑料制成，其内孔与丝杠螺纹滚道的形状相反，并稍有间隙，这样可避免产生摩擦力矩，但防尘效果差。工作中应避免碰击防护装置，防护装置一旦损坏，应及时更换。

6.2.2 数控机床导轨

1. 滚动导轨的预紧方法

为了提高滚动导轨的刚度，应对滚动导轨进行预紧。预紧可提高接触刚度，消除间隙；在立式滚动导轨上，预紧可防止滚动体脱落和歪斜。

常见的预紧方法有以下两种。

（1）采用过盈配合。

（2）调整法。通过调整螺钉、斜块或偏心轮来进行预紧，如图 6-2-5 所示。

学习笔记

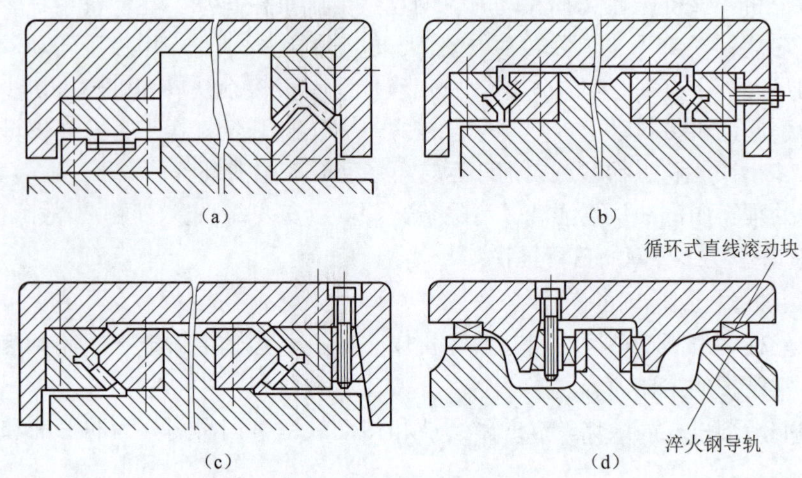

图 6-2-5　滚动导轨的预紧方法

2. 导轨副的常见故障及排除方法（表 6-2-2）

表 6-2-2　导轨副的常见故障及排除方法

序号	故障现象	故障原因	排除方法
1	导轨研伤	机床经长时间使用，地基与床身水平度有变化，使得导轨局部单位面积负载过大	定期进行床身导轨的水平调整，或修复导轨精度
		长期加工短工件或承受过分集中的负载，使得导轨局部磨损严重	注意合理分布短工位的安装位置，避免负载过分集中
		导轨润滑不良	调整导轨润滑油量，保证润滑油压力
		导轨材质不佳	采用电加热自冷淬火对导轨进行处理，导轨使用锌铝铜合金板，以改善摩擦情况
		刮研质量不符合要求	提高刮研修复的质量
		机床维护不良，导轨里面落入脏物	加强机床保养，保护好机床防护装置
2	导轨上移动部件运动不良或不能移动	导轨面研伤	用 170#砂布修磨机床与导轨面上的研伤
		导轨压板研伤	卸下压板，调整压板与导轨间隙
		导轨镶条与导轨间隙太小，调得太紧	松开镶条防松螺钉，调整镶条螺栓，使运动部件运动灵活，保证 0.03 mm 的塞尺不得塞入，然后锁紧防松螺钉

续表

序号	故障现象	故障原因	排除方法
3	加工面在接刀处不平	导轨直线度超差	调整或刮研导轨允差 0.015/500
		工作台镶条松动或镶条弯度太大	调整镶条间隙，镶条弯度在自然状态下小于 0.05 mm/全长
		机床水平度差，使导轨发生弯曲	调整机床安装水平度，保证平行度、垂直度误差为 0.02/1 000

3. 导轨常见故障排除实例

故障现象：CK6140 车床加工圆弧过程中 X 轴加工误差过大。

故障分析：在自动加工过程中，从直线到圆弧时，接刀处出现明显的加工痕迹。用千分表分别对车床的 Z、X 轴的反向间隙进行检测，发现 Z 轴为 0.008 mm，而 X 轴为 0.08 mm。可以确定该现象是由 X 轴间隙过大引起的。检查连接电动机的同步带和带轮并确认无误后，将 X 轴分别移动至正、负极限处，将千分表压在 X 轴侧面，用手左右推拉 X 轴中的滑板，发现有 0.06 mm 的移动值，可以判断是 X 轴导轨镶条引起的间隙。

故障处理：松开镶条止退螺钉，调整镶条调整螺母，移动 X 轴，X 轴移动灵活，间隙测试值还有 0.01 mm，锁紧止退螺钉。在系统参数里，将“反向间隙补偿”值设为“10”，重新启动系统运行程序，故障排除。

6.2.3 刀架及刀库常见故障的排除

1. 刀架及刀库的常见故障及排除方法（表 6-2-3）

表 6-2-3 刀架及刀库的常见故障及排除方法

序号	故障现象	故障原因	排除方法
1	刀架在某个刀位不停	磁钢磁极装反，磁钢与霍尔元件高度位置不准	磁钢磁极装反，磁钢与霍尔元件的高度位置不准
2	刀库中的刀套不能夹紧刀具	刀套上的调整螺母松动	顺时针方向旋转刀套两边的调整螺母压紧弹簧，顶紧夹紧销
3	交换刀具时掉刀	换刀时主轴箱没有回到换刀点或换刀点漂移；机械手抓刀时没有到位就开始拔刀	重新操作主轴箱，使其回到换刀点位置，重新设定换刀点
4	刀库不能转动	连接电动机轴与蜗杆轴的联轴器松动	紧固联轴器上的螺钉
5	转动不到位	电动机转动故障，传动机构误差	更换电动机，调整传动机构
6	机械手换刀速度过快或过慢	气压太高或太低，换刀气阀节流开口太大或太小	调整气压大小和节流阀开口

学习笔记

故障现象 1：CK6140 换刀时 3 号刀位转不到位。

故障分析：产生此故障一般有两种原因：一种是电动机相位接反，但调整电动机相位线后故障不能排除；另一种是磁钢与霍尔元件高度位置不准，拆开刀架上盖，发现 3 号磁钢与霍尔元件高度位置相差距离较大。

故障处理：用尖嘴钳调整 3 号磁钢与霍尔元件高度至与其他刀号位基本一致，重新启动系统，故障排除。

故障现象 2：TH42160 龙门加工中心自动换刀时，如果刀链运转还不到位，刀库就停止运转，机床报警。

故障分析：由故障报警知道刀库伺服电动机过载，检查电气控制系统，没有发现什么异常。可以假设为刀库链内有异物卡住、刀库链上的刀具太重或润滑不良。经过检查排除了上述可能。卸下伺服电动机，发现伺服电动机不能正常运转。

故障处理：更换电动机，故障排除。

2. 刀库及换刀机械手的维护要点

(1) 严禁把超重、超长的刀具装入刀库，防止在机械手换刀时掉刀或刀具与工件、夹具等发生碰撞。

(2) 采用顺序选刀方式时，必须注意刀具放置在刀库中的顺序要正确。采用其他选刀方式时，也要注意所换刀具是否与所需刀具一致，防止换错刀具导致发生事故。

(3) 用手动方式往刀库上装刀时，要确保装到位，装牢靠，并检查刀座上的锁紧装置是否可靠。

(4) 经常检查刀库的回零位置是否正确，检查机床主轴回换刀点位置是否到位，发现问题要及时调整，否则不能完成换刀动作。

(5) 要注意保持刀具刀柄和刀套的清洁。

(6) 开机时，应先使刀库和机械手空运行，检查各部分工作是否正常，特别是行程开关和电磁阀能否正常动作。检查机械手液压系统的压力是否正常，刀具在机械手上锁紧是否可靠，发现不正常时，应及时处理。

任务实施

6.2.4 LDB4 型数控四方电动刀架拆装

三和 LDB4 系列电动刀架（图 6-2-6）采用蜗杆传动，上下齿盘啮合，采用螺杆夹紧的工作原理。其具有转位快、定位精度高、切向扭矩大的优点。转换时，采用霍尔开关发信。该刀架包括电动机、霍尔元件、蜗杆、蜗轮与丝杆套连接，丝杆套通过螺母与动齿盘连接，动齿盘与上、下齿盘相啮合，传动盘与固定在动齿盘上的传动销外圆相接触，动齿盘通过连接盘与四方刀台及永久磁铁相连。

1. 操作准备

刀架机构拆装过程中常用工具主要包括内六角扳手、锤子、铜棒、螺丝刀等，如图 6-2-7 所示。

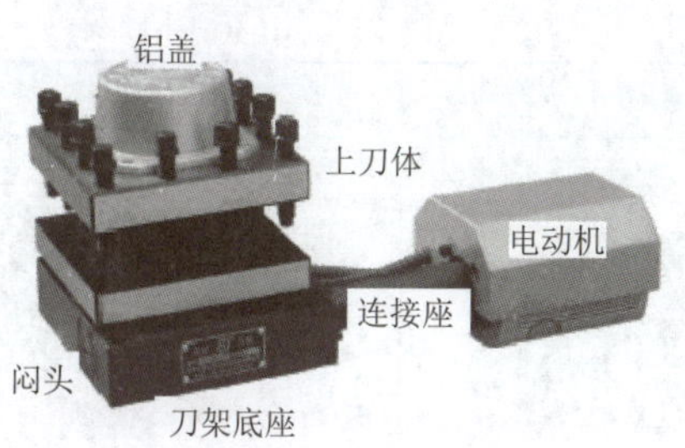

图 6-2-6　LDB4 型数控四方电动刀架

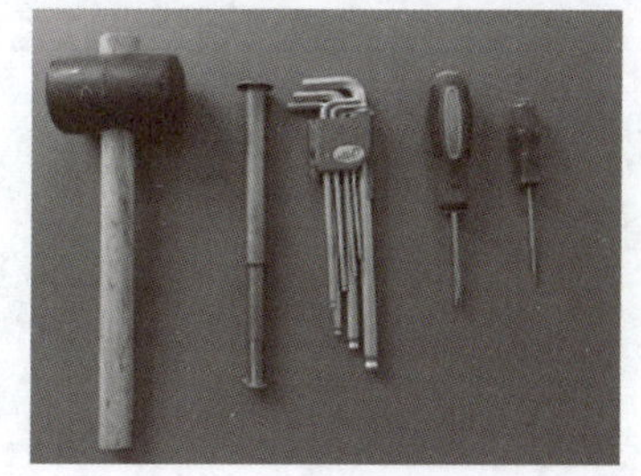

图 6-2-7　刀架拆装所需工具

刀架主要部件一览表见表 6-2-4。

表 6-2-4　刀架主要部件一览表

1 联轴器	2 调整垫	3 轴承盖
4 闷头	5 下刀体	6 蜗轮
7 中轴	8 螺杆	9 反靠盘
10 蜗杆	11 防护圈	12 上刀体

续表

13 离合盘	14 止退圈	15 罩座
16 铝盖	17 发信盘	18 反靠销

2. 拆卸操作步骤

（1）使用一字螺丝刀拆下闷头，如图 6-2-8 所示。

（2）使用螺丝刀拆下铝盖，如图 6-2-9 所示。

图 6-2-8　拆卸闷头

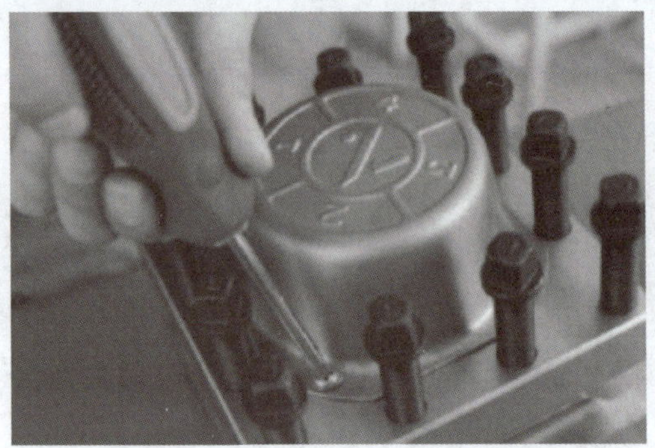

图 6-2-9　拆卸铝盖

（3）使用螺丝刀拆下护罩垫圈，如图 6-2-10 所示。取出塑料护罩。护罩内侧槽中带有磁钢，用于刀位信号检测，拆卸过程中注意磁钢脱落。

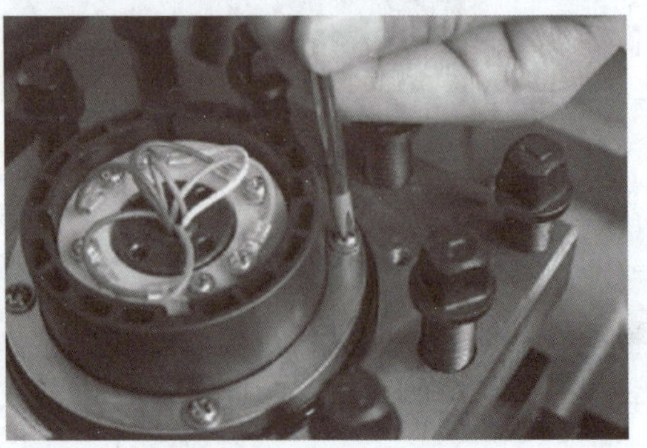

图 6-2-10　拆卸护罩垫圈

（4）拆除刀位信号线，松开发信盘螺母，使用尖嘴钳取出螺母，慢慢将发信盘从中轴上取出，如图 6-2-11 所示。

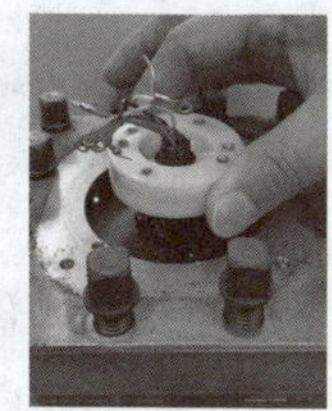

图 6-2-11　取出发信盘

（5）使用内六角扳拆卸止退圈，如图 6-2-12 所示。

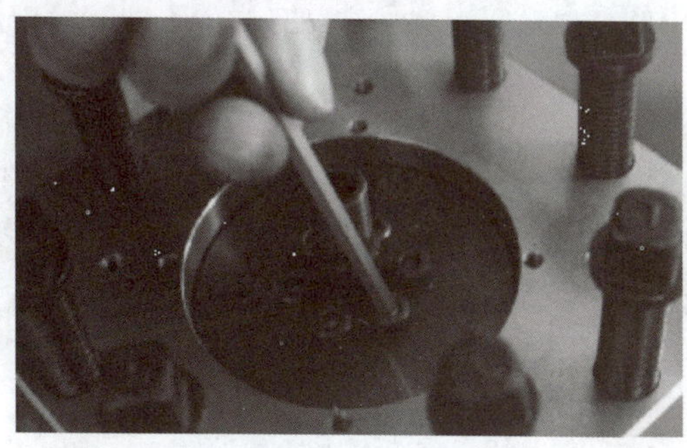

图 6-2-12　拆卸止退圈

（6）将刀架下刀体翻转，使用十字螺丝刀拆卸中轴，待中轴取出后，拆卸螺杆固定螺母，如图 6-2-13 所示。

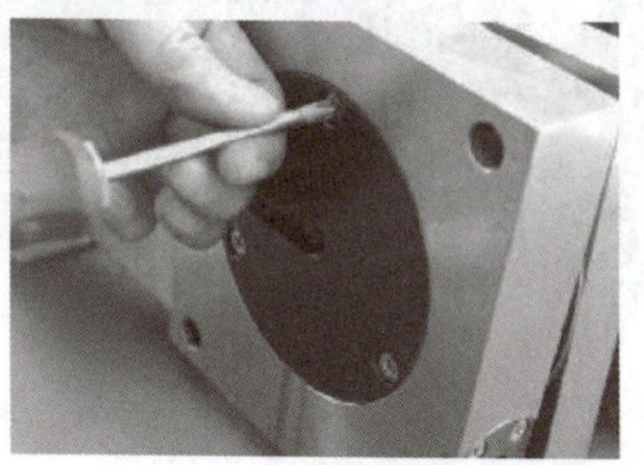

图 6-2-13　拆卸螺杆固定螺母

（7）螺杆与蜗轮通过平键连接实现传动，使用橡皮锤、铜棒敲击螺杆端面，螺杆与蜗轮相脱离。此时刀架上刀体与下刀体实现分离，取出反靠销，如图 6-2-14 所示。

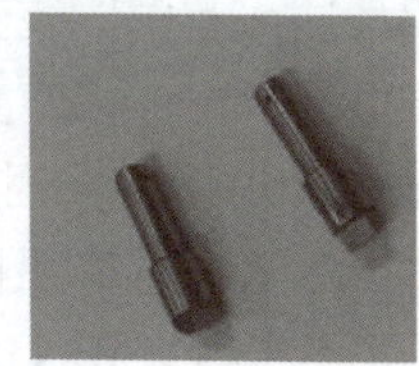

图 6-2-14　刀架上刀体与下刀体分离

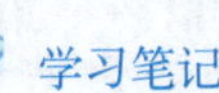
学习笔记

（8）旋转螺杆，使其与上刀体分离。松开上齿盘螺钉，并使用记号笔在上齿盘与上刀体位置分别做好对应标记，以此作为下次安装的位置，如图 6-2-15 所示。

图 6-2-15 拆卸旋转螺杆

（9）使用铜棒敲击离合盘，将上齿盘和离合盘从上刀体取出，如图 6-2-16 所示。

图 6-2-16 拆卸上齿盘和离合盘

（10）将下刀体翻转，取出蜗轮。松开蜗杆轴承盖，使用铜棒轻轻敲击蜗杆端面，将蜗杆取出，如图 6-2-17 所示。

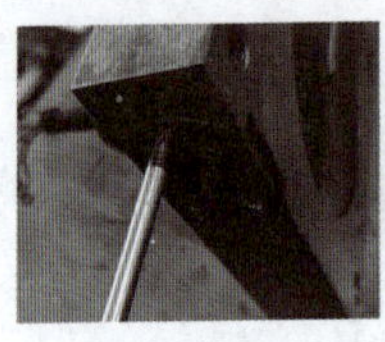

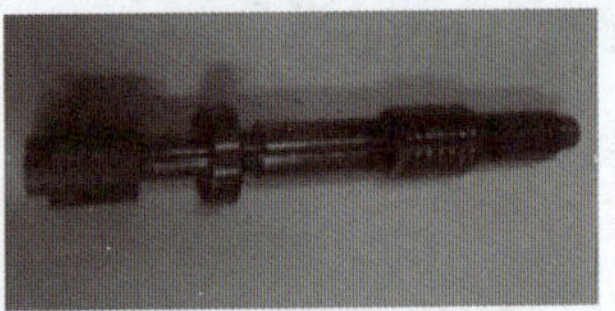

图 6-2-17 取出蜗杆

3. 刀架装配操作步骤

（1）将前单列向心球轴承安装到蜗杆腔前端，安装前轴承盖，装配到位后，用螺栓（M5×8×4 沉头十字）固定锁紧。

（2）将后单列向心球轴承安装到蜗杆上，装入轴承间隙调整环，再将蜗杆后端联轴节加平键安装到位。

（3）蜗杆装入腔中，装调好蜗杆轴与轴承轴向间隙位置，安装到位。

（4）将电动机组连接座内十字联轴节与蜗杆轴后轴端十字联轴节连接到位，用螺栓（M5×16×4 内六角）固定锁紧电动机组连接座。（两半联轴节凹凸插位对正。）

（5）将反靠盘按定位圆柱销（ϕ6×2 条）定位方向装入下刀体，用铜棒、木锤敲击到位，并用螺栓（M5×12×2 内六角）固定锁紧。

（6）将推力球轴承装入定轴，将蜗轮装入下刀体下端面与蜗杆配合，然后将定轴从下刀体下端装入，使推力球轴承装入蜗轮轴承套内，装配到位后，用螺栓（M6×12×3 内六角）固定锁紧定轴，并将信号线从定轴空心装入。（推力球轴承紧圈与定轴座装配，松圈与蜗轮轴承套配合。）

（7）将定位导向圆柱销（ϕ6×2 条）装入上刀体腔销孔位，螺杆旋入压紧轮，然后沿导向圆柱销装入上刀体腔内。

（8）将外齿圈沿定位圆柱销（ϕ8×4 条）定位方向装入上刀体，并用螺栓（M5×12×4 内六角）固定锁紧。

（9）将反靠销、弹簧、离合销组装，涂黄油，粘装到压紧轮孔位；将上、下刀体转动配合导向定位防护圈和弹簧（4 条），用黄油粘贴到上刀体下端安装位。

（10）将上刀体组件穿过定轴，套装到下刀体上稳装到位。（①调整好蜗轮槽与反靠盘槽同线位置；②螺杆两齿与反靠销同线位置；③螺杆端面与夹紧轮夹紧齿端内表面距离大约为 22 mm；④螺杆端两齿与蜗轮槽同向吻合。）

（11）将离合盘按定位圆柱销（ϕ6×2 条）方向插装到螺杆端面上。（圆柱销孔位偏置不在零件中心线上，以离合盘与螺杆轴孔同轴为准；装配时，螺杆转过一定角度，使离合销不在销槽内，一般螺杆转角后，螺杆漏出夹紧轮高度大约为半个螺距。）

（12）将推力球轴承、键、止退圈装入定轴，用手按压离合盘至最低点，旋紧大圆锁母（M24），并用端面防松螺栓（M5×10×2 圆头十字）穿过大锁母端面螺孔，与止退圈端面螺纹孔固定安装，防松动。（①推力球轴承松圈与离合盘贴合，紧圈与止退圈贴合安装；②用内六角扳子旋转蜗杆进行调试，使每个刀位都能正常转位、松开、锁紧。）

（13）安装发信盘座和发信盘，并用小圆锁母（M20）固定锁紧。

（14）连接信号线到发信盘上。

（15）安装磁缸（M4×8×3 沉头十字）和铝盖（M5×10×4 内六角）。（注意，铝盖安装有定位方向。）

在刀架装配完成后，转动电动机，确认是否能轻松实现刀架抬起、刀架转位、刀架定位、刀架锁紧，若无法实现，则未装配好，必须拆卸蜗轮丝杆、转位套、球头销、刀架体、定位销等重新装配。

4. 刀架拆卸注意事项

（1）拆卸前刀架处于锁紧状态，此时夹紧轮处于精定位状态，端齿与内外齿圈啮合，离合销脱离离合盘槽，离合盘、轴承、止退圈被紧紧顶在大螺母上，大螺母处于锁紧状态。因此，在拆下闷头之后，应首先用内六角扳手（6 mm）顺时针转动蜗杆，使夹紧轮松开，方便大螺母拆卸。

（2）拆卸时，螺钉、螺栓及各零部件应按顺序摆放整齐，便于装配。拆卸刀位线之前，应先记录各刀位线的颜色。

（3）拆卸轴承后，应注意轴承两端孔径大小不一，大端在下，换刀时跟随上刀体一块转动；小端在上，固定不转。

（4）拆卸离合盘时，应借助两个辅助拆卸螺栓，旋入离合盘上的两个螺纹孔后，利用螺纹配合将其取出。

也可以先不拆卸离合盘，将刀架垂直放在桌面上，上刀体组整体取出后，可以很方便地将离合盘拿出。这样不但方便拆卸，而且可以避免从上部直接抬起上刀体后导致内部弹簧及反靠销的丢失。

（5）拆卸外齿圈时，需先松开四个紧固螺栓，再拆卸四个圆锥定位销。定位销拆卸时，要用专用的起销器拆卸，如果从刀架的另一侧直接用木榔头敲出，则会导致定位孔定位不精确，影响刀架定位精度。

（6）拆卸定轴之前，由于刀位线长度的限制，要先将刀位线从定轴孔中抽出。抽线时，刀位线上均有线鼻子，受定轴内孔大小的限制，若直接抽线，线鼻将被卡死在定轴内孔中，用力过大还会导致线鼻脱落，此时可将各线依次抽出，同时注意用力适当。

任务报告

完成四工位刀架的拆装和维护保养，并撰写技术报告。

任务加油站

雪域高原上的“工匠”旦增顿珠

激发学生心怀远大理想和抱负，把最美好的青春献给祖国和人民，始终成为实现中华民族伟大复兴的先锋力量。40 岁的旦增顿珠是西藏高争建材股份有限公司副总经理兼制成车间主任。2014 年以来，他带领团队刻苦钻研，改进工艺，完成一项又一项技术攻关，大幅降低运营成本，让企业产能迈上新台阶。22 年间，旦增顿珠从一名一线工人成长为“技术大拿”、管理高层。他说，“在理论学习和创新发展方面继续努力，为企业高质量发展工作贡献自己的一份力。下面就让我们来认识这样一位工人。

延伸阅读 6　　视频饱览 6

项目7　数控机床的验收与精度检测

项目描述

数控机床的几何精度、位置精度和工作精度检测是数控机床加工精度与表面质量的保证。对于精度检测，国家出台了相关的国家标准，主要参考有：GB/T 17421.2—2000《机床检验通则第2部分：数控轴线的定位精度和重复定位精度的确定》；GB/T 25659.1—2010《简式数控卧式车床第1部分：精度检验》；GB/T 18400.2—2010《加工中心检验条件，第2部分：立式或带垂直主回转轴的万能主轴头机床几何精度检验（垂直Z轴）》；GB/T 24341—2009《工业机械电气设备电气图、图解和表的绘制》。

任务7.1　数控机床的安装调试与验收

任务目标

1. 知识目标

熟悉数控机床安装、调试与验收的步骤、方法。

2. 技能目标

（1）能够完成数控机床的安装连接与调试。

（2）能够独立进行数控机床的通电试验。

3. 素养目标

（1）具备收集和处理信息的能力。

（2）能够独立学习新知识、新技术，具有终身学习的能力。

任务准备

1. 实验设备

（1）亚龙569A FANUC数控系统实训台。

（2）CKA3665数控车床。

2. 实验项目

（1）数控机床的安装连接与调试。

（2）数控机床的通电实验。

（3）数控机床功能的验收。

知识链接

7.1.1 数控机床本体的安装

在数控机床到达之前，用户应按机床制造厂家提供的机床基础图做好安装准备，在安装地脚螺栓的部位做好预留孔。当数控机床运到后，调试人员按开箱手续把机床部件运至安装场地，按说明书中的介绍把组成机床的各大部件分别在地基上就位。就位时，垫铁、调整垫块和地脚螺栓等要对号入座，然后把机床各部件组装成整机，部件组装完成后就进行电缆、油管和气管的连接。机床说明书中有电气接线图和气、液压管路图，应据此把有关电缆和管道按标记一一对号接好。

此阶段注意事项如下：

（1）机床拆箱后，首先找到随机的文件资料，找出机床装箱单，按照装箱单清点各包装箱内零部件、电缆、资料等是否齐全。

（2）机床各部件组装前，首先去除安装连接面、导轨和各运动面上的防锈涂料，做好各部件外表清洁工作。

（3）连接时，特别要注意清洁工作和可靠的接触及密封，并检查有无松动和损坏。电缆插上后，一定要拧紧紧固螺钉，保证接触可靠。油管、气管连接中要特别防止异物从接口中进入管路，造成整个液压系统故障，管路连接时，每个接头都要拧紧。电缆和管路连接完毕后，要做好各管线的就位固定、防护罩壳的安装，保证整齐的外观。

7.1.2 数控系统的连接

（1）数控系统的开箱检查。

无论是单个购入的数控系统还是与机床配套整机购入的数控系统，到货开箱后，都应进行仔细检查。检查包括系统本体和与之配套的进给速度控制单元和伺服电动机、主轴控制单元和主轴电动机。

（2）外部电缆的连接。

外部电缆连接是指数控系统与外部 MDI/CRT 单元、强电柜、机床操作面板、进给伺服电动机动力线与反馈线、主轴电动机动力线与反馈信号线的连接及与手摇脉冲发生器等的连接。应使这些电缆符合随机提供的连接手册的规定，最后应进行地线连接。

（3）数控系统电源线的连接。

在切断数控柜电源开关的情况下连接数控系统电源的输入电缆。

（4）设定的确认。

数控系统内的印制电路板上有许多用跨接线短路的设定点，需要对其适当设定，以适应各种型号机床的不同要求。

（5）输入电源电压、频率及相序的确认。

各种数控系统内部都有直流稳压电源，为系统提供所需的±5 V、24 V 等直流电压。因此，在系统通电前，应检查这些电源的负载是否有对地短路现象。可用万用

①主轴系统性能。

②进给系统性能。

③自动换刀系统。

④机床噪声。机床空运转时的总噪声不得超过 80 dB。

⑤电气装置。

⑥数字控制装置。

⑦安全装置。

⑧润滑装置。

⑨气、液装置。

⑩附属装置。

⑪数控机能。

⑫连续无载荷运转。

（3）机床几何精度检查。数控机床的几何精度综合反映该设备的关键机械零部件和组装后的几何形状误差。以下列出一台普通立式加工中心的几何精度检测内容。

①工作台面的平面度。

②各坐标方向移动的相互垂直度。

③向 X 坐标方向移动时工作台面的平行度。

④向 Y 坐标方向移动时工作台面的平行度。

⑤向 X 坐标方向移动时工作台面 T 形槽侧面的平行度。

⑥主轴的轴向窜动。

⑦主轴孔的径向圆跳动。

⑧主轴箱沿 Z 坐标方向移动时主轴轴线的平行度。

⑨主轴回转轴心线对工作台面的垂直度。

⑩主轴箱在 Z 坐标方向移动的直线度。

（4）机床定位精度检查。它表明所测量的机床各运动部件在数控装置控制下运动所能达到的精度。定位精度主要检查内容如下。

①直线运动定位精度（包括 X、Y、Z、U、V、W 轴）。

②直线运动重复定位精度。

③直线运动轴机械原点的返回精度。

④直线运动失动量的测定。

⑤回转运动定位精度（转台 A、B、C 轴）。

⑥回转运动的重复定位精度。

⑦回转轴原点的返回精度。

⑧回轴运动矢动量测定。

（5）机床切削精度检查。机床切削精度检查实质是对机床的几何精度和定位精度在切削和加工条件下的一项综合考核。国内多以单项加工为主。对于一般立式加工中心，主要单项精度如下。

①镗孔精度。

②端面铣刀铣削平面的精度（X-Y 平面）。
③镗孔的孔距精度和孔径分散度。
④直线铣削精度。
⑤斜线铣削精度。
⑥圆弧铣削精度。
⑦箱体掉头镗孔同轴度（针对卧式机床）。
⑧水平转台回转 90°铣四方加工精度（针对卧式机床）。

任务实施

7.1.8 数控机床的验收

图 7-1-1 所示为学院新进沈阳机床厂的 CAK3665 数控车床，请根据表 7-1-1 中的相关要求完成 CKA3665 数控车床的验收。

图 7-1-1 CAK3665 数控车床

表 7-1-1 数控车床验收报告

验收日期： 年 月 日 文件编号：

用户单位：				购入途径：□配套□改造□代理	
联系人		联系电话		机床型号：	
系统型号		系统机号		系统生产日期	
检查项目	检查方法			检查结果	
开关控制信号					
主轴开、关	在手动状态下按主轴开关键			□正常□不正常□无此功能	
冷却开、关	在手动状态下按冷却开关键			□正常□不正常□无此功能	
刀台转位	在手动状态下按换刀键			□正常□不正常□无此功能	
精度					
定位精度	（X） 0.03 mm			X 方向误差值	mm
	（Z） 0.04 mm			Z 方向误差值	mm
重复定位	（X） 0.012 mm			X 方向误差值	mm
	（Z） 0.016 mm			Z 方向误差值	mm

续表

<table>
<tr><td rowspan="2">反向偏差</td><td colspan="4">（X）0.013 mm</td><td colspan="2">X 方向误差值</td><td colspan="3">mm</td></tr>
<tr><td colspan="4">（Z）0.02 mm</td><td colspan="2">Z 方向误差值</td><td colspan="3">mm</td></tr>
<tr><td rowspan="4">刀台定位精度</td><td colspan="4">T010.03 mm</td><td colspan="2">T01 误差值</td><td colspan="3">mm</td></tr>
<tr><td colspan="4">T020.03 mm</td><td colspan="2">T02 误差值</td><td colspan="3">mm</td></tr>
<tr><td colspan="4">T030.03 mm</td><td colspan="2">T03 误差值</td><td colspan="3">mm</td></tr>
<tr><td colspan="4">T040.03 mm</td><td colspan="2">T04 误差值</td><td colspan="3">mm</td></tr>
<tr><td rowspan="4">刀台重复定位精度</td><td colspan="4">T010.03 mm</td><td colspan="2">T01 误差值</td><td colspan="3">mm</td></tr>
<tr><td colspan="4">T020.03 mm</td><td colspan="2">T02 误差值</td><td colspan="3">mm</td></tr>
<tr><td colspan="4">T030.03 mm</td><td colspan="2">T03 误差值</td><td colspan="3">mm</td></tr>
<tr><td colspan="4">T040.03 mm</td><td colspan="2">T04 误差值</td><td colspan="3">mm</td></tr>
<tr><td>G 代码</td><td colspan="4">编制程序或按加工样件测试</td><td colspan="5">□正常□不正常□未加工</td></tr>
<tr><td>M 代码</td><td colspan="4">编制程序或按加工样件测试</td><td colspan="5">□正常□不正常□未加工</td></tr>
<tr><td>S 代码</td><td colspan="4">编制程序或按加工样件测试</td><td colspan="5">□正常□不正常□未加工□无此功能</td></tr>
<tr><td>T 代码</td><td colspan="4">编制程序或按加工样件测试</td><td colspan="5">□正常□不正常□未加工□无此功能</td></tr>
<tr><td colspan="10">其他内容</td></tr>
<tr><td colspan="5">1. X、Z 轴软硬限位的设置及安装</td><td colspan="5">□正常□不正常□无此功能</td></tr>
<tr><td colspan="5">2. 主轴实现变频+手动三挡并可挡内无级调速，以及转速运行误差</td><td colspan="5">□正常□不正常□无此功能</td></tr>
<tr><td colspan="5">3. 自动润滑油泵、润滑点的安装</td><td colspan="5">□正常□不正常□无此功能</td></tr>
<tr><td colspan="5">4. 对过热过载保护有屏幕显示功能</td><td colspan="5">□正常□不正常□无此功能</td></tr>
<tr><td colspan="5">5. 对各行程过程保护及当前刀位有屏幕显示功能</td><td colspan="5">□正常□不正常□无此功能</td></tr>
<tr><td colspan="10">培训</td></tr>
<tr><td>代表签字：</td><td colspan="2"></td><td>方式</td><td></td><td>地点</td><td colspan="2"></td><td>时间</td><td></td></tr>
<tr><td colspan="2">培训人数：　人
培训人员：</td><td colspan="8">培训内容：
1. 系统操作界面每个键的功能及含义。
2. 编程基础和对刀方法。
3. 日常数控车床的保养和维护（包括反向间隙、窜动的检测和调整以及系统工作环境要求）。</td></tr>
<tr><td colspan="2">培训合格</td><td colspan="8">培训人员签字：</td></tr>
<tr><td colspan="2">样件加工</td><td colspan="5">（以机械部通用加工样件标准直径误差±0.02 mm 内、长度精度误差±0.03 mm 内为合格）</td><td colspan="3">□合格
□未加工
□不合格</td></tr>
<tr><td colspan="10">样件加工合格检验人员签字：</td></tr>
<tr><td colspan="10">附：加工样件图：
双商协商</td></tr>
<tr><td>验收结果</td><td colspan="9">□验收合格□验收不合格□遗留问题</td></tr>
</table>

学习笔记

任务报告

1. 在实训数控机床上完成数控机床的调试项目。
2. 在实训数控机床上完成数控机床功能的验收项目。

任务 7.2　数控车床几何精度检测

任务目标

1. 知识目标

(1) 了解简式数控卧式车床几何精度检测项目的国家标准。
(2) 掌握简式数控卧式车床几何精度检测项目。

2. 技能目标

能够完成简式数控卧式车床几何精度。

3. 素养目标

(1) 具备收集和处理信息的能力。
(2) 能够独立学习新知识、新技术，具有终身学习的能力。

任务准备

1. 实验设备

(1) FANUC 0i Mate-TD 数控系统实训台。
(2) 大连机床 CAK6150 数控卧式车床、FANUC 0i-TD 系统。
(3) 水平仪、百分表、磁力表座、检验棒等。

2. 实验项目

(1) 数控车床的几何精度检测。
(2) 数控车床的重复定位精度检测。

知识链接

7.2.1　床身导轨的直线和平行度（G1）

检验工量具：框式水平仪。

检验简图如图 7-2-1 所示

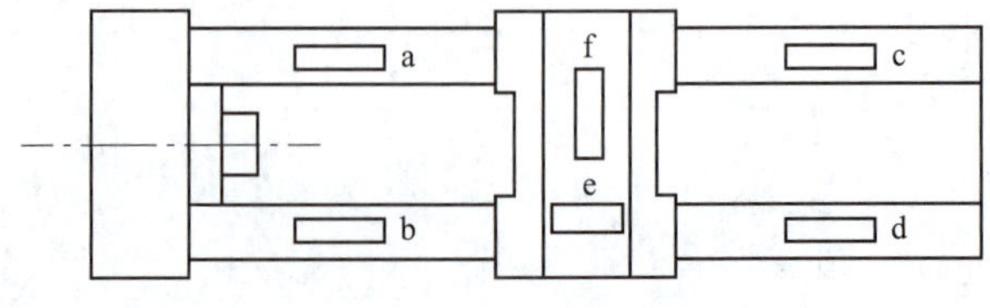

图 7-2-1　床身导轨的直线和平行度检验简图

检验方法及误差值确定：

（1）导轨在竖直平面内直线度误差检验方法及误差值确定（图 7-2-2）。

图 7-2-2 水平仪检测

①检验前，应将机床安装在适当的基础上，再把可调垫铁放置在床脚的紧固螺栓孔处，将水平仪顺序地放在床身导轨纵向 a、b、c、d 和床鞍横向 f 的位置上，调整可调垫铁使两条导轨两端放置水平，同时校正导轨的扭曲，最终将机床调平。

②检验时，将水平仪纵向放置在床鞍上靠近前导轨 e 处，等距离移动床鞍进行检验。

③依次排列水平仪的测量数据，用直角坐标法画出导轨误差曲线。曲线相对其两端点连线在纵坐标上的最大正、负值的绝对值之和就是该导轨全长的直线度误差。

实例分析：

用精度 0.02 mm/1 000 mm 的框式水平仪测量长 1 600 mm 的导轨垂直平面内直线度误差。水平仪垫铁长 200 mm（移动 200 mm），分 8 段测量。用绝对读数法，每段读数依次约为+1、+1、+2、0、-1、0、-0.5，试计算导轨在垂直平面内直线度误差值。

画出导轨直线度误差曲线图，如图 7-2-3 所示。

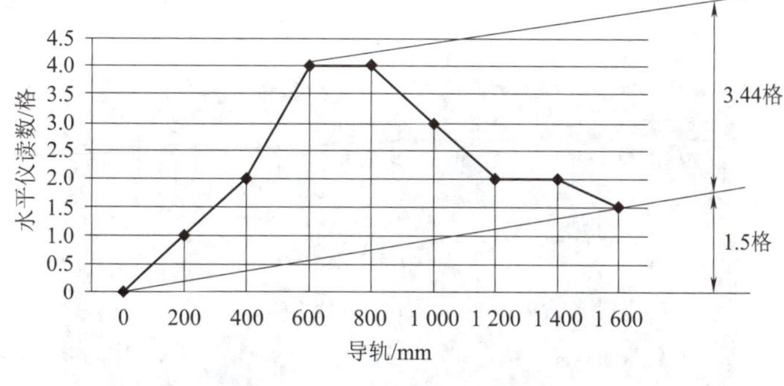

图 7-2-3 导轨直线度误差曲线图

由图可知，最大直线度在导轨长度为 600 mm 处。曲线右端点坐标值为 1.5 格，

按相似三角形解法，导轨 600 mm 处最大误差格数为：

$$n=4-(600\times1.5)/1\ 600=4-0.56=3.44(\text{格})$$

所以导轨直线度误差：

$$\Delta=nil=3.44\times0.02/1\ 000\times200=0.014(\text{mm})$$

（2）导轨在竖直平面内的平行度误差检验方法及误差值的确定。

①将水平仪放置在床鞍横向位置 f 处，等距离移动床鞍检验。

②水平仪在全部测量长度上读数的最大代数差值，即为该导轨的平行度误差。

实例分析：

用分度值为 0.02 mm/1 000 mm 的水平仪检验车床床身导轨在竖直平面内的平行度，操作方法如下：

①在床鞍处于靠近主轴端的极限位置处，首先读取水平仪的第一个读数，然后每移动 500 mm 读取第一个读数。

②共读取四个读数，依次为+1 格、+0.7 格、+0.3 格、-0.2 格。

③在全部测量长度上，水平仪读数的最大差值为+1-(-0.2)= +1.2(格)。导轨全长平行度误差 1.2×0.02=0.024(mm)。

7.2.2 溜板在水平面内移动的直线度（G2）

检验量具：百分表、检验棒。

检验简图如图 7-2-4 所示。

检验方法及误差值确定：

（1）将千分表固定在溜板上，使其侧头触及主轴和尾座顶尖间的检验棒表面，调整尾座，使千分表在检验棒的两端读数相等。（尽可能在两顶尖间轴线和刀尖所确定的平面内检验。）

（2）将千分表侧头触及检验棒侧素线，移动床鞍在全部行程上检验，千分表的最大代数差值就是该导轨的直线度误差。如图 7-2-5 所示。

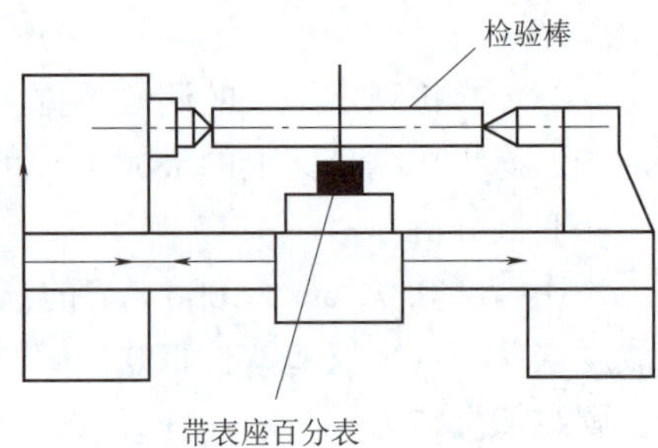

图 7-2-4 溜板在水平面内移动的直线度检验简图

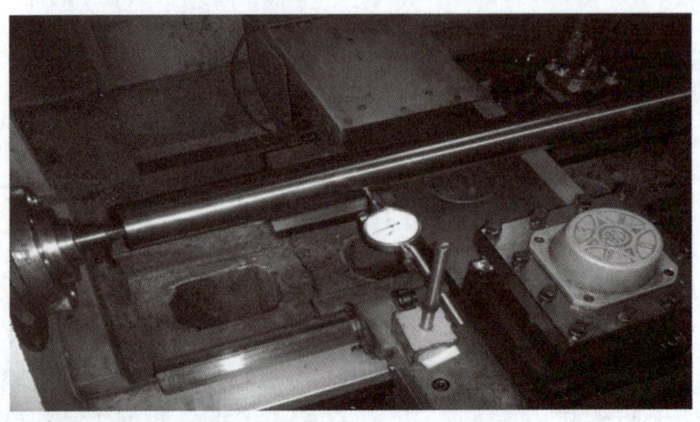

图 7-2-5 G2 检测演示

7.2.3 尾座移动对溜板移动的平行度（G3）

检验量具：百分表。

检验简图如图 7-2-6 所示。

检验方法及误差值的确定：

（1）把千分表固定在床鞍上，将其测头触及靠近尾座端面的顶尖套，a 在竖直平面内，b 在水平面内，如图 7-2-7 所示。

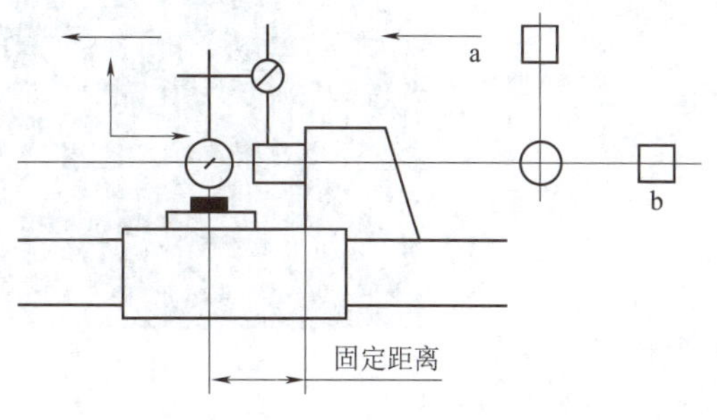

图 7-2-6　G3 检验简图

（2）锁紧顶尖套，使尾座与床鞍一起移动（即在同方向按相同的速度一起移动，此时千分表触及顶尖套上的测点相对不动），在床鞍上全程检验。

（3）千分表在任意 500 mm 行程上和全程上读数的最大差值就是局部长度与全程上的平行度误差（a、b 的误差分别计算）。

图 7-2-7　G3 检测演示

7.2.4 主轴定心轴径的径向圆跳动（G5）

检验量具：百分表。

检验简图如图 7-2-8 所示。

检验方法及误差值确定：

（1）固定千分表，将其测头垂直触及主轴轴颈（包括圆锥轴颈）的表面，如图 7-2-9 所示。

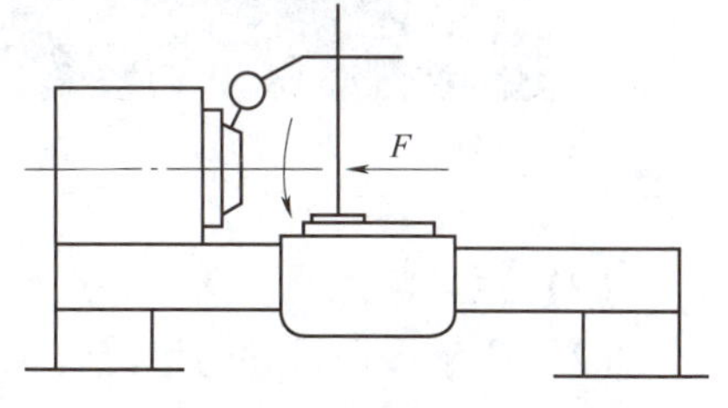

图 7-2-8　G5 检验简图

（2）沿主轴轴线加力 F，用手缓慢而均匀地旋转主轴检验。

（3）千分表读数的最大差值就是径向圆跳动误差值。

图 7-2-9　G5 检测演示

7.2.5　主轴锥孔轴线的径向圆跳动（G6）

检验量具：检验棒、百分表。

检验简图如图 7-2-10 所示。

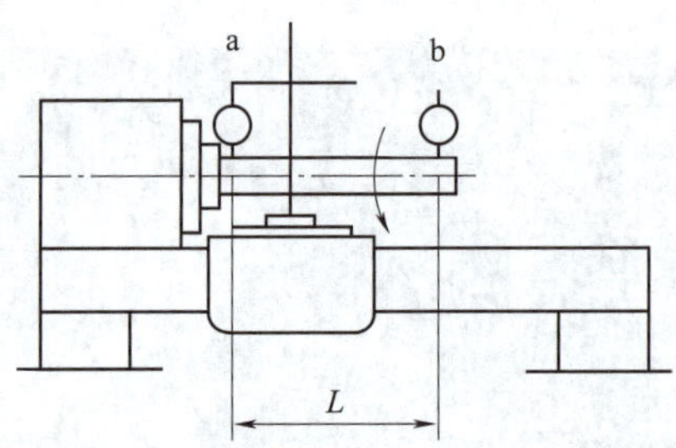

图 7-2-10　G6 检验简图

检验方法及误差值确定：

（1）将检验棒插入主轴锥孔内，固定千分表，使其测头触及检验棒靠近主轴端面的 a 处表面，如图 7-2-11 所示。

图 7-2-11　G6 检测演示

（2）距 a 点 L 处，选定一点 b。

（3）用手缓慢且均匀地旋转主轴，在 a、b 两个截面上检验。

（4）将检验棒相对主轴旋转 90°后重新插入检验，如此检验 4 次。

（5）4 次检验结果的平均值就是径向跳动误差值（a、b 的误差分别计算）。

7.2.6 主轴轴线（对溜板移动）的平行度（G7）

检验量具：检验棒、千分表。

检验简图如图 7-2-12 所示。

检验方法及误差值的确定：

（1）把千分表固定在溜板上，将其测头分别触及检验棒表面 a 处、b 处（a 在竖直平面内，b 在水平面内），移动溜板检验。

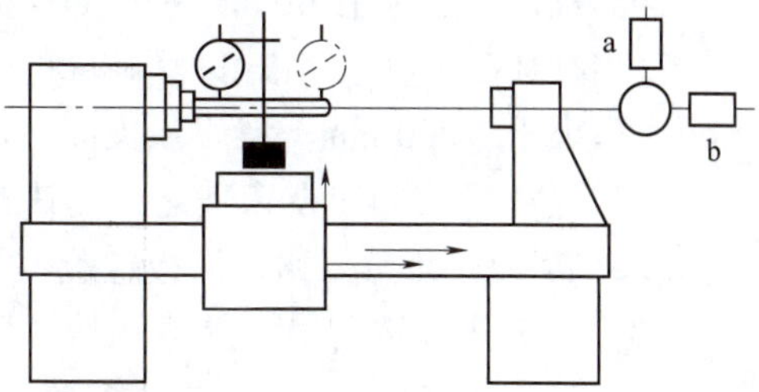

图 7-2-12 G7 检验简图

（2）旋转主轴 180°，做两次测量。

（3）两次测量结果代数和的平均值就是平行度误差（a、b 的误差分别计算）。

示例分析：

在竖直平面内第一次测得其平行度误差为 0.01 mm/300 mm（检验棒远端向上偏差）；主轴旋转 180°后，测得其平行度误差为-0.02 mm/300 mm（检验棒远端向下偏差），则平行度的实际误差为：

$$\frac{\dfrac{0.01\ \text{mm}+(-0.02\ \text{mm})}{2}}{300\ \text{mm}}=\frac{-0.005\ \text{mm}}{300\ \text{mm}}$$

7.2.7 主轴顶尖的斜向圆跳动（G8）

检测工具：百分表和专用顶尖。

检验简图如图 7-2-13 所示。

检测方法：

将专用顶尖插在主轴锥孔内，把百分表安装在机床固定部件上，使百分表测头垂直触及被测表面，旋转主轴，记录百分表的最大读数差值。

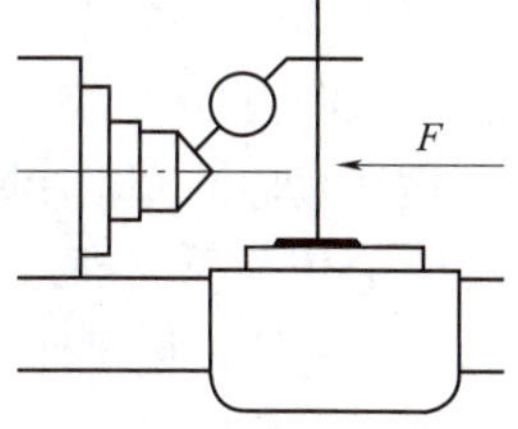

图 7-2-13 G8 检验简图

7.2.8 尾座套筒轴线对床鞍移动的平行度（G9）

检验量具：千分表。

检验简图如图 7-2-14 所示。

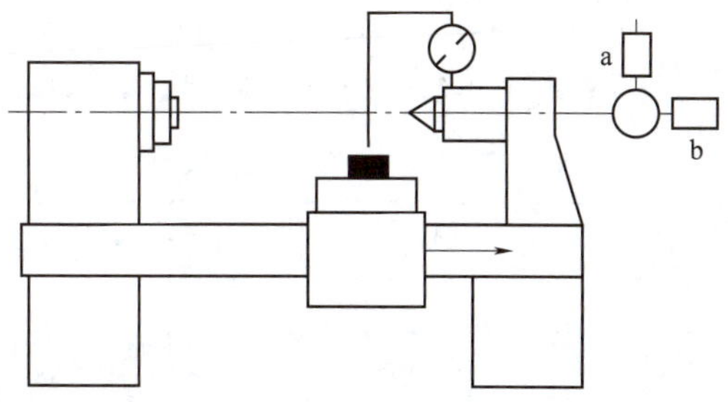

图 7-2-14 G9 检验简图

检验方法及误差值确定：

(1) 将尾座紧固在检验位置。

①当被加工工件最大长度小于或等于 500 mm 时，应紧固在床身导轨的末端。

②当被加工工件最大长度大于 500 mm 时，应紧固在导轨中部，但距主轴箱最大距离不大于 2 000 mm。尾座顶尖伸出量约为最大伸出长度的一半，并锁紧。

(2) 把千分表固定在床鞍上，使其测头触及尾座套筒表面 a、b 处（a 在竖直平面内，b 在水平面内），移动溜板检验。

(3) 千分表读数的最大差值就是平行度误差（a、b 的误差应分别计算）。

7.2.9 尾座套筒锥孔轴线（对溜板移动）的平行度（G10）

检测工具：百分表和检验棒。

检验简图如图 7-2-15 所示。

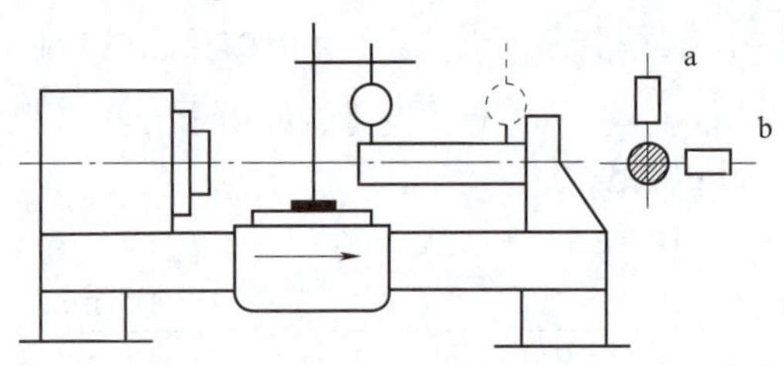

图 7-2-15 G10 检验简图

检测方法：

尾座套筒不伸出并按正常工作状态锁紧；将检验棒插在尾座套筒锥孔内，百分表安装在溜板（或刀架）上，然后：①把百分表测头在铅垂平面内垂直触及被测表面（尾座套筒），移动溜板，记录百分表的最大读数差值及方向；取下检验棒，将其旋转 180°后重新插入尾座套筒锥孔内，重复测量一次，取两次读数的算术平均值作为在铅垂平面内尾座套筒锥孔轴线对溜板移动的平行度误差；②将百分表测头在水平平面内垂直触及被测表面，按上述①的方法重复测量一次，即得到在水平平面内尾座套筒锥孔轴线对溜板移动的平行度误差。

任务实施

7.2.10 数控车床几何精度检测

在实训数控机床上检测数控车床几何精度，整理实验数据，并填写表 7-2-1。

表 7-2-1 数控车床几何精度

<table>
<tr><td colspan="2">机床型号</td><td>机床编号</td><td>环境温度</td><td>检测人</td><td colspan="2">实验日期</td></tr>
<tr><td colspan="2"></td><td></td><td></td><td></td><td colspan="2"></td></tr>
<tr><td>序号</td><td colspan="3">检测项目</td><td>允差范围/mm</td><td>检测工具</td><td>实测/mm</td></tr>
<tr><td rowspan="2">G1</td><td rowspan="2">导轨调平</td><td colspan="2">床身导轨在铅垂平面内的垂直度</td><td>0.020（凸）</td><td></td><td></td></tr>
<tr><td colspan="2">床身导轨在水平平面内的平行度</td><td>0.04/1 000</td><td></td><td></td></tr>
</table>

续表

序号	检测项目	允差范围/mm	检测工具	实测/mm
G2	溜板移动在水平面内的直线度	D_c≤500 时，0.015； 500<D_c≤1 000 时，0.02		
G3	垂直平面内尾座移动对溜板移动的平行度	D_c≤1 500 时，0.03； 在任意 500 mm 测量长度上为 0.02		
	水平面内尾座移动对溜板移动的平行度			
G4	主轴的轴向窜动	0.010		
	主轴轴肩支撑面的跳动	0.020		
G5	主轴定心轴颈的径向圆跳动	0.01		
G6	靠近主轴端面主轴锥孔轴线的径向圆跳动	0.01		
	距主轴端面 L（L=300 mm）处主轴锥孔轴线的径向跳动	0.02		
G7	垂直平面内主轴轴线对溜板移动的平行度	0.02/300 （只允许向上向前偏）		
	水平面内主轴轴线对溜板移动的平行度			
G8	主轴顶尖的斜向圆跳动	0.015		
G9	垂直平面内尾座套筒轴线对溜板移动的平行度	0.015/100 （只允许向上向前偏）		
	水平面内尾座套筒轴线对溜板移动的平行度	0.01/100 （只允许向上向前偏）		
G10	垂直平面内尾座套筒锥孔轴线对溜板移动的平行度	0.03/300 （只允许向上向前偏）		
	水平面内尾座套筒锥孔轴线对溜板移动的平行度			

任务报告

1. 试分析数控车床“刀架横向移动对主轴轴线的垂直度”误差对车削出的端面的平面度误差的影响。

2. 试分析数控铣床“工作台 X 坐标轴方向移动对 Y 坐标轴方向移动的工作垂直度”误差对数控铣床工作精度的影响。

任务 7.3 数控机床定位精度检测与螺距补偿

任务目标

1. 知识目标

（1）认识数控机床定位精度、重复定位精度的测量。

（2）利用数控机床螺距误差和反向间隙的补偿。

2. 技能目标

(1) 能够独立完成数控机床螺距误差测量和补偿。

(2) 能够独立完成数控机床反向间隙测量和补偿。

3. 素养目标

(1) 具备收集和处理信息的能力。

(2) 能够独立学习新知识、新技术，具有终身学习的能力。

任务准备

1. 实验设备

(1) FANUC 0i Mate-D 数控系统实训台。

(2) 步距规、百分表、杠杆千分表、磁力表座。

2. 实验项目

(1) 数控机床定位精度检测。

(2) 数控机床螺距误差、反向间隙补偿。

知识链接

数控机床定位精度是指零件或刀具等实际位置与标准位置之间的差距，差距越小，说明精度越高，是零件加工精度得以保证的前提。重复定位精度是指在相同条件下，同一台数控机床上，应用同一零件程序加工一批零件所得到的连续结果的一致程度。

7.3.1 角度分度的重复定位精度

当在趋进方向和趋进速度相同条件下趋进（此时，宜在每次趋进后予以锁紧，以使角度游隙被包含在内）任意角度目标位置时，由一系列检验所确定的角度位移的最大差值（范围），连续数字控制角度位置的重复定位精度按相应的标准检验。

检测工具：百分表和检验棒。

检验简图如图 7-3-1 所示。

检测方法：

(1) 把百分表安装在机床固定部件上，使百分表测头垂直触及被测表面（回转刀架），在回转刀架的中心行程处记录读数。

(2) 用自动循环程序使刀架退回，转位 360°，最后返回原来的位置，记录新的读数。

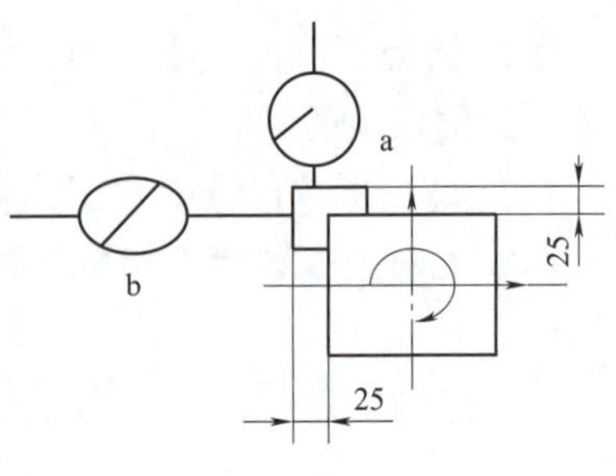

图 7-3-1 检验简图

(3) 计算方法：

a、b 位置分别进行检测，每个位置重复检验 7 次。

a、b 偏差分别计算。偏差以每个位置 7 次测量的最大差值计。

(4) 对回转刀架的每一个位置都应重复进行检验，并对每一个位置百分表都应调到零。

7.3.2 加工中心轴的定位精度检测

1. 定位精度检测原理

测量数控机床定位精度和重复定位精度的仪器有激光干涉仪、线纹尺和步距规等。但无论采用哪种测量仪器，其在全行程上的测量点数都不应少于5个，测量间距按下式确定：

$$P=iP+k$$

式中，P 为测量间距；k 在各目标位时取不同的值，以获得全测量行程上各目标位置的不均匀间隔，从而保证周期误差被充分采样。

步距规（图7-3-2）因其在测量定位精度时操作简单而在批量生产中被广泛采用。步距规结构尺寸 P_0、P_1、…、P_i 按100 mm间距设计，加工后测量出 P_0、P_1、…、P_i 的实际尺寸作为定位精度检测时的目标位置坐标（测量基准）。

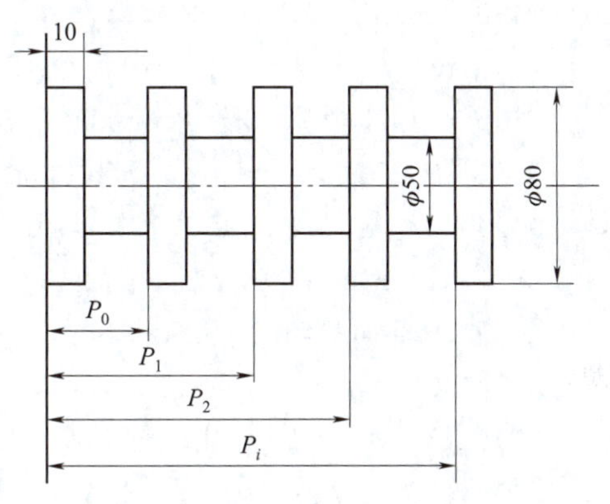

图7-3-2 步距规

2. 定位精度检测过程

以YA-569A加工中心 X 轴定位精度的测量为例。

测量时，将步距规置于工作台上，并将步距规轴与 X 轴轴线校平行，令轴回零；将杠杆千分表固定在主轴箱上（不移动），表头接触在 P_0 点，表针置零；用程序控制工作台按标准循环图（图7-3-3）移动，移动距离依次为 P_0、P_1、…、P_i，表头则依次接触到 P_0、P_1、…、P_i 点，表盘在各点的读数则为该位置的单向位置偏差。按标准检验循环图测量5次，将各点读数（单向位置偏差）记录在记录表中，按国家标准GB/T 17421.2—2000《机床检验通则第2部分：数控轴线的定位精度和重复定位精度的确定》中的评定方法对数据进行处理，由此可确定该轴线的定位精度和重复定位精度。

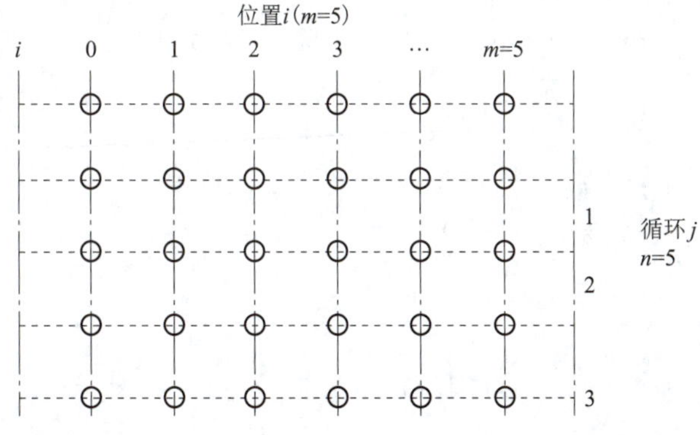

图7-3-3 标准检验循环图

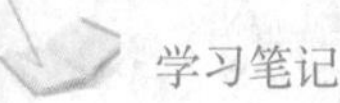

步距规的测量程序如下。

```
% 0008;文件头
G92 X0 Y0 Z0;建立临时坐标,应该从参考点位置开始
WHILE [TRUE];循环次数不限即死循环
#1=P1;输入步距规 P1 点尺寸
#2=P2;输入步距规 P2 点尺寸
#3=P3;输入步距规 P3 点尺寸
#4= P4;输入步距规 P4 点尺寸
#5= P5;输入步距规 P5 点尺寸
G90 G01 X5 F1500;;X 轴正向移动 5 mm
G01 Y15 F1500;;Y 轴正向移动 15 mm,将表头从步距规测量面
N05 X0;;X 轴负向移动 5 mm 后返回测量位置并消除反向间隙后;测量系统清零
G01 Y0 F300;;Y 轴负向移动 15 mm,让表头回到步距规测量
G04 X3;;暂停 4 s,记录表针读数
G01 Y15 F1500;
X-#1;;负向移动#1,使表头移动到 P1 点
Y0 F300;
G04 X3;;暂停 4 s,测量系统记录数据
G01 Y15 F1500;
X-#2;;负向移动 2,使表头移动到 P2 点
Y0 F300;
G04 X3;
G01 Y15 F1500;X-#3;;负向移动#3,使表头移动到 P3 点
Y0 F300;
G04 X3;
G01 Y15 F1500;X-#4;;负向移动#4,使表头移动到 P4 点
Y0 F300;
G04 X3;
G01 Y15 F1500;X-#5;;负向移动#4,使表头移动到 P5 点
Y0 F300;
G04 X3;
G01 Y15 F1500;X-(#5+5);;负向移动 5 mm(越程)
X-#5;;越程后正向移动至 P5 点
Y0 F300;
G04 X3;
G01 Y15 F1500;X-#4;;正向移动至 P4 点
Y0 F300;
G04 X3;
G01 Y15 F1500;X-#3;;正向移动至 P3 点
```

```
  Y0 F300;
  G04 X3;
  G01 Y15 F1500;X-#2;正向移动至 P2 点
  Y0 F300;
  G04 X3;
  G01 Y15 F1500;X-#1;;正向移动至 P1 点
  Y0 F300;
  G04 X3;
  G01 Y15 F1500;
  X0;;正向移动至 P0 点
  Y0 F300;
  G04 X3;
  ENDW ;;循环程序尾
  M02;;程序结束
```

7.3.3 数控机床螺距补偿

数控机床的直线轴精度表现在轴进给上主要有三项精度：反向间隙、定位精度和重复定位精度，其中，反向间隙、重复定位精度可以通过机械装置的调整来实现，而定位精度在很大程度上取决于直线轴传动链中滚珠丝杠的螺距制造精度。在数控车床生产制造及加工应用中，在调整好机床反向间隙、重复定位精度后，要减小定位误差，用数控系统的螺距误差螺距补偿功能是最节约成本且直接有效的方法。

由于滚珠丝杆副在加工和安装过程中存在误差，因此，滚珠丝杆副将回转运动转换为直线运动时存在以下两种误差：

螺距误差：即丝杆导程的实际值与理论值的偏差。

反向间隙：即丝杆和螺母无相对转动时，丝杆和螺母之间的最大窜动。

1. 螺距误差补偿原理

螺距误差补偿是通过调整数控系统的参数来增减指令值的脉冲数，实现机床实际移动距离与指令移动的距离相接近，以提高机床的定位精度。

数控机床螺距补偿的基本原理是：

在机床坐标系中，在无补偿的条件下，在轴线测量行程内将测量行程分为若干段，测量出各自目标位置 P 的平均位置偏差 $\bar{x}_i\uparrow$ $\left(\bar{x}_i\uparrow = \frac{1}{n}\sum_{j=1}^{n} x_{ij}\uparrow,\ x_{ij}\uparrow = P_{ij} - P_i\right)$，把平均位置偏差反向叠加到数控系统的插补指令上。

指令要求沿 X 轴运动到目标位置 P_i，目标实际位置为 P_{ij}，该点的平均位置偏差为 $\bar{x}_i\uparrow$。将该值输入系统，则 CNC 系统在计算时自动将目标位置 P_i 的平均位置偏差 $\bar{x}_i\uparrow$ 叠加到插补指令上，实际运动位置为 $P_{ij}=P_i+\bar{x}_i\uparrow$，使误差部分抵消，实现误差的补偿，如图 7-3-4 所示。

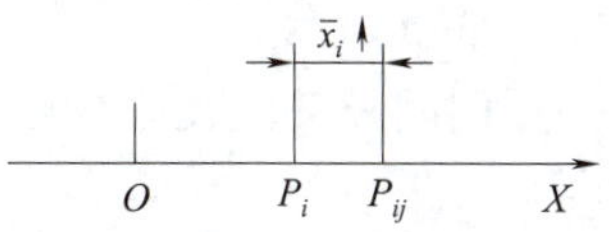

$\bar{x}_i$

O　P_i　P_{ij}　X

图 7-3-4　螺距补偿的基本原理

数控系统可进行螺距误差的单向和双向补偿。

2. 螺距误差补偿的系统参数含义

FANUC 0i Mate-D 数控系统常用的螺距补偿参数见表 7-3-1。

表 7-3-1　数控车床系统螺距补偿参数

参数号	含义	值的设定
11350#5	补偿画面显示轴号	设定为 1
3620	每个轴参考点的补偿点号	可以根据数控系统进行设置，例如，设置为 40，FANUC 0i Mate-TD 系统的设置范围为 NO. 0～NO. 1023
3621	每个轴最靠近负侧的螺距误差补偿点号	在补偿范围内，此参数是通过如下计算得出的：参考点补偿号-（机床负方向行程长度/补偿间隔）+1＝40－255/20＋1＝28. 25，取 28
3622	每个轴最靠近正侧的螺距误差补偿点号	在补偿范围内，此参数是通过如下计算得出的：参考点补偿号+（机床正方向行程长度/补偿间隔）＝40+45/20＝42. 25，取 42
3623	每个轴的螺距误差补偿倍率	因为 FANUC 系统的螺距补偿画面的设置值为-7～+7 之间，例如，补偿值为 14 时，需要设置为 2，补偿画面设置为 7，即 2×7＝14，设置为 0 和设置为 1 相同
3624	每个轴螺距误差补偿点间隔	本次设置为等距离间隔，为 20 mm
3605#0	是否使用双向螺距误差补偿	
3625	旋转轴型螺距误差补偿每转动一周的移动量	
3626	双向螺距误差补偿最靠近负侧的补偿点号（负方向移动的情形）	
3627	自与参考点返回方向相反的方向移动到参考点时，参考点中的螺距误差补偿值	

7. 3. 4　反向间隙补偿

数控机床反向间隙补偿又称为齿隙补偿，即机床机械传动链在改变转向时，伺服电动机反向空转，工作台实际不运动（失动）。

反向间隙补偿的原理是：

在无补偿的条件下，在轴线测量行程内将测量行程等分为若干段，测量出各目标位置 P_i 的平均反向差值 $\bar{B}\left(\bar{B}=\frac{1}{m}\sum_{j=1}^{m}B_i,\ B_i=\bar{x}_i\uparrow-\bar{x}_i\downarrow\right)$，作为机床的补偿参数输入系统。

CNC 系统在控制坐标反向运动时，自动先让该坐标轴反向运动 $\bar{B}$，然后按指令进行运动。工作台正向移动到 O 点，然后反向移动到 P_i 点。反向时，电动机（丝杠）先反向移动 $\bar{B}$，后移动到 P_i 点，如图 7-3-5 所示。

反向间隙补偿在坐标轴处于任何方式时均有效。

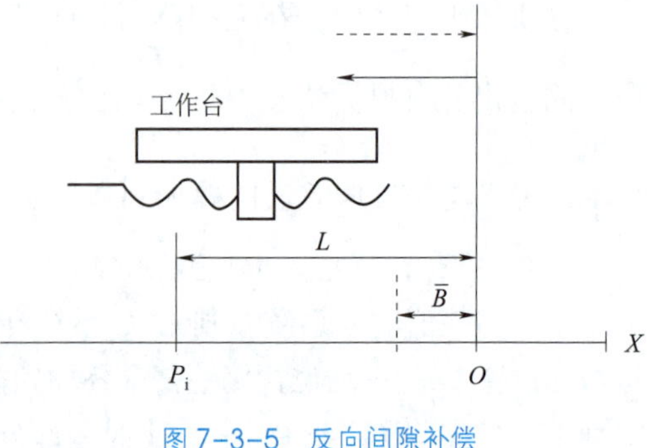

图 7-3-5　反向间隙补偿

任务实施

7.3.5 数控车床螺距误差补偿过程

以 YL-569A 数控车床 X 轴螺补误差补偿测量为例。

步骤 1：设置滑台的机械坐标系零点及正负限位，如图 7-3-6 所示。

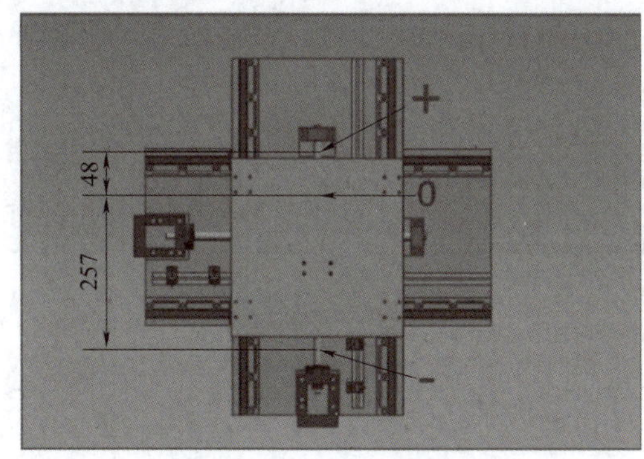

图 7-3-6 测量工作范围

步骤 2：计算设定部分参数，见表 7-3-2。

表 7-3-2 部分参数计算

参数号	设定值	说明
3620	40	参考点的补偿点号，例如，设置为 40
3621	28	负方向最远端的补偿点号，通过如下计算得出：参考点补偿号-（机床负方向行程长度/补偿间隔）+1＝40-255/20+1＝28. 25，取 28
3622	42	正方向最远端的补偿点号，计算如下：参考点补偿号+（机床正方向行程长度/补偿间隔）＝40+45/20＝42. 25，取 42
3623		待数据测量完成后确定
3624	20	补偿点的间隔，本次设置为等距离间隔，为 20 mm

步骤 3：测量补偿值并记录。

（1）在 MDI 方式下，输入“G98 G01 X-257. F300”，按下自动循环按钮，滑台运动至 X 轴-257 mm 位置。

（2）在 MDI 方式下，输入“G98 G01 X-255. F300”，按下自动循环按钮，滑台运动至 X 轴-255 mm 位置。

（3）在编辑模式下，编写程序，并将程序保存到数控系统中。编写完成后，将程序光标移到程序名位置，如图 7-3-7 所示。

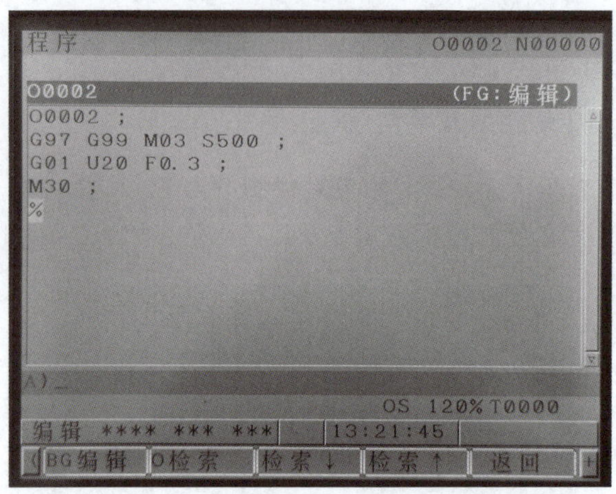

图 7-3-7 测量程序

（4）按下自动模式，同时把光栅尺数显表清零，如图 7-3-8 所示。按下循环启动按钮，滑台向 X 轴正方向运动 20 mm 位置，记录光栅尺数显读数后清零，再次运行以上程序，记录各次读数，填入表 7-3-3。

图 7-3-8 光栅尺清零

表 7-3-3 测量数据记录

补偿点号	补偿位置	测量值	补偿值	3623 为 3 时
28	-235.000	20.018	-0.018	-6
29	-215.000	20.018	-0.018	-6
30	-195.000	20.018	-0.018	-6
31	-175.000	20.018	-0.018	-6
32	-155.000	20.018	-0.018	-6
33	-135.000	20.018	-0.018	-6
34	-115.000	20.018	-0.018	-6
35	-95.000	20.018	-0.018	-6
36	-75.000	20.018	-0.018	-6
37	-55.000	20.018	-0.018	-6

续表

补偿点号	补偿位置	测量值	补偿值	3623 为 3 时
38	-35. 000	20. 018	-0. 018	-6
39	-15. 000	20. 018	-0. 018	-6
40	5. 000	20. 018	-0. 018	-6
41	25. 000	20. 018	-0. 018	-6
42	45. 000	20. 018	-0. 018	-6

步骤 4：数据输入。

按下数控系统面板上的“SYSTEM”键，找到参数界面，如图 7-3-9 所示，将参数 NO. 3620、NO. 3621、NO. 3622、NO. 3623、NO. 3624、NO. 11350#5 的相应值输入机床参数相应位置。

按下数控系统面板上的“SYSTEM”键，找到“螺补”界面，按照螺补号输入补偿值，如图 7-3-10 所示。

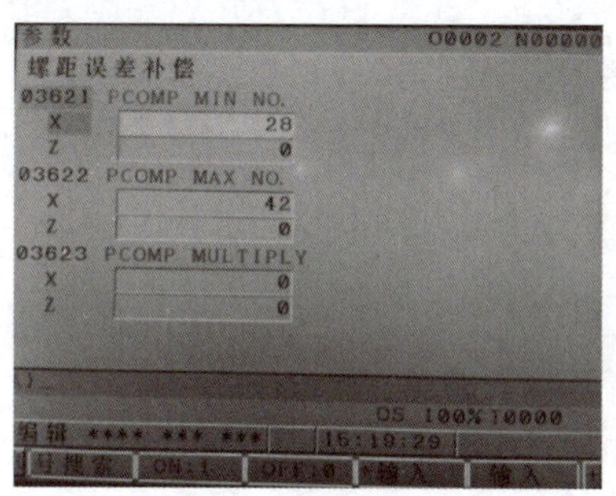

图 7-3-9　螺补参数输入

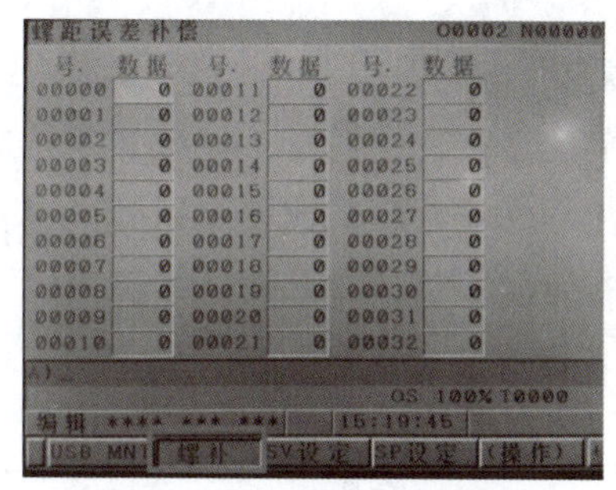

图 7-3-10　螺距补偿界面

步骤 5：检测验证。

再次测量，观察补偿效果。按下数控系统面板上的“SYSTEM”键，找到“参数诊断”界面，搜索 360 诊断号进行查看，如图 7-3-11 所示。

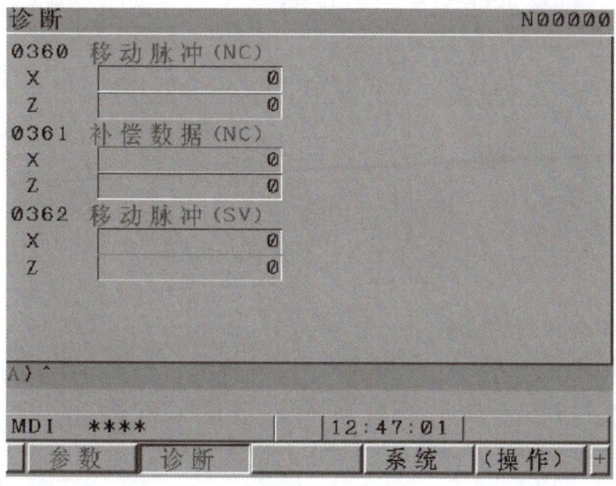

图 7-3-11　诊断界面

7.3.6 反向间隙补偿过程

以 YL-569A 数控车床 X 轴反向间隙补偿测量为例。

步骤 1：设定参数，如图 7-3-12 所示。

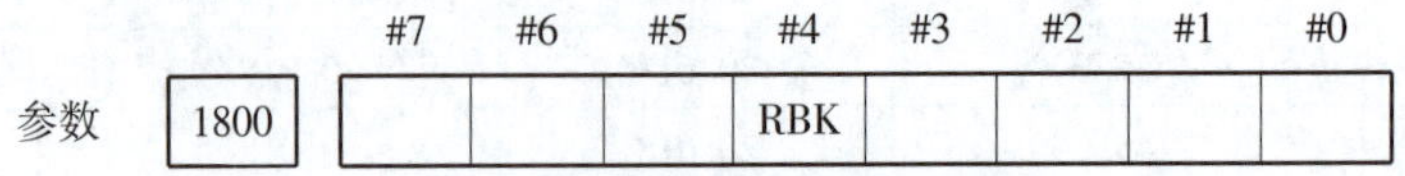

#4（RBK）0：切削/快速进给间隙补偿量不分开。

1：切削/快速进给间隙补偿量分开。

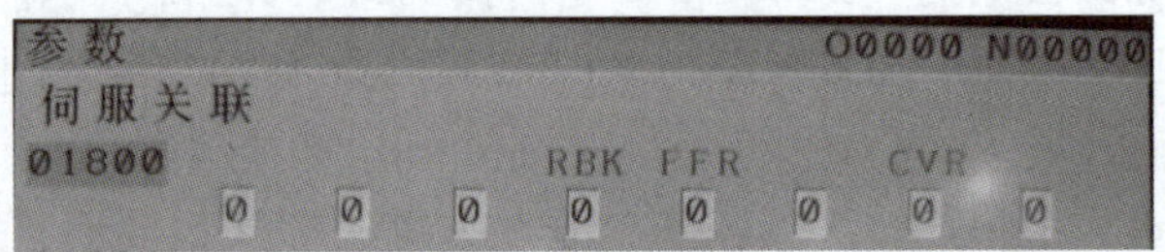

图 7-3-12　参数设定

步骤 2：测量。

①回参考点。

②用切削进给使机床移动到测量点。

G98 G01 X100.0 F300；

③安装百分表，将刻度对 0，如图 7-3-13 所示。

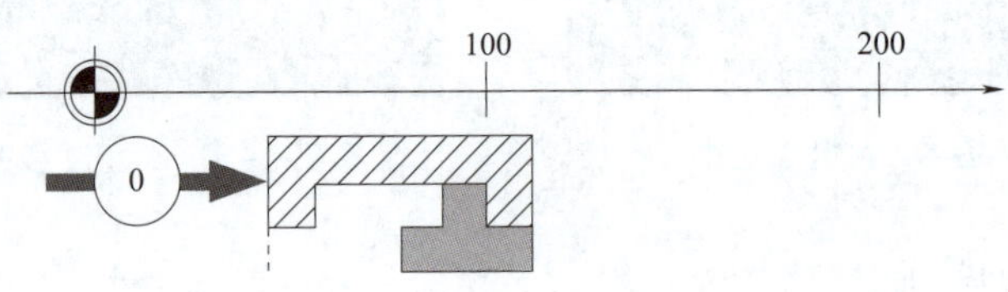

图 7-3-13　百分表安装

④用切削进给，使机床沿相同方向移动，如图 7-3-14 所示。

G98 G01 X200.0 F300；

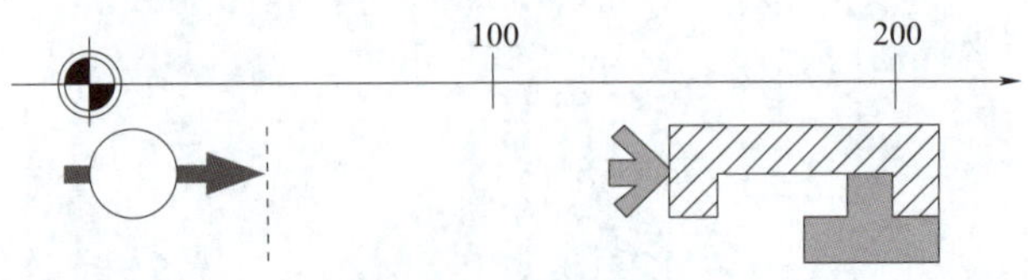

图 7-3-14　机床移动示意

⑤用切削进给返回测量点。

G98 G01 X100.0 F300；

⑥读取百分表的刻度，如图 7-3-15 所示。

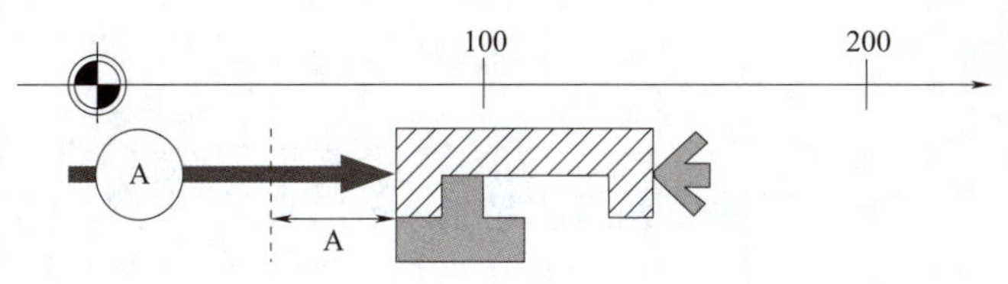

图 7-3-15　百分表读数示意

⑦按检测单位换算切削进给方式的间隙补偿量（A），并设定在图 7-3-16 所示的参数上。

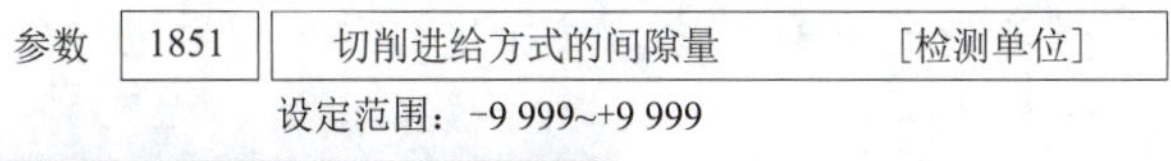

参数	1851	切削进给方式的间隙量　　　　[检测单位]

设定范围：-9 999~+9 999

01851 BACKLASH

X	0
Z	0

切削进给方式的间隙量[检测单位]
设定范围：-9 999~+9 999

图 7-3-16　反向间隙补偿界面

任务报告

1. 螺距补偿工作任务报告。

（1）当直线轴有下列情况时：

①机械行程：-400~800 mm。

②螺距误差补偿点间隔：50 mm。

③参考点号码：________。

则负方向最远端补偿点的号码为：

参考点的补偿点号码+（机床负方向行程长度/补偿点间隔）+1=____________

正方向最远端补偿点的号码为：参考点的补偿点的号码+机床正方向行程长度/补偿点的间隔=____

④完成表 7-3-4 所列的参数设定。

表 7-3-4　参数设定

参数	设定值
NO. 3620：参考点的补偿点号	
NO. 3621：负方向最远端的补偿点号	
NO. 3622：正方向最远端的补偿点号	
No. 3624：补偿点的间隔	

（2）在实训数控机床上确定直线轴 X 轴的机械行程，选择合适的螺距误差补偿点间隔，按照要求选择参考点螺补点号、确定负方向最远端补偿点的号码和正方向最远端补偿点的号码，并进行合理的参数设定，完成螺距补偿实训工单。

2. 反向间隙工作任务报告。

在实训数控机床上根据反向间隙测量补偿方法完成反向间隙补偿实训工单。

任务加油站

巧手点亮雷达之眼——顾春燕

引导学生胸怀理想、坚定信念、锲而不舍、持之以恒，在艰苦奋斗中锤炼意志品质。顾春燕是中国雷达安装事业的国宝级人物，也是我国卫星遥感事业的超级大进步者。她在组装工作中，凭借精湛的技术和卓越的判断力，成功地装配了我国的第一部星载相控阵雷达。她的装配成果居功甚伟，是国家安全的重要装备。作为国家重器，我们更应该学习她的卓越成就，尊敬这位伟大的工匠。下面就让我们来认识这样一位工人。

延伸阅读 7

视频饱览 7